高等职业教育系列教材

机电设备故障诊断与维修

主　编　陈晓军
副主编　朱云开
参　编　陆丽丽　马　明　章　浩
主　审　孟玉喜

机 械 工 业 出 版 社

本书是根据教育部制定的高职高专教育机电类专业人才培养目标及规格的要求，在参阅了大量资料的基础上，结合专业教学改革的需要编写而成。本书系统地介绍了机电设备故障诊断与维修的技术和方法，共分8章，内容主要涉及机电设备维修基础知识、机械零件的失效模式、机电设备故障诊断技术、机械零件的修复技术、典型机械零部件的修理、数控机床的故障诊断与维修、液压系统故障诊断与维修和机床电气设备的故障诊断与维修。本书在总体设计和内容编排上突出了职业教育的特点，注重对学生实践技能的培养，在综合性、实用性和易学性方面做出了一些尝试。

本书体系新颖、内容丰富、图文并茂、实用性强，可作为高职高专及中等职业学校机电类、机械制造类、数控类以及自动化类等专业的教材和教学参考书，也可作为开放教育、应用型本科、成人教育、自学考试及技能培训班的教材和相关领域工程技术人员的参考书。

本书配有免费的电子课件、电子教案、练习题参考答案等教学资源，需要的教师可登录机械工业出版社教育服务网 www.cmpedu.com 免费注册后下载。

图书在版编目(CIP)数据

机电设备故障诊断与维修 / 陈晓军主编. —北京：机械工业出版社，2016.7
(2025.1 重印)
高等职业教育系列教材
ISBN 978-7-111-53637-6

Ⅰ.①机… Ⅱ.①陈… Ⅲ.①机电设备-故障诊断-高等职业教育-教材 ②机电设备-维修-高等职业教育-教材 Ⅳ.①TM07

中国版本图书馆 CIP 数据核字(2016)第 159537 号

机械工业出版社(北京市百万庄大街 22 号 邮政编码 100037)
责任编辑：曹帅鹏 责任校对：张艳霞
责任印制：常天培

北京机工印刷厂有限公司印刷

2025 年 1 月第 1 版·第 19 次印刷
184mm×260mm · 12.5 印张 · 306 千字
标准书号：ISBN 978-7-111-53637-6
定价：29.90 元

电话服务
客服电话：010-88361066
010-88379833
010-68326294

网络服务
机 工 官 网：www.cmpbook.com
机 工 官 博：weibo.com/cmp1952
金 书 网：www.golden-book.com
机工教育服务网：www.cmpedu.com

高等职业教育系列教材机电类专业
编委会成员名单

出版说明

《国务院关于加快发展现代职业教育的决定》指出：到2020年，形成适应发展需求、产教深度融合、中职高职衔接、职业教育与普通教育相互沟通，体现终身教育理念，具有中国特色、世界水平的现代职业教育体系，推进人才培养模式创新，坚持校企合作、工学结合，强化教学、学习、实训相融合的教育教学活动，推行项目教学、案例教学、工作过程导向教学等教学模式，引导社会力量参与教学过程，共同开发课程和教材等教育资源。机械工业出版社组织国内80余所职业院校（其中大部分是示范性院校和骨干院校）的骨干教师共同规划、编写并出版的“高等职业教育系列教材”，已历经十余年的积淀和发展，今后将更加紧密结合国家职业教育文件精神，致力于建设符合现代职业教育教学需求的教材体系，打造充分适应现代职业教育教学模式的、体现工学结合特点的新型精品化教材。

在本系列教材策划和编写的过程中，主编院校通过编委会平台充分调研相关院校的专业课程体系，认真讨论课程教学大纲，积极听取相关专家意见，并融合教学中的实践经验，吸收职业教育改革成果，寻求企业合作，针对不同的课程性质采取差异化的编写策略。其中，核心基础课程的教材在保持扎实的理论基础的同时，增加实训和习题以及相关的多媒体配套资源；实践性课程的教材则强调理论与实训紧密结合，采用理实一体的编写模式；实用技术型课程的教材则在其中引入了最新的知识、技术、工艺和方法，同时重视企业参与，吸纳来自企业的真实案例。此外，根据实际教学的需要对部分内容进行了整合和优化。

归纳起来，本系列教材具有以下特点：

1）围绕培养学生的职业技能这条主线来设计教材的结构、内容和形式。

2）合理安排基础知识和实践知识的比例。基础知识以“必需、够用”为度，强调专业技术应用能力的训练，适当增加实训环节。

3）符合高职学生的学习特点和认知规律。对基本理论和方法的论述容易理解、清晰简洁，多用图表来表达信息；增加相关技术在生产中的应用实例，引导学生主动学习。

4）教材内容紧随技术和经济的发展而更新，及时将新知识、新技术、新工艺和新案例等引入教材。同时注重吸收最新的教学理念，并积极支持新专业的教材建设。

5）注重立体化教材建设。通过主教材、电子教案、配套素材光盘、实训指导和习题及解答等教学资源的有机结合，提高教学服务水平，为高素质技能型人才的培养创造良好的条件。

由于我国高等职业教育改革和发展的速度很快，加之我们的水平和经验有限，因此在教材的编写和出版过程中难免出现疏漏。我们恳请使用这套教材的师生及时向我们反馈质量信息，以利于我们今后不断提高教材的出版质量，为广大师生提供更多、更适用的教材。

机械工业出版社

前　　言

随着科学技术的迅速发展和日趋综合化，机电设备正朝着大型化、高速化、自动化、高精度化方向发展，这些特点使其更易于操作控制，但其故障诊断与维修也显得尤为繁杂和困难。尤其是连续生产的设备和生产线，一旦发生故障常会引起整套设备或整条生产线停机，这会造成巨大的经济损失，甚至会危及安全和污染环境。因此，加强设备的现代化管理，提高技术人员对设备故障诊断和维修的技术水平，显得越来越重要和紧迫。

为适应这种趋势，编者结合多年的教学和工作实践，以培养应用型人才为目标，编写了本书，旨在满足当前高职教育、开放教育等的需要。

本书编写遵循以下原则：

（1）内容够用。以“必需、够用”为原则，选取学习内容。重点讲述学习者必须而且应该掌握的基础知识，并辅以内容丰富的维修实例，引导学习者学习和理解重要的知识点。

（2）定位准确。按照“机电结合，以机为主，诊断、维修并重”的思路，做好书中机械部分与电气、液压部分以及诊断与维修部分内容的编排。

（3）自主学习。突出“以学习者为中心”的教学设计特点，每章都设有导学、学习目标、学习内容、本章小结、思考与练习与部分内容，这种教学设计非常适用于学习者的自主学习。

本书由江苏城市职业学院陈晓军副教授制订编写大纲，并编写第1章和第2章；朱云开编写第5章、第7章和附录；陆丽丽编写第4章和第6章；马明编写第3章和第8章的8.1节；南通科技职业学院章浩编写了第8章的8.2、8.3节。陈晓军组织全书的编写及统稿，江苏城市职业学院孟玉喜高级工程师任主审。另外，蔡军对全书部分图片和表格进行了处理，在此表示感谢。

在本书的编写过程中，编者参阅了同行专家们的论著文献及相关网络资源，并得到了单位同仁们的大力支持，在此一并真诚致谢。

由于编者的学识水平和实践经验有限，书中不妥之处在所难免，敬请专家和读者批评指正。

编　者

目　录

第1章　机电设备维修基础知识

【导学】

📖 你所了解的机电设备故障现象有哪些？主要危害有哪些？研究机电设备故障诊断与维修技术的重要意义是什么？

机电设备在我们的日常生活、生产中得到越来越广泛的应用，其中包括电气设备以及电气与机械相结合的机电设备。在日常工作过程中，往往出现诸多故障影响机电设备的正常运行。常见的故障现象有电动机功率下降、传动系统噪声增大以及润滑系统油耗加大等。

机组的故障停机会引起生产装置的停产，给企业、社会、国家造成巨大的经济损失；此外，故障还可能导致事故，造成设备损坏、人员伤亡。

随着我国社会主义市场经济的建立和不断深入，整个工业生产对机电设备的要求和依赖程度越来越高，机电设备对工业产品的生产率、质量、成本、安全、环保等方面在一定意义上起到决定性的作用。要想使机电设备能够稳定正常地进行有效工作，就必须在维修方面提供重要的前期保障。工业生产用的各种机电设备状况如何，不仅反映企业维修技术水平的高低，而且是企业管理水平的标志。

本章主要从机电设备维修的重要性出发，对机电设备的故障概念、常见的故障类型和后果及机电设备维修等方面的基础知识进行介绍。

【学习目标】

1. 了解机电设备故障的概念及基本类型。
2. 掌握机电设备故障的特点及管理程序。
3. 掌握故障发生的基本规律。
4. 了解机电设备维修的基本知识。
5. 掌握机电设备维修的主要方式及应用场合。

生产设备在使用中会产生各种磨损、腐蚀、疲劳、变形或老化等劣化现象，需要修理或更换零件；对一些突发性的故障和事故，需要组织抢修。机电设备维修技术就是以机电设备为对象，研究和探讨其拆卸与装配、失效零件修复、故障消除方法以及响应的技术。

1.1　机电设备故障概论

在设备维修中，研究故障的目的是通过故障诊断技术查明故障模式，研究故障产生的原因，探求减少故障产生的方法，以提高设备的可靠性和有效利用率，同时把故障的影响和结果反映给设计和制造部门，以便采取相应对策，提高设备质量。

1.1.1 机电设备故障的概念

机电设备在运行过程中，丧失或降低其规定的功能及不能继续运行的现象称为故障。机电设备发生故障后，其技术和经济指标将偏离正常状况，达不到规定的要求，如发动机功率下降、加工表面精度降低、出现异常声响等。

显然，要理解故障的概念必须先明确什么是规定的功能？所谓规定功能是指在设备的技术文件中明确规定的功能。

故障的定义包含了两层含义：

(1) 机械系统偏离正常功能，它的形成主要是因为机械系统（含零部件）的工作条件不正常而产生的，通过参数调节或零部件修复可以恢复到正常功能。

(2) 功能失效是指系统连续偏离正常功能且程度不断加剧，使机械设备基本功能不能保证。一般零件失效可以更换，关键零件失效往往导致整机功能丧失。

1.1.2 机电设备故障的类型

为了进一步判断故障的影响程度、分析故障产生的原因，以便采取相应的故障预防措施，需要对故障进行分类分析。机电设备故障从不同角度可分成多种类型。

1. 按故障表现形式分类

按故障表现形式可分为以下几种故障类型：

(1) 功能故障。设备应有的工作能力或特性明显下降，甚至根本不能工作，即丧失了它应有的功能，这称之为功能故障。例如，传动效率降低、速度下降、精度丧失等，使整机不能正常工作，生产效率达不到规定的指标。这类故障通常操作者能直接感受到或可通过测定其输出参数而判定。

(2) 潜在故障。故障处于逐渐发展阶段，虽未在功能方面表现出来，但已接近萌发阶段。当这种情况能够鉴别时，即认为也是一种故障现象，称之为潜在故障。例如，零件在疲劳破坏过程中，其裂纹的深度接近允许的临界值时，便可认为存在潜在故障。探明潜在故障，在达到功能故障之前进行排除，有利于设备保持完好状态，避免因发生功能故障而带来不利后果。

2. 按故障发生时间分类

按故障发生时间可分为以下几种故障类型：

(1) 早发性故障。这类故障一般是由于设备在设计、制造、装配、调试等方面存在问题而引起的。例如，新的液压系统严重漏油、噪声很大等。这类故障可通过重新检测、重新安装来解决。若属于设计不合理，需要更改设计；若属于元件质量的问题，应更换元件。

(2) 突发性故障。这类故障一般是由于各种不利因素和偶然的外界环境影响因素共同作用的结果。故障的特点是具有偶然性和突发性，事先毫无征兆，一般与使用时间无关，难以预测。这类故障一般容易排除，通常不影响使用寿命。例如，因使用不当或超负荷使用引起零件折断，因各参数达到极限值而引起的零件变形和断裂等都属于突发性故障。

(3) 渐进性故障。这类故障一般是由于设备技术特性参数的劣化，如腐蚀、磨损、疲劳、老化等逐渐发展而成的。其特点是故障发生的概率与使用时间有关，一般在设备有效寿命的后期显现出来。这类故障一经发生，就标志着设备寿命的终结。大部分机电设备的故障都属于这一类。

（4）复合型故障。这类故障包括了上述几类故障的特征，其故障发生的时间不定，设备工作能力损耗的速度与其损耗的性能有关。例如，摩擦副的磨损过程引起渐进性故障，而外界的磨粒会引起突发性故障。

3. 按工作状态分类

按工作状态可分为以下几种故障类型：

（1）间歇性故障。间歇性故障又称临时性故障，大都是由于设备的外部因素引起的。例如气候变化、环境设施不良、误操作等。当这些外部干扰消除之后，运转即可恢复正常，但长期不排除，间歇性故障也会导致永久性故障。

（2）永久性故障。永久性故障一般会导致设备的功能丧失，因此必须将某些零部件更换或修复之后才能恢复正常运行。

4. 按故障产生原因分类

按故障产生原因可分为以下几种故障类型：

（1）人为故障。由于维护和使用不当，违反操作规程或使用了质量不合格的零件材料等，使各部件加速磨损或改变其机械工作性能而引起的故障称为人为故障，这类故障可通过加强规范操作来避免。

（2）自然故障。设备在使用和保修期内，因受到外部或内部各种不同的自然因素影响而引起的故障都属于自然故障。例如，正常情况下的磨损、断裂、腐蚀、变形、老化等损坏形式。此类故障虽然不可避免，但可通过提高设计、制造水平，来延长设备有效工作时间以延迟故障的发生。

5. 按故障造成的后果分类

按故障造成的后果可分为以下几种故障类型：

（1）致命故障。此类故障引起机电设备报废或造成重大经济损失，甚至导致人身伤亡。例如，车轮脱落、汽车轴断裂、机体断离、发动机失效等。

（2）严重故障。它是指严重影响设备正常使用，在较短的有效时间内无法排除的故障。例如，发动机烧瓦、箱体、齿轮损坏等。

（3）一般故障。它是指明显影响设备正常使用，但在较短的有效时间内能够排除的故障。例如，传动带断裂、电气开关损坏、开焊等。

（4）轻度故障。它是指轻度影响设备正常使用，能在日常保养中使用工具轻易排除的故障。例如，轻微渗漏、紧固件的松动等。

故障通常不能单纯地用一种类别去界定，往往是复合型的，如突发性的局部故障，磨损性的危险性故障等，由此可知，故障的复杂性、严重性和发生原因等。

1.1.3 机电设备故障的特点

1. 多样性

由于各种设备不仅结构不同，工艺参数各异，而且制造、安装过程也存在差异，再加上使用环境的不同，因此在运行期间可能会产生各种各样的故障。

2. 层次性

设备一旦表现出某种故障现象，就需要追查引起故障的原因。但有些故障原因往往是深层次的，即上一层次的故障往往源于下一层次的故障，表现为多层次性。

3. 相关性

设备的各个元件之间，设备与设备之间是通过机械结构或物料传递来相互联系的，一个元件或一台设备发生故障后，也会引起其他元件或设备发生故障，即表现出故障的相关性。因此，在查找故障原因时，一般要全面考虑与之相关的因素。

4. 延时性

设备在运行过程中，零部件不断受到冲击、摩擦、磨损和腐蚀等因素的作用，会发生振动、偏移、变形和断裂，促使设备状态不断劣化，劣化状态发展到一定程度就会表现出机械功能失常或完全丧失。所以故障的形成是由一个个缺陷不断积累、状态不断劣化、从量变到质变的过程。故障形成的延时性促使人们应尽早发现隐患，采取相应的预防措施，以减小故障严重时所带来的损失。

5. 不确定性

一种故障现象可能由多种原因引起，反之，一种故障原因也会表现出多种故障现象。因此，故障的发生、现象等都具有不确定性，从而增加了故障诊断和维修的难度。

6. 修复性

大多数故障都是可以修复的。

1.1.4 机电设备故障产生的主要原因

机电设备越复杂，引起故障的原因越多样化。机电设备故障产生的主要因素有下几个方面。

1. 制造和修理因素

（1）规划设计。在规划设计阶段，对设备未来的工作条件应有准确的估计，对可能出现的变异应有充分考虑。设计方案不完善、设计图样和技术文件的审查不严是产生故障的重要原因。

（2）材料的选择。在设计、制造和维修过程中，都要根据零件的工作性质和特点来正确选择材料。材料的选用不当，或性质不符合标准，或选用不适当的代用品等都是产生磨损、腐蚀、过度变形、疲劳、破裂等现象的主要原因。

（3）加工质量。在制造工艺的每道工序中都可能存在误差。工艺条件和材质的离散性必然使零件在铸、锻、焊、热处理和切削过程中造成应力集中、局部或微观的金相组织缺陷、微观裂纹等缺陷，这些缺陷往往在工序检验时容易被疏忽。零件制造质量不能满足要求是机电设备寿命不长的重要原因。

（4）装配质量。机电设备在安装时首先要有正确的配合要求，配合间隙的极限值包括装配完经过磨合后的初始间隙。初始间隙过大，有效寿命期就会缩短。另外，各零部件之间的相互位置精度也很重要，若达不到要求，会引起附加应力、偏磨等，加速失效。

2. 使用因素

（1）工作负荷。机电设备发生耗损故障的主要原因是零件的磨损和疲劳损坏。在规定的使用条件下，零件的磨损在单位时间内是与载荷的大小成正比关系的，而零件的疲劳损坏只是在一定的交变载荷下发生，并随其增大而加剧。因此，磨损和疲劳都是载荷的函数。

（2）工作环境。工作环境包括气候、腐蚀介质和其他有害介质的影响，以及工作对象的状况等。过高的湿度和空气中腐蚀介质的存在，会造成腐蚀和磨损；温度升高，会造成腐蚀和磨损加剧；空气中含尘量过多、工作条件恶劣都会导致故障的产生。

（3）设备保养和操作技术。建立合理的维护保养制度，严格执行技术保养和使用操作规程，是保证机电设备可靠工作和提高其使用寿命的重要条件。因此，要重视对操作人员的培训，以提高素质和操作水平。

1.1.5 机电设备故障产生的基本规律

机电设备在运行中发生故障的可能性随时间变化的规律曲线如图 1-1 所示，此曲线常称之为浴盆曲线。这一变化过程分为三个阶段：第一阶段为早期故障期，主要是由于设计、制造、运输、安装等原因造成的，因此故障率较高，经过运转、跑合、调整后，故障率会逐渐下降并趋于稳定。第二个阶段为随机故障期，随着故障一个个被排除而逐渐减少并趋于稳定，此期间不易发生故障，故障率很低，这个时期也称为有效寿命期。第三个阶段为耗损故障期，随着机电设备零件的磨损、老化等原因造成故障率上升，这时若加强维护保养，可延长其有效寿命。

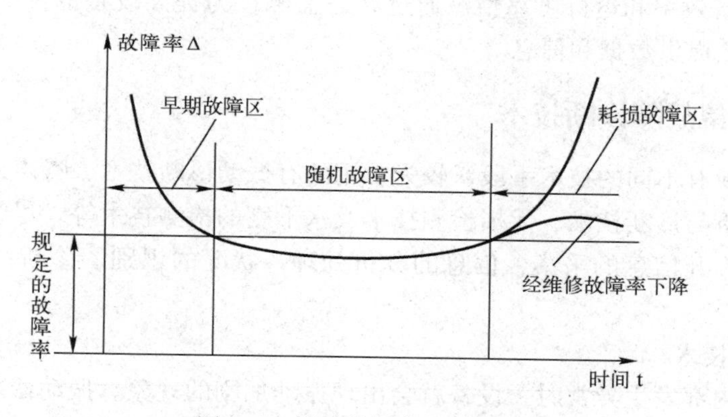

图 1-1　机械的故障概率曲线

1.2 机电设备故障诊断技术

1.2.1 机电设备故障诊断及其意义

机电设备故障诊断是一门专门识别机电设备运行状态的科学，它研究的对象是如何利用相关检测方法和监视诊断手段，通过对所检测信息特征的分析，判断系统的工况状态，做出决策，消除故障隐患，防止事故的发生。

故障诊断是近年来发展起来的，建立在信息检测、信号处理、计算机应用、模式识别和机械工程等现代科学技术成就基础之上的多学科交叉的实用性新技术。

机电设备故障诊断的基本内容包括以下三个方面：

（1）设备运行状态监测。根据机电设备在运行时产生的信息判断设备是否正常，其目的是为了早期发现设备故障的征兆。

（2）设备运行状态的趋势预报。在状态监测的基础上进一步对设备的运行状态的发展趋势进行预测，其目的是为了预知设备劣化的速度以便为生产安排和维修提前做好准备。

（3）故障报警及确定。机电设备故障诊断最重要的是故障类型的确定，它是在状态监测的基础之上，当确认机器已处于异常状态时所需要进一步解决的问题，其目的是为最后的诊断决策提供依据。

故障诊断的根本目的就是要保证机组的安全、稳定、长周期、满负荷、优良运行，其意义主要有以下三点：

（1）预防事故，保证设备和人身安全。对机组运行中的各种异常状态做出及时、正确、有效的判断，预防和消除故障，或者将故障的危害性降到最低程度；同时对设备运行进行必要的指导，确保运行的安全性、稳定性和经济性。

（2）指导采用合适的维修制度。确定合理的故障检修时机及项目，既要保证设备带病运行时的安全、不发生重大设备故障，又要保证停机检查时发现设备有问题，合理延长设备的使用寿命和降低维修费用。

（3）提高设备效率和运行可靠性。通过状态监测，为提高设备的性能而进行的技术改造及优化运行参数提供数据和信息。

1.2.2 机电设备故障诊断技术

对设备的诊断有不同的技术手段，较为常用的有振动诊断技术、噪声诊断技术、温度诊断技术、油样分析与诊断技术、无损检测技术及水平度的检测技术等。尽管设备诊断技术很多，但基本上离不开信息的采集，信息的分析处理，状况的识别、诊断、预测和决策三个环节。

1. 振动诊断技术

当机械设备内部发生异常时，设备就会出现振动加剧的现象。振动诊断技术以系统在某种激励下的振动响应作为诊断信息的来源，通过对所测得的振动参量（振动位移、速度、加速度）进行各种处理，借助一定的识别策略，对机械设备的运行状态做出判断，进而对有故障的设备给出故障部位、故障程度以及故障原因等方面的信息。振动诊断技术是应用最广泛、最普遍的诊断技术之一。

所谓机械振动是指物体在平衡位置附近作往复的运动。描述机械振动的特征量主要有振幅、频率和相位，因此振动测量的参数主要是位移、速度和加速度。振动诊断的常用仪器主要有压电加速度传感器、电涡流传感器等。

2. 温度诊断技术

温度是监测机电设备工作状态的一个重要特征量。机电设备发生故障的一个明显特征就是温度的升高，同时温度的异常变化又是引发设备故障的一个重要因素。

温度的测量方法主要有接触式测温和非接触式测温两种。接触式测温主要使用热电阻、热敏电阻器及热电偶等温度传感器；非接触式测温是根据热辐射原理进行测量，常用红外测温法。

3. 油样分析与诊断技术

油样分析技术是一种磨损颗粒分析技术。70 年代开始应用于设备运行状态监测和故障诊断。它是根据油样中磨损物质的成分、形态、尺寸、数量等来分析设备的磨损部位、磨损类型、磨损过程和磨损程度，并可对设备故障和寿命进行预测。

所谓油样分析是在设备不停机、不解体的情况下抽取油样，并测定油样中磨损颗粒的特性，对机器零部件磨损情况进行分析判断，从而预测设备可能发生的故障的方法。油样分析通常从油样成分、磨粒浓度和磨粒形态三个方面进行分析。常用的方法主要有磁塞法 、颗粒计数器法、油样光谱分析法和油样铁谱分析法等。

油样铁谱分析方法比其他诊断方法，如振动法，性能参数法等，能更加早期地预测机器的异常状态，证明了这种方法在应用上的优越性。铁谱分析常用的油样分析仪器主要有 T2FM 分析式铁谱仪、YTZ－5 直读式铁谱仪、旋转式铁谱仪和在线铁谱仪等。

4. 无损检测技术

无损检测技术是在不破坏或不改变被检物体的前提下，利用物质因存在缺陷而使其某一物理性能发生变化的特点，完成对该物体的检测与评价的技术手段的总称。

在工业领域，目前最常用的无损检测手段主要有超声波检测、射线检测、渗透检测、涡流检测和磁粉检测。目前，这一套方法已发展成一个独立的分支，在检测由裂纹、砂眼、缩孔等缺陷造成的设备故障时比较有效，但也有不便于在动态下测量的不足。常用的仪器主要有手持式超声检测仪和超声探伤仪等。

5. 噪声诊断技术

振动和噪声是机器在运行过程中不可避免的属性，它们的增加一定是由故障引起的。

声波是一种机械波，是机械振动在媒质中的传播。声音的主要特征量有声压、声强、频率、质点振速和声功率等，其中声压和声强是两个主要参数，也是测量的主要对象。

（1）声压测量。一般用声级计进行测量，声级计是现场噪声测量中最基本的噪声测量仪器，可直接测量出声压级。

（2）声强测量。用它可判断噪声源的位置，求出噪声发射功率。可在现场条件下进行声学测量和寻找声源，具有较高的使用价值。

（3）声功率测量。声源声功率等于包围声源的面积乘以通过此表面的声强通量。因此，可以用测量声强的方法计算声源声功率。

噪声测量仪一般由传声器、放大器、记录器及分析装置等组成。传声器主要将声压信号转换为电压信号；放大器则是进行阻抗变换；记录器以及分析装置等主要进行故障定位和现场条件下的声功率级的确定。

1.2.3　机电设备故障诊断流程

机电设备发生故障后，是立即停机抢修、防止事态扩大，还是维持运行、待机修理，或是采取措施加以消除或减轻，诊断及处理的延误会给企业带来相当大的经济损失。正确的诊断及处理，不是来自盲目的主观臆断，而是应该建立在获取与故障有关信息的基础上，依据设备的工作原理、机构、性能等，运用科学的分析方法，按照合理的步骤进行综合分析，去伪存真、舍次取主，排除故障的受害者，找出故障的肇事者，这才是提高故障诊断准确性的关键所在。

故障诊断主要流程如下。

1. 辨别故障的真伪

机械设备本身是否真的发生了故障，是否为仪表失灵或工艺系统波动所造成的假象，这是故障诊断首先应解决的问题。辨别故障的真伪主要从以下四个方面着手。

首先，应查询故障发生时生产工艺系统有无较大的波动或调整。系统的异常变化会造成机组的组份、流量、压力、温度等发生异常的变化，从而引起机组的振动、轴位移、温度等发生变化，但此时机组未必发生机械故障。

其次，应查看探头的间隙电压是否真实可信。仪表故障造成的各种假象屡见不鲜，在进行故障诊断时，首先应确认仪表所显示的信息是否真实可信、仪表本身有无故障。

第三，查看相关运行参数有无相应的变化。运行参数直接反映了设备的运行状况，可通过参数的变化情况来辨识故障的真伪。

最后，检查现场有无人可直接感受到的异常现象。由于工艺系统和运行参数的情况有时较难摸清找准，仪表问题复杂且专业性强，三方面查起来都要耗费较多的时间。相比之下，人到现场，通过“听、摸、闻、比、看”，往往只需要几分钟，便可完成对机组状况的总体了解。当然要做好这一点，需要依靠经验的积累，平时对正常运行的机组体验的多，体验的细，遇到故障发生时，自然就会感受到明显的区别。

2. 确认故障的类型

发生了什么类型的故障，是何种原因所造成的故障，是故障诊断的核心。故障类型诊断开始时查找范围要大，凡是可能引起故障的信息都要收集；然后对所收集的信息进行筛选，删除本身正确、正常、未发生变化的信息；最后对剩下的疑点信息采用排除法，逐一去伪存真，特别要注意排除因发生故障所连带产生的异常现象，从而找出导致故障发生的真正原因。

因此，对故障类型的诊断，要找到主要矛盾，找到肇事者、排除受害者，在确保准确的前提下，尽可能只明确一条主要故障，即造成故障的真正原因。实在吃不准时也可以多列几条，但应附加说明其中的主次关系和可能发生的概率。

3. 评估故障的程度

判断故障所造成的危害程度，对确定是否需要立即停机、能否维持运行、是否需要减少负荷运行有着决定性的指导作用。

4. 确定故障的部位

判断故障所发生的具体部位，对停车后的抢修工作有着很重要的指导作用，判断具体、准确时，可以大大缩短抢修时间，降低检修费用，为工厂创造较好的经济效益。判断时，一定要紧密结合设备的具体结构特点并参考各方面的信息加以综合考虑。

5. 判断故障发展的趋势

判断故障发展的趋势，除了对确定是否需要停车有决定性的作用外，还对如何维持运行有着具体的指导作用。应根据所发生故障的自身特点及故障发生后短时间内所呈现出来的特征来进行判断。

总之，面对故障，只要分析透彻、判断准确，正确的处理意见就会在分析、判断的过程中自然形成。

1.3 机电设备维修基础

1.3.1 机电设备的维修性

1. 维修性的概念

机电设备在规定的条件下，规定的时间内，按规定的程序和方法进行维修时，保持或恢复到规定状态的能力称为维修性。

所谓规定的条件，是指选定了合理的维修方式、准备了维修用的测试仪器及装备和相应的备件、标准、技术资料，由一定技术水平和良好劳动情绪的维修人员进行操作。

所谓规定的时间，是指机械设备从寻找、识别故障开始，直至检查、拆卸、清洗、修理或更换、安装、调试、验收，最后达到完全恢复正常功能为止的全部时间。

维修与维修性是两个不同的概念。维修是指维护或修理进行的一切活动，包括保养、修理、改装、翻修和检查等。维修性是指机械设备在维修方面具有的特性或能力；它反映发生故障后进行维修的难易程度；是维修需要付出的工作量大小、人员多少、费用高低以及维修设施先进或落后的综合体现；是由设计、制造等因素决定的一种固有属性，直接关系到机械设备的可靠性、经济性、安全性和有效性；是机械设备三项基本性能参数之一。

2. 影响维修性的主要因素

影响维修性的因素，主要有机械设备维修性设计的优劣，维修保养方针、体制及维修装备设施的完善程度，维修保养人员的水平高低和劳动情绪等，见表1–1。

表1–1 影响维修性的主要因素

设计方面	维修保养方针、体制及维修装备设施	对维修人员的要求
1. 总体布局和结构设计应使各部分易于检查，便于维修 2. 良好的可达性，设置维修操作通道，有合适的空间 3. 部件与联接件易拆装 4. 标准化，互换性和可更换性 5. 安全性 6. 材料易于购置，零件加工方便 7. 技术资料齐全 8. 专用工具和试验装置	1. 维修方式的确定，故障修理，定期更换，状态监测维修，无维修设计 2. 维修资源的组织，维修组织机构，维修力量配备，维修计划和控制 3. 维修材料和备件供应，储备方式，库存管理 4. 维修装备设施 5. 费用因素	1. 考核和选择，教育，经验，素质 2. 训练 3. 熟练程度 4. 能力分析 5. 劳动情绪

3. 提高维修性的主要途径

从上述影响维修性的主要因素中，不难找到提高维修性的主要途径：

1）简化结构，便于拆装。

2）提高可达性。

3）保证维修操作安全。

4）按规定使用和维修。

5）部件和连接件易拆易装。

6）零部件无维修设计。

1.3.2 维修方式与修理类别

1. 设备的维修方式

机电设备常用的维修方式有事后维修、预防维修、可靠性维修、改善维修和无维修设计。

（1）事后维修。又称故障维修、损坏维修、非计划性维修。事后维修是指机电设备发生故障后所进行的修理，即不坏不修、坏了再修。

（2）预防维修。在机电设备发生故障之前就进行的修理称为预防维修。由于这种预防维修可以订出计划，因此又把这种有计划的预防维修称为计划预修。

预防维修分为两种基本形式：

1）定期维修。又称时间预防维修。定期维修是在规定时间的基础上进行的预防维修活动，具有周期性的特点。根据零件的磨损规律，事先规定好了修理间隔期、修理类别、修理内容和修理工作量。这种维修方式会出现以下问题：一是造成维修过剩；二是造成失修。定期维修主要适用于已掌握设备磨损规律且生产稳定、连续生产的流程式生产设备或动力设备，大量生产的流水线设备或自动线上的主要设备，以及其他可以统计开动台时的设备。

我国目前实行的设备定期维修制度主要有计划预防维修制和计划保修制两种。

① 计划预防维修制（简称计划预修制）。它是根据设备的磨损规律，按预定修理周期及修理周期结构对设备进行维护、检查和修理，以保证设备经常处于良好的技术状态的一种维修制度。

② 计划保修制（又称保养修理制）。它是把维护保养和计划检修结合起来的一种修理设备制度。

2）状态监测维修。这是一种以设备技术状态为基础，按实际需要进行修理的预防维修方式。它是在状态监测和技术诊断的基础上，掌握设备劣化发展情况。在高度预知的情况下，适时安排预防性修理，故又称预知维修。

这种维修方式的基础是将各种检查、维护、使用和修理的信息，尤其是诊断和监测提供的大量信息，通过统计分析，正确判断设备的劣化程度、发生（或将要发生）故障的部位、技术状态的发展趋势，从而采取正确的维修类别。这样能充分掌握维修活动的主动权，做好修前准备，并且可以和生产计划协调安排，既能提高设备的利用率，又能充分发挥零件的最大寿命。缺点是费用高，要求有一定的诊断条件。它主要适用于重大关键设备、生产线上的重点设备、不宜解体检查的设备（如高精度机床）以及发生故障后会引起公害的设备等。

（3）可靠性维修。以可靠性为中心的维修称为可靠性维修。它以可靠性理论为基础，通过对影响可靠性的因素作具体分析和试验，应用逻辑分析决断法，科学地制定维修内容，优选维修方法，合理确定使用期限，控制设备的使用可靠性，以最低的费用来保持和恢复设备的固有可靠性。

（4）改善维修。改善维修也称为改善性维修。改善维修是指为了防止故障重复发生而对机电设备的技术性能加以改进的一种维修。它结合修理进行技术改造，修理后可提高设备的部分精度、性能和效率。

改善维修的重点是：

1）原设备部分结构不合理，新产品中已改进。

2）故障频繁的结构。

3）可缩短辅助时间。

4）可减轻操作强度，减轻能耗和污染。

5）按工艺要求提高部分精度。

改善维修的最大特点是修改结合。在实际生产中，常常结合机电设备的大修、项修进行。在进行改善维修时，应根据机件故障的检查和分析，有计划地改进机电设备机构和机件材质等方面的修理。

（5）无维修设计。无维修设计是设备维修的理想目标，是指针对机电设备维修过程中经常遇到的故障，在新设备的设计中采取改进措施予以解决，尽量降低维修工作量甚至不需要进行维修。

2. 设备修理类别

设备修理的类别是根据其修理内容和技术要求以及工作量大小划分的。预防维修的修理类别有小修、项修和大修三种类型。

在工业企业的实际设备管理与维修工作中，小修已和二级维护保养合在一起进行；项修主要是针对性修理，很多企业通过加强维护保养和针对性修理、改善性修理等来保证设备的正常进行；但是动力设备、大型连续性生产设备、起重设备以及某些必须保证安全运转和经济效益显著的设备，有必要在适当的时间安排大修。

（1）小修。小修又称为日常维修，是指根据设备日常检查或其他状态检查中所发现的设备缺陷或劣化征兆，在故障发生之前及时进行排除的修理，属于预防修理范围，工作量不大。日常维修是车间维修组除项修和故障修理任务之外的一项极其重要的控制故障发生的日常性维修工作。

（2）项修。项修即项目修理，也称为针对性修理。项修是为了使设备处于良好的技术状态，对设备精度、性能、效率达不到工艺要求的某些项目或部件，按需要所进行的具有针对性的局部修理。

项修时，对设备进行部分解体，修理或更换部分主要零件与基准件的数量约为10%～30%，修理使用期限等于或小于修理间隔期的零件；同时，对床身导轨、刀架、床鞍、工作台、横梁、立柱、滑块等进行必要的刮研，但总刮研的面积不超过30%～40%，其他摩擦面不刮研。

项修的主要内容包括：

1）全面进行精度检查，据此确定拆卸分解需要修理或更换的零部件。

2）修理基准件，刮研或磨削需要修理的导轨面。

3）对需要修理的零部件进行清洗、修复或更换（到下次修理前能正常使用的零件不更换）。

4）清洗、疏通各润滑部位，换油、更换油毡油线。

5）治理漏油部位。

6）喷漆或补漆。

7）按修理精度、出厂精度或项修技术任务书规定的精度标准检验，对修完的设备进行全部检查。但对项修难以恢复的个别精度项目可适当放宽。

（3）大修。大修即大修理，是指以全面恢复设备工作精度、性能为目标的一种计划修理。大修是针对长期使用的机电设备，为了恢复其原有的精度、性能和生产效率而进行的全面修理。

在设备预防性计划修理类别中，设备大修是工作量最大、修理时间较长的一类修理。对设备大修，不但要达到预定的技术要求，而且要力求提高经济效益。因此，在修理前要切实掌握设备的技术状况，制定可行的修理方案，充分做好技术和生产准备工作，在修理中要积极采用新技术、新材料和新工艺等，以保证维修质量。在设备大修中，对设备使用中发现的设计制造缺陷，可应用新技术、新材料、新工艺来进行针对性地改进，以提高设备的可靠性。做到“修中有改，改修结合”，以提高设备的技术素质。

大修的主要内容包括以下几个方面：

1）对设备的全部或大部分部件解体检查，进行全部精度检验，并做好记录。

2）全部拆卸设备的各部件，对所有零件进行清洗，做出修复或更换的鉴定。

3）编制大修技术文件，并做好备件、材料、工具、检具、技术资料等各方面准备。

4）更换或修复磨损零部件，以恢复设备应有的精度和性能。

5）刮研或磨削全部导轨面（磨损严重的应先刨削或铣削）。

6）修理电气系统。

7）配齐全防护装置和必要的附件。

8）整机装配，并调试达到大修质量标准。

9）翻新外观，重新喷漆、电镀。

10）整机验收，按设备出厂标准进行检验。

对机电设备大修总的技术要求是：全面清除修理前存在的缺陷，大修后应达到设备出厂或修理技术文件所规定的性能和精度标准。

1.3.3 可靠性维修

可靠性是评价系统和机械设备好坏的主要指标之一。一个机械系统、一台机械设备，不管其原理如何先进，功能如何全面，精度如何高级，若故障频繁、可靠程度很差，不能在规定时间内可靠地工作，那么它的使用价值就低，经济效益就差。

可靠性是研究系统和机械设备的质量指标随时间变化的一门科学。从设计规划、制造安装、使用维护到修理报废，可靠性始终是系统和机械设备的灵魂。

随着科学技术的发展，机械设备的功能由单一转向多能，结构日趋复杂；采用新材料、新工艺、新技术后使不可靠的因素增多，可靠性水平降低；新机械设备又要考虑更恶劣的使用条件，增加了保证其使用可靠性的难度；一旦发生故障，带来的危害往往很严重，维修费用很高。基于以上原因，必须对可靠性进行深入研究。

1. 可靠性的概念

可靠性是指系统、机械设备或零部件在规定的工作条件下和规定的时间内保持与完成规定功能的能力。由于可靠性不能用仪表测定，所以衡量可靠性必须进行研究、试验和分析，从而做出正确的估计和评定。

2. 可靠性指标

可靠性已从一个模糊的定性概念发展成为以概率论及数理统计为基础的定量概念。对机械设备可靠性的相应能力做出数量表示的量称为特征量。特征量主要有：可靠度、失效率、故障率、平均故障间隔时间、平均寿命、有效度等。任何一个特征量都只能表示可靠性的某一个方面特征，所以对不同的机械设备要使用不同的特征量进行描述，常用的可靠性指标见表1–2。

表1–2 常用可靠性指标

序号	特征量类别	可靠性指标	代号	定义
1	无故障性	首次故障前平均工作时间	MTTFF	发生首次致命、严重或一般故障时的平均工作时间
		平均故障间隔时间	MTBF	可修复机械设备或零部件相邻两次故障之间的平均间隔时间
		平均停机故障间隔时间	DTMTBF	可修复机械设备或零部件相邻两次停机故障的平均工作时间
		故障率		在每一时间增量里产生故障的次数，或在时间 t 之前尚未发生故障，而在随后的 dt 时间内可能发生故障的条件概率
		平均百台修理次数	RPH	100台机械设备在规定的使用或试验条件下，在某一时刻或时间范围内，平均百台需要修理的次数
2	维修性	平均事后维修时间	MTTR	可修复机械设备或零部件使用到某一时刻所有故障排除的平均有效时间
3	耐久性	可靠度	$R(t)$	在规定的使用条件下和规定的时间内，无故障地完成规定功能的概率
		累积故障概率	$F(t)$	在规定的使用条件下，使用到某一时刻 t 时发生故障的累积概率，亦称不可靠度
		可靠寿命	LR	在规定的使用条件下，可靠度 $R(t)$ 达到某一要求值时的工作时间
		平均寿命	MTTF	机械设备和零部件从开始使用到失效报废的平均使用时间
4	有效性	有效度	$A(t)$	在规定的使用条件下，在某个观测时间内，机械设备及零部件保持其规定功能的概率
5	经济性	年平均保修费用率	PWC	在规定的使用条件下，出厂第一年保修期内，每台机械设备工厂平均支付的保修费用与出厂销售价的比例

3. 可靠性维修

提高可靠性的方法有两种：一种为故障预防，即抑制故障的产生；另一种为故障容错，即利用冗余的零部件去屏蔽已发生的故障对整个机械设备的影响。具体的措施主要有：

1）在设计上，力求结构简单、传动链短、零件数少、调整环节少且简便、联接可靠。

2）尽可能采用独立的结构单元，分离方便，整个单元能迅速更换，有利于提高维修性，保证维修质量。

3）设法提高系统中最低可靠度零件的可靠度。

4）尽量选用可靠度高的标准件。

5）避免采用容易出现疏忽、维护和操作错误的结构。

6）结构布置要能直接检查和修理，如油面指示器位置应便于观察油面；要设置检查孔等。

7）合理规定维修期，维修期过长，可靠度下降，如润滑油变质、配合间隙过大等。

8）必要时增加备用系统，如双列滚动轴承，重要的液体动压滑动轴承备有两套系统。

9）设置监测系统，及时报警故障，如进行温度监测、微裂纹监测等。

10）增加过载保护装置和自动停机装置。

一般根据可靠性规律制定相应的维修制度。故障率呈正指数型的机械设备有明显的耗损故障期，应在它到来之前及时进行维修，这就是维修行业历来采用的定期检修制。没有耗损故障期的机械设备，不仅没有必要定期检修，而且每次检修后出现早期故障反而降低了可靠性，像飞机这样的可修复的复杂系统没有耗损故障，因此不用定期检修。故障率呈常数型的机械设备，其可靠性只受随机因素影响，定期检修不能预防随机故障。通过分析随机因素，尽量减少随机因素的发生概率或采用并联系统，就能够避免故障的发生。

1.4 设备维修技术的发展

机器的维护与修理和机器本身应该是结伴产生的，但其发展并不平衡，设备管理与有计划的预防性维修是最近几十年才发展起来的。越是工业发达的国家，设备管理与维修工作发展得越迅速，投入的人力、物力、财力也越多。

1.4.1 我国设备维修技术的发展概况

我国设备维修工作是在新中国成立后迅速建立并发展起来的。党和国家对设备维修与改造工作很重视。20 世纪 50 年代开始尝试推行“计划预修制”。随着国民经济第一个五年计划的执行，各企业陆续建立了设备管理组织机构，1954 年全面推行设备管理周期结构和修理间隔期、修理复杂系数等一套定额标准。1961 年国务院颁布《国营工业企业工作条例（草案）》（即“工业七十条”），逐步建立了以岗位责任制为中心的包括设备维修保养制度在内的各项管理制度。1963 年机械工业出版社开始组织编写资料性、实用性很强的《机修手册》，使设备维修技术向标准化、规范化方向迈进了一大步。

在设备维修实践中，“计划预修制”不断改革，如按照设备的实际运转台数和实际的磨损情况编制预修计划，不拘束于大修、项修、小修的典型工作内容，针对设备存在的问题，采取针对性的修理。一些企业还结合修理对设备进行改进，提高设备的精度、效率、可靠性和维修性等。这些已经冲破了原有“计划预修制”的束缚。与此同时，相继成立了中国机械工程学会及各级学术组织，开展了多方面的学术和技术交流活动，推动了我国设备维修与改造工作的发展。群众性的技术革新活动，也给设备维修与改造增添了异彩。这一时期，我国工业企业的设备修理结构有两种形式：一是专业厂维修；二是企业自修。

20 世纪 70 年代末，我国实行改革开放，加强了国际交往，国际交流不断，取得了可喜的成绩。采取“走出去、请进来”的方法，学习、借鉴英国的“设备综合工程学”和日本的“全员生产维修（TPM）”，揭开了多向综合引进国外先进技术的序幕，并恢复全国设备维修学会活动，创办《设备维修》杂志，原国家经委增设设备管理办公室，1982 年成立中国设备管理协会，1984 年在西北工业大学筹建中国设备管理培训中心。1987 年国务院颁布《全民所有制工业交通企业设备管理条例》。国内企业普遍实行“三保大修制”，一些企业结合自己的情况学习和试行“全员生产维修”，初步形成一个适合我国国情的设备管理与维修体制——设备综合管理体制，使我国设备维修工作进一步完善并走向正轨。

20世纪90年代，随着微电子、机电一体化等技术的不断成熟，特别是我国工业化水平的迅速提高，使得以技术改造和修理相结合的设备维修工作迅速发展。这一时期，在设备维修制度上，普遍推行状态维修、定期维修和事后维修3种维修方式，以定期维修为主、向定期维修和状态维修并重的方向发展（事后维修仍然存在）。在修理类别上，大修、项修、小修3种类别已具有一定的代表性和普及性。

进入21世纪后，随着改革开放的不断深入，我国的社会主义市场经济不断完善，国外制造企业不断涌入我国，计算机技术、信号处理技术、测试技术、表面工程技术等不断应用于设备维修领域，改善性维修、无维修设计等得到迅猛发展。

随着设备的技术进步，企业的设备操作人员不断减少，而维修人员则不断增加，如图1-2所示。另一方面，操作的技术含量不断降低，而维修的技术含量却在逐年上升，如图1-3所示。现今的维修人员遇到的多是机电一体化的复杂设备，集光电技术、气动技术、激光技术和计算机技术为一体。当代的设备维修已经不是传统意义上的维修工所能胜任的工作。当前，我们面临的任务是大力抓好人才的开发和培养，通过高等院校培养和对在职人员进行补充更新知识的继续教育，尽快造就成一批具有现代维修管理知识和技术的维修专业人员。

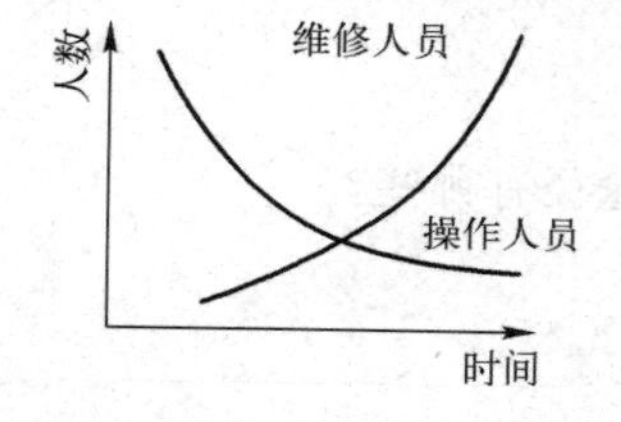

图1-2　设备操作人员与维修人员的比例关系

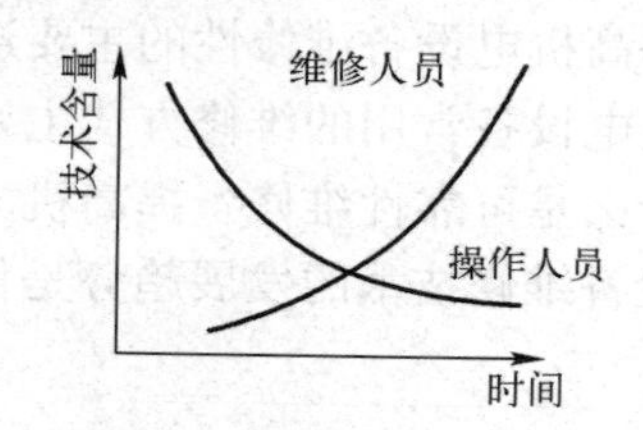

图1-3　设备维修人员和操作人员与技术含量的关系

1.4.2　设备维修技术的发展趋势

现代科学技术和社会经济相互渗透、相互促进、相互结合，机电设备越来越一体化、高速化和微电子化，这使机电设备的操作越来越容易，而机电设备故障的诊断和维修则变得越来越困难，而且，机电设备一旦发生故障，尤其是连续化生产设备，往往会导致整套设备停机，从而造成一定的经济损失，如果危及安全和环境，还会造成严重的社会影响。随着社会经济的迅速发展，生产规模的日益扩大，先进的生产方式的出现和采用，使得机电设备维修技术不断得到人们的重视和关注。设备维修技术的发展必然朝着以计算机技术、信号处理技术、测试技术、表面工程技术等现代技术为依托，以现代设备状态监测与故障诊断技术为先导，以机电一体化为背景，以满足现代化工业生产日益提高的要求为目标，以不断完善的维修技术为手段的方向迅猛发展。

1.5　本章小结

本章主要介绍了机电设备维修基础知识。首先，明确了机电设备故障的概念及基本类型，对引起故障的主要因素进行了分析，归纳了机电设备故障发生的基本规律。然后，介绍了机电设备故障诊断方面的知识，重点介绍了几种常用的诊断技术及诊断流程。此外，还介绍了机电设备维修的基本概念、类型及维修的主要方式，并着重介绍了可靠性维修的基本内容及要点。最后还简要介绍了我国设备维修技术的发展概况及未来发展趋势。

1.6 思考与练习题

1. 什么是机电设备故障？主要包含哪两层含义？
2. 机电设备故障按产生原因可分为哪几种故障？
3. 机电设备故障按表现形式可分为哪几种故障？
4. 机电设备故障有哪些主要特点？
5. 机电设备故障产生的主要因素有哪几个方面？
6. 根据机电设备在运行中发生故障的可能性随时间变化的规律可分为哪几个阶段？
7. 机电设备故障诊断的含义及意义是什么？
8. 机电设备故障诊断有哪些基本内容？
9. 机电设备故障诊断的方法主要有哪些？故障诊断主要有哪些环节？
10. 什么是机电设备的维修性？维修与维修性有何不同？
11. 提高机电设备维修性的主要途径有哪些？
12. 机电设备常用的维修方式主要有哪几种？
13. 什么是可靠性维修？提高机电设备可靠性维修的途径有哪些？
14. 设备维修技术的发展趋势是什么？

第2章　机械零件的失效模式

【导学】

🕮 你知道常见的机电设备零件失效的主要模式有哪些吗？如何减少或消除零件的失效呢？

在现代工业的生产环境下，一旦某台设备出现了故障而又未能及时发现和排除，就可能会造成整台设备停转，从而造成巨大的经济损失。因而，对设备故障的研究越来越受到人们的重视。

从系统的观点来看，故障包含两层含义：一是机械系统偏离正常功能。其形成的主要原因是机械系统（含零部件）的工作条件不正常，这类故障通过参数调节或零件修复即可消除，系统随之恢复正常功能。二是功能失效。这时系统连续偏离正常功能，并且偏离程度不断加剧，使机械设备基本功能不能保证，这种情况称之为失效。一般零件失效可以更换，关键零件失效，则往往导致整机功能丧失。

本章主要介绍机械零件失效的4种常见模式：磨损失效、腐蚀失效、变形失效以及断裂失效，掌握不同失效模式下减少或消除零件失效的方法和途径。

【学习目标】

1. 掌握机械零件磨损的规律及类型。
2. 掌握机械零件腐蚀的类型及减轻腐蚀危害的措施。
3. 掌握机械零件常见的弹、塑性变形及减少变形的措施。
4. 理解机械零件常见的断裂形式及减少断裂危害的措施。

在机械设备使用过程中，各种零部件都应具有一定的功能，如传递运动、力或能量，实现规定的动作，保持一定的几何形状等。当机械零件在载荷（包括机械载荷、热载荷、腐蚀及综合载荷等）作用下，丧失最初规定的功能，无法继续工作时，即称为失效。当机械设备的关键零件失效时，就意味着设备处于故障状态。

一个机械零件处于下列三种状态之一就认为是失效：①完全不能工作；②不能按确定的规范完成规定功能；③不能可靠和安全地继续使用。这三个条件可以作为机械零件失效与否的判断原则。

一般机械零件的失效形式是按失效件的外部形态特征来分类的，大体包括磨损、腐蚀、变形以及断裂4种常见的、有代表性的失效模式。在生产实践中，最主要的失效形式是零件工作表面的磨损失效；而最危险的失效形式是瞬间出现裂纹和破断，统称为断裂失效。

2.1 机械零件的磨损

摩擦与磨损是自然界的一种普遍现象。当零件之间或零件与其他物质之间相互接触，并产生相对运动时，就称为摩擦。零件的摩擦表面上出现材料耗损的现象称为零件的磨损。材料磨损包括两个方面：一是材料组织结构的损坏；二是尺寸、形状及表面质量（粗糙度）的变化。

如果零件的磨损超过了某一限度，就会丧失其规定的功能，引起设备性能下降或不能工作，这种情形即称为磨损失效。一般机械设备中约有 80% 的零件因磨损而失效报废。据估计，世界上的能源消耗约有 30% ~50% 是由于摩擦和磨损造成的。

2.1.1 磨损的一般规律

以摩擦副为主要零件的机械设备，在正常运转时，机械零件的磨损一般可分为磨合（跑合）阶段、稳定磨损阶段和剧烈磨损阶段，如图 2-1 所示。

1. 磨合阶段

图 2-1 中的 oa 线段区间为磨合阶段，又称跑合阶段，发生在设备使用初期。这一阶段的磨损特征是在短时间内磨损量增长较快。如果表面粗糙、润滑不良或载荷较大，都会加速磨损。经过这一阶段后，零件的磨损速度逐步过渡到稳定状态。机械设备的磨合阶段结束后，应清除摩擦副中的磨屑，更换润滑油，才能进入满负荷正常使用阶段。

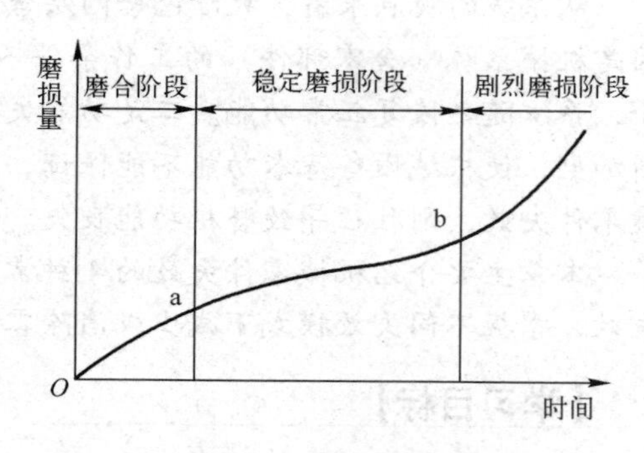

图 2-1 机械磨损过程

2. 稳定磨损阶段

图 2-1 中的 ab 线段区间为稳定磨损阶段，这一阶段的磨损特征是经过磨合阶段后，摩擦副表面发生加工硬化，磨损量随着时间的延长而均匀、缓慢地增长，属于自然磨损。在磨损量达到极限之前的这一段时间是零件的磨损寿命，它与摩擦表面的工作条件、技术维护的好坏关系极大。使用保养得好，可以延长磨损寿命，从而提高设备的可靠性与有效利用率。

3. 急剧磨损阶段

如图 2-1 中，曲线经过 b 点以后为急剧磨损阶段，这一阶段的磨损特征是当零件表面磨损量超过极限值以后若继续摩擦，其磨损强度急剧增加，其原因是：①零件耐磨性较好的表层被破坏，次表层耐磨性显著降低；②配合间隙增大，出现冲击载荷；③摩擦力与摩擦功耗增大，使温度升高，润滑状态恶化、材料腐蚀与性能劣化等。最终设备会出现故障或事故。因此，这一阶段也称为事故磨损阶段。当零件表面的磨损量达到极限值时，就已经失效，不能继续使用，应采取调整、维修或更换零件等措施，防止设备故障与事故的发生。

2.1.2 磨损类型及磨损机理

按摩擦表面破坏的机理和特征不同，磨损可以分为粘着磨损、磨料磨损、疲劳磨损、腐蚀磨损和微动磨损。

1. 粘着磨损

粘着磨损又称粘附磨损，是指当构成摩擦副的两个摩擦表面相互接触并发生相对的运动时，由于粘着作用，接触表面的材料从一个表面转移到另一个表面所引起的磨损。磨损过程如图 2-2 所示。

(1) 粘着磨损的机理

两个金属零件表面的接触，实际上是微凸体之间的接触，实际接触面积很小，仅为理论接触面积的 1/100～1/1000。在法向载荷作用下，接触点的压力很大，使金属表面膜破裂，两表面的裸露金属直接接触，在接触点上发生焊合，即粘着。当两表面进一步相对滑动时，粘着点便发生剪切及材料转移现象。在载荷相对运动作用下，两接触表面重复产生粘着——剪断——再粘着的循环过程，直至最后在表面上脱落下来，形成磨屑。

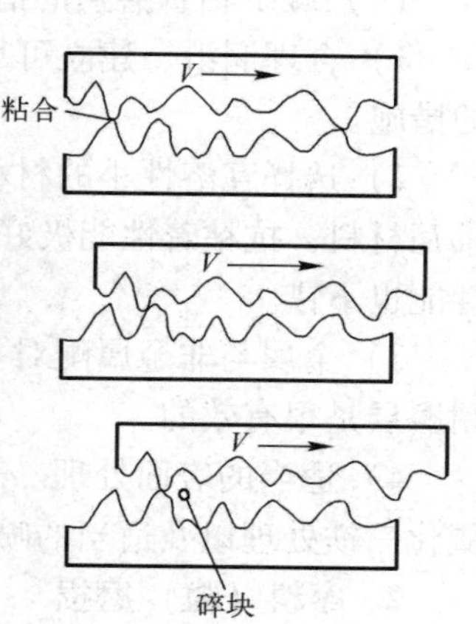

图 2-2　粘着磨损示意图

(2) 粘着磨损的分类

根据粘接点的强度和破坏位置不同，粘着磨损有几种不同的形式，从轻微磨损到破坏性严重的胶合磨损。它们的磨损形式、摩擦系数和磨损度虽然不同，但共同的特征是出现材料迁移，沿滑动方向形成程度不同的划痕。

1) 轻微粘着磨损。当粘接点的强度低于摩擦副两金属的强度时，剪切发生在结合面上。此时，虽然摩擦系数增大，但是磨损却很小，材料迁移也不显著。

2) 一般粘着磨损（涂抹）。当粘接点的强度高于摩擦副中较软金属的强度时，破坏将发生在离结合面不远处的软金属表层内，软金属粘附在硬金属表面上。其摩擦系数与轻微磨损差不多，但磨损程度加剧。

3) 擦伤磨损。当粘接点的强度高于两金属材料强度时，剪切破坏主要发生在软金属表层内，有时也发生在硬金属表层内。迁移到硬金属表面上的粘着物又会使软金属表面被划伤，擦伤主要发生在软金属表面上。

4) 胶合磨损。当粘接点的强度比两金属的剪切强度高得多，而且粘接点面积较大时，剪切破坏发生在一个或两个金属表层较深的地方。两表面都出现严重磨损，甚至使摩擦副之间咬死而不能相对滑动。

(3) 影响粘着磨损的因素

1) 摩擦表面的成份和金相组织。两摩擦表面的材料有形成固溶体或金属间化合物的倾向，直接和粘着磨损有关。通常，作为摩擦副的材料应当是形成固溶体倾向最小的两种材料。为此，应当选用不同晶体结构的材料，或者选用可使摩擦副表面易于形成金属间化合物的材料，因为金属间化合物具有良好的抗粘着磨损性能。如果这两个要求都不能满足，通常都在磨损表面覆盖铅、锡、银、铟之类的软金属或合金，这些都是有效抗粘着磨损的材料。

2) 摩擦表面的状态。这主要包括自然洁净程度和微观粗糙度。显然，摩擦表面愈洁净，愈可能发生表面的粘着，因为这是为摩擦接触区分子引力的作用增强提供了条件。因此，应当尽可能使摩擦表面有吸附物质、氧化物层和润滑剂。在机械设备的摩擦副中，根据这一原理，都按照具体工作条件（载力、速度、温度等），建立必要的润滑条件，选用相应的润滑剂和在润滑剂中加入适当的添加剂，例如，齿轮传动的润滑油中加入极压添加剂就是典型例子。

（4）减少粘着磨损的措施

1）合理润滑。建立可靠的润滑保护膜，隔离相互摩擦的金属表面，是最有效、最经济的措施。

2）选择互溶性小的材料配对。铅、锡、银等在铁中的溶解度小，用这些金属的合金做轴瓦材料，抗粘着性能极好（如巴氏合金、铝青铜、高锡铝合金等），钢与铸铁配对抗粘着性能也不错。

3）金属与非金属配对。钢与石墨、塑料等非金属摩擦时，粘着倾向小，用优质塑料作耐磨层是很有效的。

4）适当的表面处理。表面淬火、表面化学处理、磷化处理、硫化处理、渗氮处理、四氧化三铁处理以及适当的喷涂处理，都能提高金属抗粘着磨损的能力。

2. 磨料（粒）磨损

磨料磨损又称磨粒磨损。它是当摩擦副的接触表面之间存在着硬质颗粒，或者当摩擦副材料一方的硬度比另一方的硬度大得多时，所产生的一种类似金属切削过程的磨损，其特征是在接触表面上有明显的切削痕迹。磨损过程如图 2-3 所示。在磨损失效中，磨料磨损失效是最常见、危害最为严重的一种。

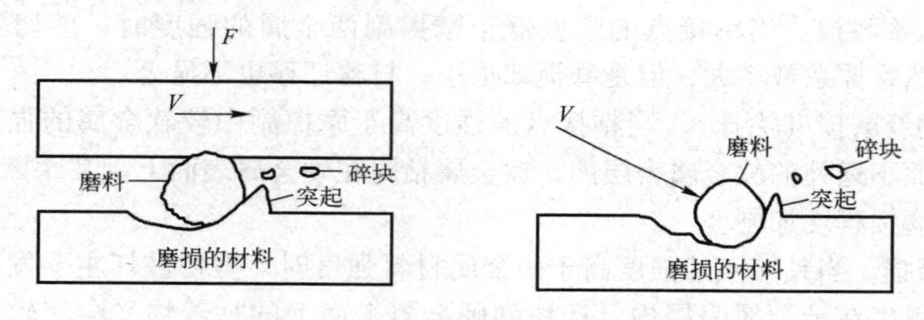

图 2-3　磨料磨损示意图

（1）磨料磨损的分类

磨料磨损分为 3 种情况：第一种是直接与磨料接触的机件所发生的磨损，称为两体磨损；第二种是硬颗粒进入摩擦副两表面之间所造成的磨损，称为三体磨损；第三种是坚硬、粗糙的表面微凸体在较软的零件表面上滑动所造成的磨损，称为微凸体磨损。

（2）磨料磨损的机理

磨料磨损的过程实质上是零件表面在磨料作用下发生塑性变形、切削与断裂的过程。磨料对零件表面的作用力分为垂直于表面和平行于表面的两个分力，垂直分力使磨料压入材料表面，而平行分力使磨料向前滑动，对表面产生耕犁与微切削作用。微切削作用会产生微切屑，而耕犁作用会使材料向磨料两侧挤压变形，使犁沟两侧材料隆起。随着零件表层材料的脱离与表面性能的劣化，最终导致表面破坏和零件失效。

磨料磨损的显著特点是：磨损表面上有与相对运动方向平行的细小沟槽；磨损产物中有螺旋状、环状或弯曲状细小切屑及部分粉末。

（3）影响磨料磨损的因素

1）摩擦表面材料。一般情况下，金属材料的硬度越高，耐磨性越好。实验证明，未经热处理的金属材料，其相对耐磨性与硬度成正比，而与合金含量无关。经淬火后的钢，其相对耐磨性仍然与淬火硬度成正比，但合金含量较高的钢材，其相对耐磨性增长得较快。一般来说，具有马氏体组织的材料有较高的耐磨性，而在相同硬度条件下，贝氏体又比马氏体高得多；同样硬度的奥氏体与珠光体相比，奥氏体的耐磨性要高得多。

2）磨料性质。磨料磨损与磨料的相对硬度、形状、粒度有密切的关系。许多研究工作者发现，磨料粒度对材料的磨损率（单位时间磨损量）存在一个临界尺寸。当磨料粒度小于临界尺寸（一般为60～100 μm）时，材料的磨损率随磨料粒度的增加而增加，且材料越软越敏感。当磨料粒度超过临界尺寸后，磨损率与粒度几乎无关，即磨损率基本上不随粒度的增加而增加，如图2-4所示。

3）其他因素。影响磨料磨损的还有其他因素，如压力、摩擦表面相对运动的方式以及磨损过程的工况条件等。

（4）减少磨料磨损的措施

对工程机械、农业机械和矿山机械中许多遭受二体磨损的机件，主要是选择合适的耐磨材料，优化结构与参数设计。对所有机械设备中可能遭受三体磨损的摩擦副，如轴颈与轴瓦，滚动轴承，缸套与活塞，机械传动装置等，应设法阻止外界磨料进入摩擦副，并及时清除摩擦副磨合过程中产生的磨屑及硬微凸体磨损产生的磨屑。具体措施是对空气、油料过滤；注意关键部分的密封；经常维护、清洗、换油；提高摩擦副表面的制造精度；进行适当的表面处理等。

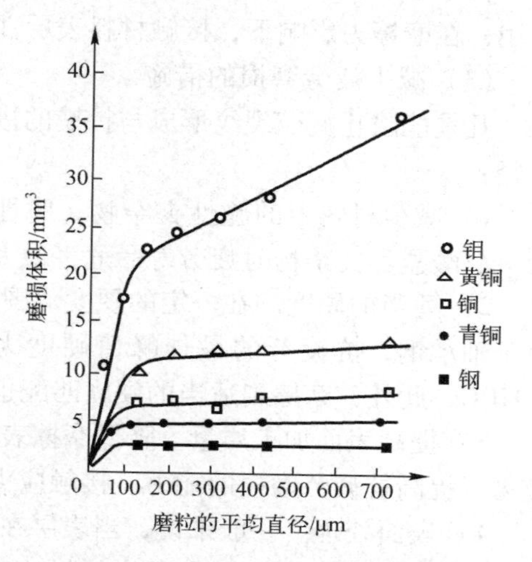

图2-4　磨料粒度对磨损的影响

3. 疲劳磨损

疲劳磨损是摩擦表面材料微观体积受循环接触应力作用产生重复变形，导致产生裂纹和分离出微片或颗粒的一种磨损。

（1）疲劳磨损的机理

疲劳磨损的过程就是裂纹产生和扩展的破坏过程。根据裂纹产生的位置，疲劳磨损的机理有两种情况。

1）滚动接触疲劳磨损。在滚动接触过程中，材料表层受到周期性载荷作用，引起塑性变形和表面硬化，最后在表面出现初始裂纹，并沿与滚动方向呈小于45°的倾角方向由表向里扩展。表面上的润滑油由于毛细管的吸附作用而进入裂纹内表面，当滚动体接触到裂口处时将把裂口封住，使裂纹两侧内壁承受很大的挤压作用，加速裂纹向内扩展。在载荷的继续作用下，形成麻点状剥落，在表面上留下痘斑状凹坑，深度在0.2 μm以下。

2）滚滑接触疲劳磨损。根据弹性力学原理，两滚动接触体在距离表面下0.786b处（b为平面接触区的半宽度）切应力最大。该处塑性变形最剧烈，在周期性载荷作用下的反复变形使材料局部弱化，并在该处首先出现裂纹，在滑动摩擦力引起的切应力和法向载荷引起的切应力叠加作用下，使最大切应力从0.786b处向表面移动，形成滚滑疲劳磨损，剥落层深度一般为0.2～0.4mm。

（2）疲劳磨损的分类

疲劳磨损根据其危害程度可分为非扩展性疲劳磨损和扩展性疲劳磨损两类。

1）非扩展性疲劳磨损。在某些新的摩擦表面上，因接触点较少，压力较大，容易产生小麻点状的点蚀。经磨合后，接触面积扩大，实际压力降低，小麻点停止扩展。这种疲劳磨损对运动速度不高的摩擦副影响不大。

2）扩展性疲劳磨损。当作用在两接触面上的循环接触应力较大，且材料塑性差或润滑不当时，在磨合阶段就产生小麻点，经过一段时间，小麻点发展呈痘斑状凹坑，使零件迅速失效。

根据摩擦表层发生的现象，可以认为疲劳磨损过程是由三个发展阶段组成：表面的相互作用；在摩擦力影响下，接触材料表层性质的变化；表面的破坏和磨损微粒的脱离。

（3）减少疲劳磨损的措施

凡是能阻止疲劳裂纹形成与扩展的措施都能减少疲劳磨损。具体可以考虑以下几条主要途径：

1）减少材料中的脆性夹杂物。脆性夹杂物边缘极易产生微裂纹，降低材料的疲劳寿命。硅酸盐类夹杂物对疲劳寿命危害最大。

2）适当的硬度。在一定的硬度范围内，材料抗疲劳磨损的性能随硬度的升高而增大，对于轴承钢，抗疲劳的最佳峰值硬度为62HRC左右，钢制齿轮的最佳表面硬度为58～62HRC。此外，摩擦副适当的硬度匹配也是减少疲劳磨损的正确途径。

3）提高表面加工质量。降低摩擦表面粗糙度和形状误差，可以减少微凸体，均衡接触应力，提高抗疲劳磨损的能力。接触应力越大，对加工质量的要求也越高。

4）表面处理。一般来说，当表层在一定深度范围内存在残余压应力时，不仅可以提高弯曲、扭转疲劳抗力，还能提高接触疲劳抗力，减少疲劳磨损。当进行表面渗碳、淬火、喷丸以及滚压处理时，都可使表层产生残余压应力。

5）润滑。润滑油的衬垫作用，可使接触区的集中载荷分散。润滑油黏度越高，接触区压应力越接近平均分布。但应注意，如果润滑油黏度过低，则越容易渗入裂纹，产生楔裂作用，加速裂纹的扩展和材料的剥落。

4. 腐蚀磨损

在摩擦过程中，金属同时与周围介质发生化学反应或电化学反应引起金属表面的腐蚀产物剥落，这种现象成为腐蚀磨损。其主要特点是磨损过程中兼有腐蚀和磨损，并且以腐蚀为主导。

按腐蚀介质的类型不同，腐蚀磨损可分为氧化磨损和特殊介质下的腐蚀磨损两大类。

（1）氧化磨损

除金、铂等少数金属外，大多数金属表面都被氧化膜覆盖着。若在摩擦过程中，氧化膜被磨掉，摩擦表面与氧化介质反应速度很快，立即又形成新的氧化膜，然后又被磨掉，这种氧化膜不断被磨掉又反复形成的过程，就是氧化磨损。

氧化磨损的产生必须同时具备以下条件：一是摩擦表面要能够发生氧化，并且氧化膜生成速度大于其磨损破坏速度；二是氧化膜与摩擦表面的结合强度大于摩擦表面承受的切应力；三是氧化膜厚度大于摩擦表面破坏的深度。

在通常情况下，氧化磨损比其他磨损轻微得多。减少或消除氧化磨损的对策主要有：

1）控制氧化膜生长的速度与厚度。在摩擦过程中，金属表面形成氧化膜的速度要比非摩擦时快得多。在常温下，金属表面形成的氧化膜厚度非常小，例如铁的氧化膜厚度为 1 ~ 3 mm，铜的氧化膜厚度约为 5 nm。但是，氧化膜的生成速度随时间而变化。

2）控制氧化膜的性质。金属表面形成的氧化膜的性质对氧化磨损有重要影响。若氧化膜紧密、完整无孔，与金属表面基体结合牢固，则有利于防止金属表面氧化；若氧化膜本身性脆，与金属表面基体结合差，则容易被磨掉。

3）控制硬度。当金属表面氧化膜硬度远大于与其结合的基体金属的硬度时，在摩擦过程中，即使在小的载荷作用下，也易破碎和磨损；当两者相近时，在小载荷、小变形条件下，因两者变形相近，故氧化膜不易脱落，但若受大载荷作用而产生大变形时，氧化膜也易破碎；最有利的情况是氧化膜硬度和基体硬度都很高，在载荷作用下变形小，氧化膜不易破碎，耐磨性好。然而，大多数金属氧化物都比原金属硬而脆，厚度又很小，故对摩擦表面的保护作用很有限。但在不引起氧化膜破裂的工况下，表面的氧化膜层有防止金属之间粘着的作用，因而有利于抗粘着磨损。

（2）特殊介质下的腐蚀磨损

特殊介质下的腐蚀磨损是指摩擦副金属材料与酸、碱、盐等介质作用生成的各种化合物，在摩擦过程中不断被除去的磨损过程，其机理与氧化磨损产生的机理相似，但磨损速率较高。

由于其腐蚀本身可能是化学的或电化学的性质，故腐蚀磨损的速度与介质的腐蚀性质和作用温度有关，也与相互摩擦的两个金属形成的电化学腐蚀的电位差有关。介质腐蚀性越强，作用温度越高，腐蚀磨损速度越快。

5. 微动磨损

微动磨损是两固定接触面上出现相对小幅振动而造成的表面损伤，主要发生在宏观相对静止的零件结合面上。其主要危害是使配合精度下降，紧配合的机体变松，更严重的是引起应力集中，导致零件疲劳断裂。

（1）微动磨损的机理

当两接触表面具有一定压力并产生小幅振动时，接触面上的微凸体在振动冲击力作用下产生强烈的塑性变形和高温，发生相互粘着现象。在以后的振动中，粘着点又会被剪断，粘着物在冲击力作用下脱落，脱落的粘着物与被剪断的表面因露出新鲜表面而迅速氧化。

由于两接触表面之间没有宏观相对运动，配合较紧，故磨屑不易排出，留在接合面上起磨料的作用，磨料磨损取代了粘着磨损。随着表面进一步磨损和磨料的氧化，磨屑体积膨胀，磨损区间扩大，磨屑向微凸体四周溢出。最后，原来的微凸体转化为麻点坑，随着振动过程的继续，类似的过程也会在邻近区域发生，使麻点坑连成一片，形成大而深的麻坑。总之，微动磨损是一种兼有粘着磨损、磨料磨损和氧化磨损的复合磨损形式。

（2）影响微动磨损的因素

1）材料性能。提高材料硬度和选择适当的材料配副都可以减少微动磨损。因为微动磨损是从粘着磨损开始的，所以凡是能抗粘着磨损的材料和材料配副，必然对防止微动磨损有利。

2）载荷影响。在一定条件下，微动磨损随载荷的增加而增加，但当载荷超过某一临界值时，微动磨损现象反而减少，如图 2-5 所示。其原因是：当载荷低于临界值时，随着载荷的增加，微凸体塑性变形增加，使产生微动磨损的区域扩大，引起磨损速度加快；而当载荷超过临界值时，表层的塑性变形与次表层的弹性变形均增加，限制了表面之间的相对振幅，降低了冲击效应，即使发生了粘着也不容易剪断，中止了磨损过程。

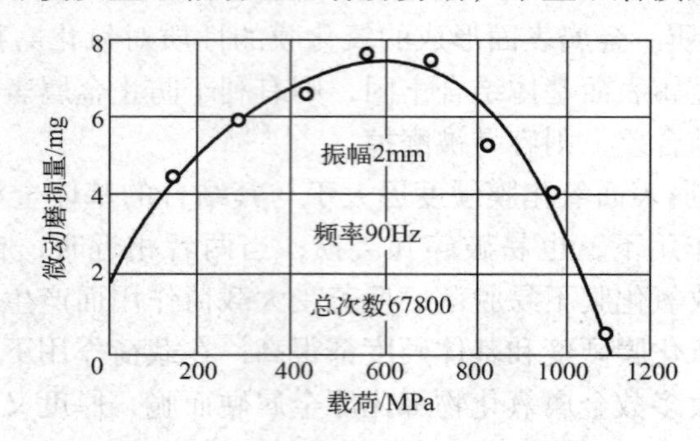

图 2-5　微动磨损量与载荷的关系

3）振幅的影响。振幅较小时，微动磨损率也较低。

4）表面处理的影响。经过适当的表面处理，可降低或消除微动磨损，如喷丸、滚压、磷化、镀铜等。

2.2　金属零件的腐蚀

在实际工程领域中，金属腐蚀是普遍存在的自然现象，给人类带来的损失是巨大的。据不完全统计，全世界每年因腐蚀而报废的钢材与设备相当于全年钢产量的 30%。

金属零件在某些特定的环境中，受周围介质的作用，会发生化学反应与电化学反应，造成表面材料损耗，表面质量被破坏，内部晶体结构损伤，最终导致零件失效，这种失效称为零件的腐蚀失效。

金属腐蚀按其作用和机理不同分为化学腐蚀和电化学腐蚀两大类。

2.2.1　金属零件的化学腐蚀

单纯由化学作用引起的腐蚀叫化学腐蚀。在这一腐蚀过程中不产生电流，介质是非导电的，如干燥空气、高温气体、有机液体、汽油、润滑油等，其中前两类介质中的腐蚀称为气体腐蚀，其余的称为非电解质溶液中的腐蚀。它们与金属接触时进行化学反应形成氧化膜，在氧化膜不断脱落又不断生成的过程中使零件腐蚀。

大多数金属在室温下的空气中就能自发地氧化，但在表面形成氧化物层之后，如能有效地隔离金属与介质间的物质传递，就成为保护膜。如果氧化物层不能有效阻止氧化反应的进行，那么金属将不断地被氧化。据研究，金属氧化膜要在含氧气的条件下起保护膜作用必须具备以下条件：①膜必须是紧密的，能完整地把金属表面全部覆盖住；②膜在气体介质中是稳定的；③膜和基体金属的结合力强，具有一定的强度和塑性；④膜具有与基体金属相当的热膨胀系数。氧化膜如果符合上述 4 个条件，则金属表面“钝化”，使化学反应逐渐减弱、终止；否则化学反应（腐蚀）就会持续进行。在高温空气中，铁和铝都能生成完整的氧化膜，但是铝的氧化膜同时具备了上述4个条件，具有良好的保护性能，而铁的氧化膜与铁结合不良，则起不了保护作用。

2.2.2 金属零件的电化学腐蚀

电化学腐蚀是金属与电解质物质接触时产生的腐蚀。它与化学腐蚀的不同点在于其腐蚀过程中有电流产生。常见的电化学腐蚀形式有：①大气腐蚀，即潮湿空气中的腐蚀；②土壤腐蚀，如地下金属管线的腐蚀；③在电解质溶液中的腐蚀，如酸、碱、盐溶液和水中的腐蚀；④在熔融盐中的腐蚀，如热处理车间，熔盐加热炉中的盐炉电极和所处理的金属发生的腐蚀。大多数金属的腐蚀都属于电化学腐蚀，其涉及面广，造成的损失大，腐蚀过程比化学腐蚀强烈得多。

电化学腐蚀的根本原因是腐蚀电池的形成。形成腐蚀电池需要的3个条件是：①有两个或两个以上的不同电极电位的物体，或在同一物体上具有不同电极电位的区域，以形成正、负极；②电极之间需要有导体相连接或电极直接接触；③要有电解液。

2.2.3 气蚀

当零件与液体接触并产生相对运动，且接触处的局部压力低于液体蒸发压力时，就会形成气泡，这些气泡运动到高压区时，会受到外部强大的压力而被压缩变形，直至压溃破裂。气泡在被压溃破裂时，由于其破裂速度高达250 m/s，故瞬间可产生极大的冲击力和高温，在冲击力和高温的作用下，局部液体会产生微射流，此现象称为水击现象。若气泡是紧靠在零件表面破裂的，则该表面将受到微射流的冲击，在气泡形成与破裂的反复作用下，零件表面材料不断受到微射流的冲击，从而产生疲劳而逐渐脱落，初时呈麻点状，随着时间的延长，逐渐扩展成泡沫海绵状，这种现象称为气蚀。当气蚀严重时，可扩展为很深的孔穴，直到材料穿透或开裂而破坏，因此气蚀又称为穴蚀。

气蚀是一种比较复杂的破坏现象，它不单是机械作用，还有化学、电化学作用，当液体中含有杂质或磨粒时，就会加剧这一破坏过程。气蚀通常发生在柴油机缸套外壁、水泵零件、水轮机叶片和液压泵等处。

减轻气蚀的主要措施有：

1）减小与液体接触表面的振动，以减少水击现象的发生，可采用增加刚性、改善支撑、采取吸振措施等方法。

2）选用耐气蚀的材料，如含球状或团状石墨的铸铁、不锈钢、尼龙等。

3）零件表面涂塑料、陶瓷等防气蚀材料，也可在表面镀铬。

4）改进零件结构，减小表面粗糙度值，减少液体流动时产生的涡流现象。

5）水中添加乳化油，减小气泡破裂时的冲击力。

2.2.4 减轻腐蚀危害的措施

1. 正确选材

根据环境介质和使用条件的不同，选择合适的耐腐蚀材料，如含有镍、铬、铝、硅、钛等元素的合金钢；在条件许可的情况下，尽量选用尼龙、塑料、陶瓷等材料。

2. 合理设计

在制造机械设备时，即使应用了较优质的材料，但如果在结构的设计上不从金属防护的角度加以全面考虑，则通常会引起机械应力、热应力以及流体的停滞和聚集、局部过热等现象，从而加速腐蚀过程。因此设计结构时应尽量使整个部位的所有条件均匀一致，做到结构合理、外形简化、表面粗糙度合适。

3. 覆盖保护层

覆盖保护层即在金属表面上覆盖一层不同的材料，改变其表面结构，使金属与介质隔离开来，以防止腐蚀。常用的覆盖材料有金属或合金、非金属保护层和化学保护层等。

4. 电化学保护

对被保护的机械设备通以直流电流进行极化，以消除电位差，使之达到某一电位时，被保护金属的腐蚀可以很小甚至呈无腐蚀状态。这种方法要求介质必须是导电的、连续的。根据被保护设备所接电源极性，可分为以下两种。

（1）阴极保护法：主要是在被保护金属表面通以阴极直流电流，消除或减少被保护金属表面的腐蚀电池作用。

（2）阳极保护法：主要是在被保护金属表面通以阳极直流电流，使其金属表面生成钝化膜，从而增大了腐蚀过程的阻力。

此外，可用一个比零件材料的化学性能更活泼的金属铆接到零件上，形成一个腐蚀电池，零件作为阴性，不会发生腐蚀。这种运用电化学原理的方法称为牺牲阳极法。如在海洋中，航行的船舶底部常铆接有锌块，以保护铁壳不受海水腐蚀。

5. 添加缓蚀剂

在腐蚀性介质中加入少量能减少腐蚀速度的物质，即缓蚀剂，可减轻腐蚀。按化学性质不同，缓蚀剂分为无机和有机两种。如重铬酸钾、硝酸钠、亚硫酸钠等无机类，能在金属表面形成保护膜，使金属与介质隔开；胺盐、琼脂、动物胶、生物碱等有机化合物，能吸附在金属表面上，使金属溶解和还原反应都受到抑制，从而减轻金属腐蚀。

6. 改变环境条件

即将环境中的腐蚀介质去除，以减少其腐蚀作用。如采用通风、除湿、去除二氧化硫气体等措施。对常用的金属材料来说，把相对湿度控制在临界湿度（50%～70%）以下，可显著减缓大气腐蚀。在酸洗车间和电解车间里，合理设计地面坡度和排水沟，做好地面防腐蚀隔离层，来防止酸液渗透地面而使其凸起，以免损坏贮槽及机械基础。

2.3　机械零件的变形

机械零件或构件在外力的作用下，产生形状或尺寸变化的现象称为变形。过量的变形是机械失效的主要类型，也是判断韧性断裂的明显征兆。

机械零件或构件在使用中因变形过量造成失效也是机械失效的主要形式之一。如起重机主梁的变形下挠或扭曲、汽车大梁的扭曲变形、内燃机曲轴的弯曲和扭曲、各类传动轴的弯曲变形、机床导轨的变形以及弹簧的变形等。

根据外力去除后变形能否恢复，机械零件或构件的变形可分为弹性变形和塑性变形两种。

2.3.1 弹性变形

金属零件在作用应力小于材料屈服强度时产生的变形称为弹性变形。当外力去除后，变形能完全恢复。

弹性变形的机理是：在正常情况下，晶体内部原子所处的位置是原子间引力和斥力达到平衡时的位置，此时原子间的距离 $r = r_0$。当有外力作用时，原子就会偏离原来的平衡位置，同时产生与外力方向相反的抗力，与之建立新的平衡，原子间距发生相应的变化 $r \neq r_0$；当外力去除后，为消除出现的新的不平衡，原子又恢复到原来的稳定位置即 $r = r_0$。

材料弹性变形后会产生弹性后效，即当外力骤然去除后，应变不会立即全部消失，而只是消失一部分，剩余部分在一段时间内逐步消失，这种应变总落后于应力的现象就称为弹性后效。弹性后效发生的程度与金属材料的性质、应力大小、状态以及温度等有关，金属组织结构越不均匀，作用应力越大，温度越高，则弹性后效越大。通常，经过校直的轴类零件过了一段时间后又会发生弯曲，就是弹性后效的表现。消除弹性后效现象的办法是长时间回火，以使应力在短时间内彻底消除。

2.3.2 塑性变形

机械零件在外载荷去除后留下来的一部分不可恢复的变形称为塑性变形或永久变形。

塑性变形导致机械零件各部分尺寸和外形发生变化，将引起一系列不良后果。例如，像内燃机气缸体这样复杂的箱体零件，由于永久变形，致使箱体上各配合孔轴线位置发生变化，不能保证装在它上面的各零部件的装配精度，甚至不能顺利装配。又如，机床主轴因塑性变形而弯曲，将不能保证加工精度，导致废品率增大，甚至使主轴不能工作。

金属零件的塑性变形从宏观形貌特征上看主要有翘曲变形、体积变形和时效变形等。

1. 翘曲变形

当金属零件本身受到某种应力的作用，其实际应力值超过金属在该状态下的拉伸屈服强度或压缩屈服强度时，就会产生呈翘曲、椭圆或歪扭的塑性变形。因此，金属零件产生翘曲变形是它自身受复杂应力综合作用的结果。此种变形常见于细长轴类、薄板状零件以及薄壁的环形或套类零件。

2. 体积变形

金属零件在受热与冷却过程中，由于金相组织转变引起质量体积变化，导致金属零件体积胀缩的现象称为体积变形。例如，钢件淬火相变时，奥氏体转变为马氏体或下贝氏体时质量体积增大，体积膨胀；淬火相变后残留奥氏体的质量体积减小，体积收缩。马氏体形成时的体积变化程度与淬火相变时马氏体中的含碳量有关。钢件中含碳量越多，形成马氏体时的质量体积变化越大，膨胀量也越大。此外，钢中碳化物的不均匀分布往往能够增大变形程度。

3. 时效变形

钢件热处理后产生不稳定组织，由此引起的内应力处于不稳定状态；铸件在铸造过程中形成的铸造内应力也处于不稳定状态。在常温或零下温度较长时间的放置或使用后，不稳定状态的应力会逐渐发生转变并趋于稳定，由此伴随产生的变形称为时效变形。

2.3.3 减少变形失效的措施

变形是不可避免的，只能根据它的规律，针对变形产生的原因，采取相应的对策来减少变形。

1. 设计方面

设计时不仅要考虑零件的强度，还要重视零件的刚度和制造、装配、使用、拆卸以及修理等方面的问题。如设计时要尽量使零件壁厚均匀，以减少热加工时的变形；要尽量避免尖角、棱角，改为圆角、倒角，以减少应力集中等。此外，还应注意应用新技术、新工艺和新材料，减少制造时的内应力和变形。

2. 制造方面

在加工中要采取一系列工艺措施来防止和减少变形。如对毛坯要进行时效处理以消除其残余内应力，高精度零件在精加工过程中必须安排人工时效；还可安排表面强化处理来提高零件的疲劳寿命，表面适当的涂层可防止有害介质造成的脆性断裂；某些材料热处理时，在炉中冲入保护气体可大大改善其性能。

3. 修理方面

在修理中，既要满足恢复零件的尺寸、配合精度、表面质量等技术要求，还要检查和修复主要零件的形状、位置误差。

4. 使用方面

加强设备管理，制定并严格执行设备操作规程，不超负荷运行，避免局部超载或过热，加强机械设备的检查和维护。

2.4 机械零件的断裂

断裂是零件在机械、热、磁、腐蚀等单独作用或者联合作用下，其本身遭到连续性破坏，发生局部开裂或分裂成几部分的现象。断裂是机械零件失效的主要形式之一，零件断裂后不仅完全丧失了工作能力，而且可能造成重大经济损失和伤亡事故。因此，尽管与磨损、腐蚀、变形相比，断裂所占的比例很小，但它仍是一种最危险的失效形式。特别是随着现代制造系统不断向大功率、高转速方向发展，零件工作环境发生了变化，使得断裂失效的可能性增加，因此研究断裂成为一个日益紧迫的课题。

断裂的分类方式有很多种，按零件断裂后的自然表面，可分为延性断裂和脆性断裂两种；按断口的微观形状特征，可分为穿晶断裂和晶间断裂两种；按载荷性质，可分为一次加载断裂和疲劳断裂两种。本节主要介绍延性断裂、脆性断裂和疲劳断裂。

2.4.1 延性断裂

金属材料在断裂前产生明显塑性变形并且经常有颈缩现象的断裂叫作延性断裂，也叫作韧性断裂或塑性断裂。延性断裂实物如图 2-6 所示。延性断裂的宏观特点是断裂前有明显的塑性变形，常出现颈缩现象，而从断口形貌的微观特征上看，断面有大量微坑（也称韧窝）覆盖，如图 2-7 所示。延性断裂实际上是显微空洞形成、长大、连接以致最终导致断裂的一种破坏方式。

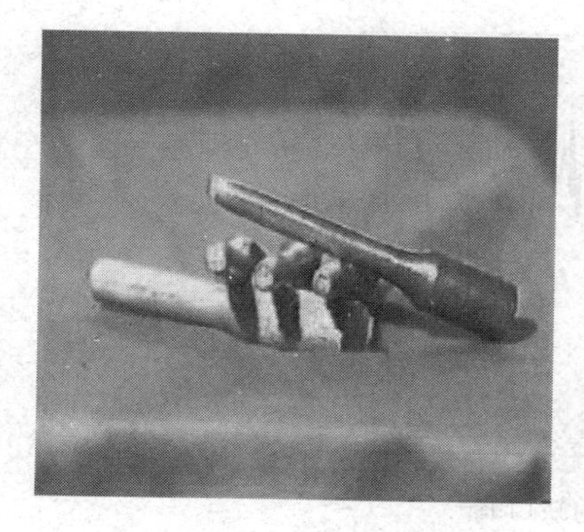

图 2-6　延性断裂实物图

图 2-7　延性断裂断口（韧窝）

2.4.2　脆性断裂

金属零件或构件在断裂之前无明显的塑性变形且发展速度快的一类断裂叫作脆性断裂。由于它通常在没有预示信号的情况下突然发生，因此是金属件的一种危害性很大的断裂失效形式。金属零件因制造工艺不合理，或因使用过程中受到有害介质的侵蚀，或因环境不适，都可能使材料变脆，使其发生突然断裂。

脆性断裂的主要特征有：

1）金属材料发生脆性断裂时，一般工作应力并不高，通常不超过材料的屈服强度，甚至不超过许用屈服应力，所以脆性断裂又称为低应力脆断。

2）脆性断裂的断口平整光亮，断口断面大体垂直于主应力方向，没有或只有微小的屈服及减薄（颈缩）现象，表现为冰糖状结晶颗粒。

3）断裂前无征兆，断裂是瞬间发生的。

2.4.3　疲劳断裂

金属零件或构件在交变载荷作用下发生断裂破坏而失效的现象称为疲劳断裂，也称为机械疲劳。其中，交变载荷是指载荷大小和方向随时间发生周期性变化的载荷。疲劳断裂是工程结构和机械零件中普遍存在而且严重的失效形式，在实际失效件中，疲劳断裂占较大比重。

1. 疲劳断裂的机理

一般疲劳断裂过程经历 3 个阶段：疲劳裂纹的萌生阶段；疲劳裂纹的扩展阶段；最终瞬断，即疲劳裂纹的失稳扩展阶段。各阶段的形成与变化机理如下：

（1）疲劳裂纹的萌生阶段

金属零件在交变载荷作用下，表层材料局部发生微观滑移。这种滑移积累以后，就会在表面形成微观挤入槽与挤出峰，如图 2-8 所示。在峰底处，应力高度集中，极易形成微裂纹——疲劳断裂源。因最初的滑移是由最大剪应力引起的，故挤入槽与挤出峰及原始裂纹源均与拉伸应力成 45°角。

（2）疲劳裂纹的扩展阶段

在没有应力集中的情况下，疲劳裂纹扩展一般可以分为两个阶段，如图 2-9 所示。

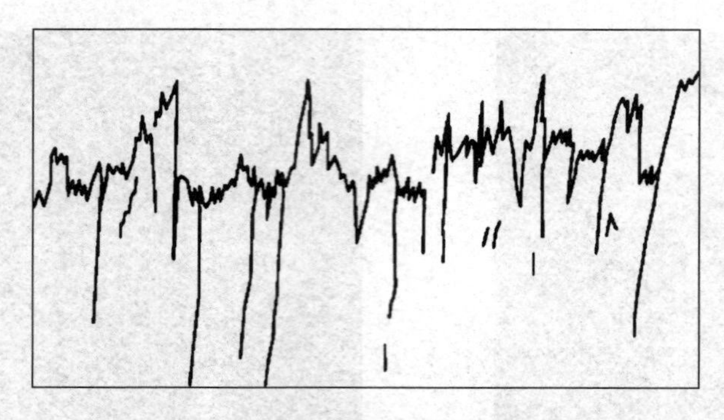

图 2-8　在滑移带产生的缺口峰

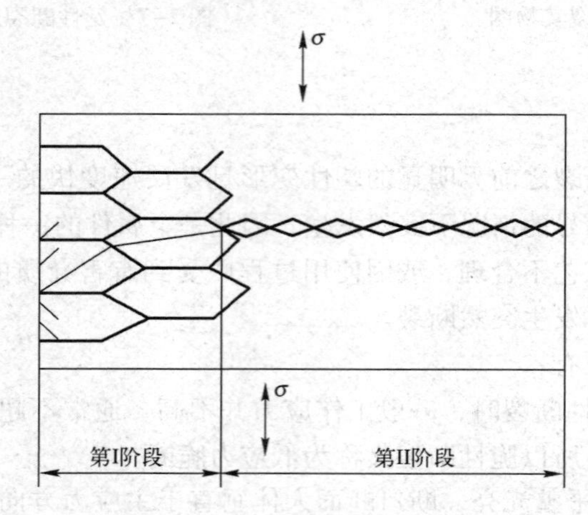

图 2-9　疲劳裂纹扩展的阶段

疲劳裂纹扩展的第Ⅰ阶段，称为切向扩展阶段，通常是从金属表面上的驻留滑移带、挤入槽或非金属夹杂物等处开始，沿最大切应力（和主应力方向近似成45°角）的晶面向内扩展，由于各晶粒的位向不同以及晶界的阻碍作用，随着裂纹向内扩展，裂纹的方向逐渐转向和主应力垂直的方向。在有应力集中的情况下，则不出现第Ⅰ阶段，而直接进入第Ⅱ阶段。

疲劳裂纹扩展的第Ⅱ阶段，称为正向扩展阶段，此阶段裂纹的扩展方向改变为与主应力相垂直的方向。这一阶段也叫疲劳裂纹的亚临界扩展。

（3）最终断裂（瞬断）阶段

当裂纹在零件断面上扩展达到一定值（临界尺寸）时，零件残余断面不能承受其载荷（即断面应力大于或等于断面的临界应力）。这时，裂纹由稳态扩展转化为失稳态扩展，整个断面的残余面积便会瞬间断裂。这一阶段也叫疲劳裂纹的临界扩展。

根据断裂前应力循环次数的多少，疲劳断裂可分为高周疲劳和低周疲劳两种。高周疲劳是指断裂前所经历的应力循环次数在10^5以上，而承受的应力则低于材料的屈服强度，甚至低于弹性极限状态下发生的疲劳。显然这是一种常见的疲劳破坏，如轴、弹簧等零部件的失效，一般都属于高周疲劳破坏。当零部件断裂前经历的循环次数在$10^2 \sim 10^5$之间时，称为低周疲劳。低周疲劳的零部件，一般承受的循环应力较高，接近或超过材料的屈服强度。因而，使得每一次应力循环都有少量的塑性变形发生，缩短了零部件的使用寿命。

2. 疲劳断裂的断口分析

典型的疲劳断口按照断裂过程分为3个形貌不同的区域：疲劳源（疲劳核心区）、疲劳裂纹扩展区和瞬时断裂区，如图2-10所示。

（1）疲劳源（疲劳核心区）

疲劳源是疲劳断裂的源区，用肉眼或低倍放大镜就能找出断口上疲劳核心位置，一般出现在强度最低、应力最高、最靠近表面的部位。但如果材料内部有缺陷，这个疲劳核心也可能在缺陷处产生。零件在加工、贮运、装配过程中留下的伤痕，极有可能成为疲劳核心，因为这些伤痕既有应力集中，又容易被空气及其他介质腐蚀损伤。

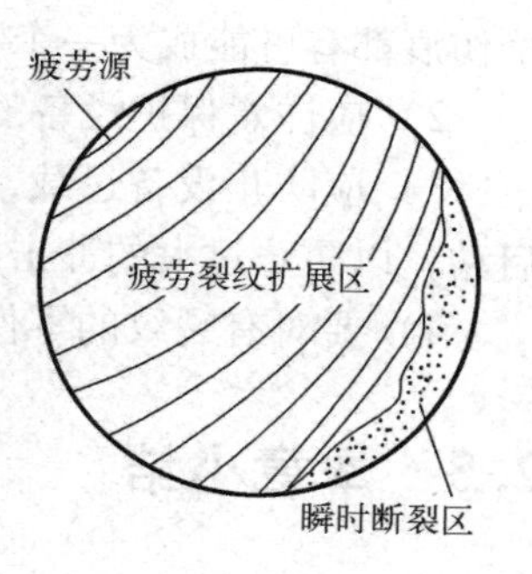

图2-10　疲劳断口特征示意图

（2）疲劳裂纹扩展区

该区是断口上最重要的特征区，常呈现贝纹状或类似于海滩波纹状。每一条纹线标志着载荷变化（如机器启动或停止）时，裂纹扩展一次所留下的痕迹。这些纹线以疲劳核心为中心向四周推进，与裂纹扩展方向垂直。疲劳断口上的裂纹扩展区越光滑，说明零件在断裂前，经历的载荷循环次数越多，接近瞬断区的贝纹线越密，说明载荷值越小。如果这一区域比较粗糙，表面裂纹扩展速度快，说明载荷比较大。

（3）瞬时断裂区

瞬时断裂区简称静断口也称最终破断区，过载破断区，是当疲劳裂纹扩展到临界尺寸时，发生快速断裂形成的破断区域。其宏观特征与静载拉伸断口中快速破断的放射区及剪切唇相同。如果瞬断区面积很小，则零件承受的载荷也很小。瞬断区周边如有毛刺，即有塑性变形，说明材料韧性较好；瞬断区如呈结晶状，并有碎裂现象，则说明材料极脆。

2.4.4　减少断裂失效的措施

断裂失效是最危险的失效形式之一，大多数金属零件由于冶金和零件加工中的种种原因，都带有从原子位错到肉眼可见的宏观裂纹等大小不同、性质不同的裂纹。但是有裂纹的零件不一定立即就断，这中间要经历一段裂纹亚临界扩展的时间，并且在一定条件下，裂纹也可以不扩展。因此，如果能够采取有效措施就可以做到有裂纹的零件也不发生断裂。

减少断裂失效的措施，可以从以下几个方面考虑：

（1）优化零件结构设计，合理选择零件材料。

在零件结构设计中，要注意减少应力集中部位，综合考虑零件的工作环境，如介质、温度、负载性等对零件的影响，合理选择零件材料，以达到减少发生疲劳断裂的目的。

（2）合理选择零件加工方法。

由于加工或处理过程中的塑性变形，热胀冷缩以及金相组织转变等原因，零件内部会留有残余应力。残余应力通常分为残余拉应力和残余压应力两种，一般认为，残余拉应力对零件是有害的，而残余压应力则对零件疲劳寿命的延长是有益的。因此，应考虑尽量多的采用渗碳、渗氮、喷丸、表面滚压加工等可产生残余压应力的工艺方法对零件进行加工，通过使零件表面产生残余压应力，抵消一部分由外载荷引起的拉应力。

（3）安装使用方面。

在安装使用方面，应注意以下几点来减少断裂失效的发生：

1）要正确安装，防止产生附加应力与振动。对重要零件，应防止碰伤拉伤，因为每一个伤痕都有可能成为一个断裂源。

2）应注意保护设备的运行环境，防止腐蚀性介质的侵蚀，防止零件各部分温差过大。

3）应防止设备过载，严格遵循设备的操作规程。有些设备只能空载启动，就不要负载启动，以防止过大的冲击载荷。

4）要对有裂纹的零件及时采取补救措施。

2.5 本章小结

本章主要介绍了机械零件失效的4种常见形式：磨损失效、腐蚀失效、变形失效以及断裂失效，其中重点分析了不同失效形式的产生机理，以及减少或消除零件各种失效的方法和途径。通过本章的学习，希望学生能够掌握4种失效模式的类型、产生机理以及消除失效的相应措施。

2.6 思考与练习题

1. 单选题

（1）两个接触表面由于受相对低振幅振荡运动而产生的磨损是（　　）。

A 粘着磨损　　B 磨料磨损　　C 疲劳磨损　　D 微动磨损

（2）当构成摩擦副的两个摩擦表面相互接触并发生相对运动时，由于粘着作用，接触表面的材料从一个表面转移到另一个表面所引起的磨损称为（　　）。

A 粘着磨损　　B 磨料磨损　　C 疲劳磨损　　D 微动磨损

（3）在摩擦过程中，金属同时与周围介质发生化学反应或电化学反应，引起金属表面的腐蚀产物剥落，这种现象称为（　　）。

A 粘着磨损　　B 磨料磨损　　C 疲劳磨损　　D 腐蚀磨损

2. 简答题

（1）磨损形式主要有哪几种？其产生机理和发展过程各有什么特点？

（2）金属零件腐蚀损伤的形式有哪几种？如何防止和减轻机械设备中零件的腐蚀？

（3）机械零件变形的种类有哪几种？

（4）机械零件常见的断裂形式可分为哪几类？常采用哪些方法来减少断裂的发生？

（5）疲劳断裂的3个阶段是如何演变的？

第3章　机电设备故障诊断技术

【导学】

🕮 你知道常见的机电设备故障诊断方法有哪些吗？故障诊断技术能产生哪些经济效益呢？

故障诊断技术是现代化生产发展的产物。由于故障诊断技术给人类带来了巨大的经济效益，因而它得到了迅速发展。

故障诊断的理论基础是故障诊断学。所谓故障诊断学，简单地说就是识别机电设备运行状态的科学，它研究的对象是如何利用相关检测方法和监测诊断手段对所检测的信息特征进行分析，判断系统的工况状态，它的最终目的是将故障防患于未然，以提高设备效率和运行可靠性；它是自动化系统及机电设备提高效率和可靠性、进行预测维修和预测管理的基础。

本章主要介绍故障诊断技术的基本概念、振动监测与诊断技术、温度监测技术以及噪声监测与诊断技术，掌握不同诊断方法的基本内容。

【学习目标】

1. 掌握故障诊断的意义及工作内容。
2. 掌握机械振动的信号分析及机械振动的测量系统。
3. 掌握温度测量基础知识及测温方法。
4. 掌握噪声测量技术及噪声源与故障源的概念。

3.1　故障诊断的意义及工作内容

3.1.1　故障诊断及其意义

故障诊断技术实施的基础是工况监测，工况监测的任务是判别动态系统是否偏离正常功能，并监视其发展趋势，预防突发性故障的发生。工况监视的对象是机电设备外部信息参数（如力、位移、速度、加速度、噪声、温度、压力以及流量等机械状态量）的状态特征参数的变化。

从以上论述可以看出，故障诊断技术的综合性很强，它涉及计算机软硬件、传感器与检测技术、信号分析与处理技术、预测预报、自动控制、系统辨识、人工智能、力学、数学、振动工程和机械工程等多个领域。

现代制造技术与系统的发展目标是在降低生产成本的同时，不断提高产品质量和生产效率，以满足瞬息万变的市场要求。随之带来的是机电设备的自动化、柔性化、集成化和智能化。这就使得生产系统本身的规模越来越大，功能越来越多，工作强度越来越大，各部分的关联越来越密切，设备组成与结构变得越来越复杂。这一方面满足了提高生产效率、降低成本、节约能源、提高产品质量的要求，但另一方面，也对机电设备本身的工作可靠性提出了更高的要求。因为在自动化、集成化、智能化很高的制造系统中，无论是哪一台设备发生了故障，都会给整个企业造成较大的经济损失。因此，发展设备故障诊断技术，进行工况监视，有着巨大的经济效益和社会效益。通过采用故障诊断技术，可以做到：

1）预防事故，保证人身和设备安全。通过故障诊断，可以减少或避免由于零部件失效导致的设备突然停止运转或其他突发恶性事件的发生。

2）推动设备维修制度的改革，故障诊断技术能够帮助维修人员在故障早期发现异常，迅速查明原因，预测故障影响，实现有计划、有针对性的按状态检修或视情检修。从而做到在最有利的时间内对设备进行维修，提高检修质量，缩短检修时间，减少备件储备，将检修次数减到最少，使设备的维修管理水平得到提高，改变以预防维修为主体的维修体制。

3）提高企业经济效益。由于故障诊断技术的实施可以有效地降低发生故障时的经济损失（包括维修费用、故障停机时间等），因而它可为企业带来可观的经济效益。

3.1.2 故障诊断分类

1. 机械故障及其分类

机械故障是指机械系统（零件、组件、部件或整台设备乃至一系列的设备组合）因偏离其设计状态而丧失部分或全部功能的现象。通常见到的发动机发动不起来、机床运转不平稳、汽车制动不灵和机械设备运转中出现异常声音等都是机械故障的表现形式。

依据不同的分类标准，机械故障可以分为很多种，对机械故障进行很好的分类后就能更好地针对不同的故障形式采取相应的对策，常见的机械故障分类见表 3-1。

表 3-1 常见的机械故障分类

分类依据	故障名称	故障定义
故障发生原因	磨损故障	设备因使用过程中的正常磨损而引发
	错用故障	使用或操作不当引发
	先天故障	设计或制造不当造成设备中存在薄弱环节而引发
引发故障过程速率	渐发故障	设备工作前测试或监控可以预测的
	突发故障	设备工作前测试或监控无法预测的
设备功能	潜在故障	设备在运行中如不采取维修和调整措施会在某个时间引发
	功能故障	设备不能完成自己的功能
故障影响的程度	轻微故障	设备轻微偏离正常指标，设备运行受轻微影响
	一般故障	运行质量下降，能耗增加，环境噪声增大等
	严重故障	关键设备或部件功能丧失，造成停机或局部停机
	恶性故障	设备破坏严重，造成经济损失重大，甚至危及人身安全或带来严重环境污染

对机械故障进行分类的目的是为了弄清不同的故障性质，从而采取相应的诊断方法。当然，需要特别关注的是破坏性的、危险的、突发性的、全局性的故障，以便及时采取措施防止灾难性事故的发生。

2. 机械故障诊断的基本方法及分类

机械故障诊断就是对机械系统所处的状态进行监测，判断其是否正常，当其异常时分析故障产生的原因和部位，预测故障发展趋势并提出相应的措施。机械故障诊断有如下分类方法。

（1）按诊断参数分类

1）振动诊断，适用于旋转机械、往复机械、轴承及齿轮等。

2）温度诊断，适用于工业炉窑、热力机械、电机及电器等，如红外测温监控技术。

3）声学诊断，适用于压力容器、往复机械、轴承及齿轮等，如管壁测厚、声发射诊断技术。

4）光学诊断，适用于探测腔室和管道内部的缺陷，如光学探伤法。

5）油液分析、污染诊断，适用于齿轮箱、设备润滑系统及电力变压器等，如铁谱分析技术。

6）压力诊断，适用于液压系统、流体机械、内燃机和液力耦合器等。

7）强度诊断，适用于工程结构、起重机械及锻压机等。

8）电参数诊断，适用于电机、电器、输变电设备及电工仪表等。

振动诊断是目前所有故障诊断技术中应用最广也是最成功的诊断方法，这是因为振动引起机械损坏的比重大，据资料统计，由振动引起的机械故障率高达60%。但在进行机械设备故障诊断时，仅仅进行振动诊断是不够的，有时还需要几种方法同时应用才能更加科学地、准确地、全方位地获得机械设备的状态信息，以降低误诊率。

（2）按目的分类

1）功能诊断，检查新安装的机械设备或刚维修好的机械设备功能是否正常，并根据检查结果对机组组装进行调整，使设备处于最佳运行状态。

2）运行诊断，对正在运行的设备进行状态诊断，了解其故障的情况。

（3）按周期分类

1）定期诊断，每隔一定时间对监测的机械设备进行监视和分析。

2）连续诊断，利用仪器及计算机信号处理系统对机械设备的运行状态进行连续监视或检测。

（4）按提取信息的方式分类

1）直接诊断，直接根据主要零件的信息确定机械设备的状态，如主轴的裂纹、管道的壁厚等。

2）间接诊断，利用二次诊断信息来判断主要零部件的故障，多数二次诊断信息属于综合信息，如利用轴承的支承油压来判断两个转子的对中状况等。

（5）按诊断时所要求的机械运行工况条件分类

1）常规工况诊断，在机械设备常规运行工况下进行监测和诊断。

2）特殊工况诊断，有时为了分析机组故障，需要收集机组在启停时的信号，这时就需要在启动或停机工况下进行检测和诊断。

3.1.3 故障诊断的主要工作环节

一个故障诊断技术系统由工况状态监视与故障诊断两部分组成，系统的主要工作环节如图3-1所示。

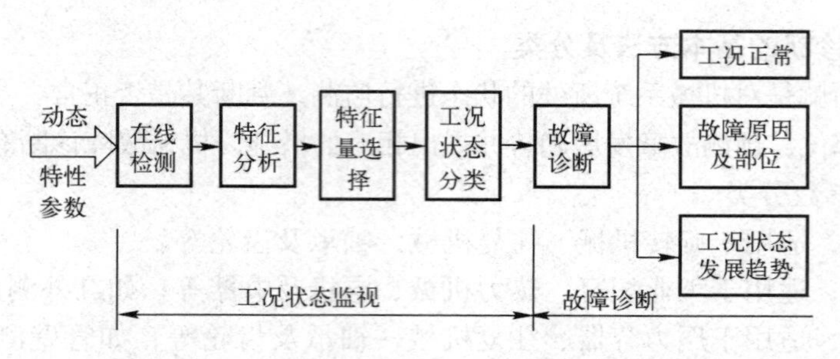

图 3-1　工况状态监视与故障诊断系统主要环节

由图 3-1 可知，故障诊断系统的工作过程可以划分为 4 个主要环节，即信号获取（信号采集）环节、信号分析处理环节、工况状态识别环节和故障诊断环节。每一环节的具体工作任务如下：

1. 信号获取环节

根据具体情况选用适当的检测方法，将反映设备工况的信号（某个物理量）测量出来。如可利用人的听、摸、视、闻或选用温度、速度、加速度、位移、转速、压力以及应力等不同种类的传感器来感知设备的状态，借以反映设备运行中能量、介质、力、热、摩擦等各种物理和化学参数的变化，并把有关信息传递出来。

2. 信号分析处理环节

直接检测的信号情况大都是随机信号，它包含了大量与故障无关的信息，一般不宜用作判别量，需应用现代信号分析和数据处理方法把它转换为能表达工况状态的特征量。通过对信号的分析处理，找到工况状态与特征量的关系，把反映故障的特征信息和与故障无关的特征信息分离开来，达到“去伪存真”的目的。对于找到的与工况状态有关的特征量，还应根据它们对工况变化的敏感程度进行再次选择，选取敏感性强、规律性好的特征量，即“去粗取精”。

3. 工况状态识别环节

工况状态识别就是状态分类问题，它的目的是区分工况状态是正常还是异常，或哪一部分正常，以便进行运行管理。

4. 故障诊断环节

故障诊断的主要任务是针对异常工况，查明故障的部位、性质和程度，综合考虑当前机组的实际运行工况、机组的历史资料和领域专家的经验，对故障作出精确诊断。诊断和监视的不同之处是诊断精度放在第一位，而实时性是第二位的。

3.1.4　故障诊断技术的工作内容

对设备的诊断有不同的技术手段，较为常用的有振动监测与诊断、噪声监测、温度监测与诊断等。诊断识别技术尽管很多，但基本上离不开信息的采集、信息的分析处理和状况的识别、诊断、预测和决策 3 个环节。

机械设备状态监测与诊断技术的主要工作内容是：

1）保证机器运行的状态在设计范围内。监测机器振动位移可以对旋转零件和静止零件之间临近接触状态发出警报；监测振动速度和加速度可以保证受力不至于超过极限；监测温度可以防止强度丧失和过热损伤等。

2）随时报告机器运行状态的变化情况和恶化趋势。虽然振动监测系统不能避免故障的发生，但是能在故障还处于初期和局部范围时就发现并报告它的存在，从而防止恶性事故发生和继发性损伤。

3）提供机器状态的准确描述。机器的实际运行状态是决定机器维修周期和内容的依据，准确地描述机器状态可以减少对机器不必要的拆卸而破坏其完整性。

4）故障报警。报警某种故障的临近，特别是报警危及人身安全和设备安全的恶性事故。实施故障诊断的目的是：尽量避免机电设备发生事故，减少机电设备事故性停机，降低维修成本，保证操作及生产安全，保护环境、节约能源。

3.2 振动监测与诊断技术

3.2.1 机械振动的基础知识

所谓振动，广义地讲，是指一个物理量在它的平均值附近不停地经过极大值和极小值而往复变化。机械振动指机械或结构在它的静平衡位置附近的往复弹性运动。本书涉及的振动如果没有特别说明，均指机械振动。

机械振动所研究的对象是机械或结构，在理论分析中要将实际的机械或结构抽象为力学模型，即形成一个力学系统。可以产生机械振动的力学系统，称为振动系统，简称系统。一般来说，任何具有弹性和惯性的力学系统均可能产生机械振动。

系统发生振动的原因是由于外界对系统运动状态的影响，即外界对系统的激励或作用。如果外界对某一个系统的作用使得该系统处于静止状态，此时系统的几何位置称为系统的静平衡位置。依据系统势能在静平衡位置附近的性质，系统的静平衡位置可以分为稳定平衡、不稳定平衡和随遇平衡等几种情况。机械振动中的平衡位置是系统的稳定平衡位置。系统在振动时的位移通常是比较小的，因为实际结构的变形一般是比较小的。

在日常生活中有大量的、丰富多彩的振动现象。例如，车辆行驶时的振动；发动机运转时的振动；演奏乐器时乐器的振动等。在很多情况下机械振动是有害的，例如，车辆行驶时的振动会使乘员感到不适；在用车床加工零件时车刀的振动会使零件的加工精度降低等。而在某些情况下，人们又利用振动进行工作。比如，建筑中利用捣固棒的振动使水泥砂浆混合均匀。

对于工程实际中的结构振动问题，人们关心振动会不会使结构的位移、速度、加速度等物理量过大，因为位移过大可能引起结构各个部件之间的相互干涉。比如汽车的轮轴与大梁会因为剧烈振动而频繁碰撞，造成大梁过早损坏，并危及行车安全。又如，汽车行驶过程中如果垂直振动加速度过大，将会影响汽车的平顺性，给乘员带来不适或危及所载货物的安全。振动过大也会造成结构的应力过大，即产生过大的动应力，有时这种动应力比静应力大得多，容易使结构早期损坏。另外，振动过大还会引起其他的副作用，如剧烈的振动会使结构产生强烈的噪声等。为了避免振动危害，利用振动进行工作，我们应了解结构振动的规律，在实际工作中应用这些规律。随着科学技术的进步，结构的设计向着高强度低质量方向发展，振动问题尤显突出，对结构的设计制造提出了更高的要求。因此，现代的工程技术人员应该掌握必要的机械振动知识，并将它们应用于实际工作中。

可以从以下 3 个方面对机械振动进行分类：

（1）按系统的输入类型分

1）自由振动：系统受初始干扰或原有外激振力取消后的振动。

2）强迫振动：系统在外激振力作用下产生的振动。

3）自激振动：系统在输入和输出之间具有反馈特性，并有能量补充而产生的振动。机械工程中机床加工时产生的颤振、低速运动部件的爬行、传动带横向自振及滑动轴承的油膜振荡等都是自激振动。

（2）按系统的特性分

1）按系统结构参数的特性分为①线性振动：系统内的恢复力、阻尼力和惯性力分别与振动的位移、速度和加速度呈线性关系，系统可用常系数线性微分方程来描述其振动。②非线性振动：若上述系统参数中有一组以上不成线性关系则称为非线性系统。微分方程中将出现非线性项。

2）按系统的自由度数目分为①单自由度系统振动：只用一个独立坐标就能确定的系统振动。②多自由度系统振动：用多个独立坐标才能确定的系统振动。③连续系统振动：即无限多自由度系统振动，也称弹性体振动。系统需要用偏微分方程来描述其运动。

（3）按系统的输出分

1）按振动位移特征分为①直线振动：振动体上质点的运动轨迹为直线的振动。②纵向振动：振动体上质点只做沿轴线方向的振动。③横向振动：振动体上质点做垂直轴线方向的振动，又称弯曲振动。④圆振动：振动体上质点的运动轨迹为圆弧线的振动。对轴线而言，振动体上的质点只做绕轴线的振动，也称角振动。

2）按振动规律分为①简谐振动：振动量为时间的正弦或余弦函数。②周期振动：振动量为时间的周期函数，故可用谐波分析法展开为一系列简谐振动的叠加。③瞬态振动：振动量为时间的非周期函数，通常只在一定时间内存在。④随机振动：振动量不是时间的确定性函数，只能用概率统计的办法进行研究。

3.2.2　机械振动的信号分析

机械设备故障诊断的内容包括状态监测、分析诊断和故障预测 3 个方面。其具体实施过程可以归纳为以下 4 个方面：

1）信号采集。机械设备在运行过程中必然会有力、热、振动及能量等各种量的变化，由此会产生各种不同的信号。根据不同的诊断需要，选择能表征机械设备工作状态的不同信号（如振动、压力、温度等）是十分必要的。这些信号一般是用不同的传感器来拾取的。

2）信号处理。信号处理是将采集到的信号进行分类处理、加工，获得能表征机械设备特征的信号的过程，也称特征提取过程，如对振动信号从时域变换到频谱分析即是这个过程。

3）状态识别。将经过信号处理后获得的机械设备特征参数与规定的允许参数或判别参数进行比较、对比以确定机械设备所处的状态，即是否存在潜在故障的类型和性质等。为此应正确制定相应的判别准则和诊断策略。

4）诊断决策。根据对机械设备状态的判断，决定应采取的对策和措施，同时应根据当前信号预测机械设备状态可能发展的趋势，进行趋势分析。

机械设备诊断过程如图 3-2 所示。

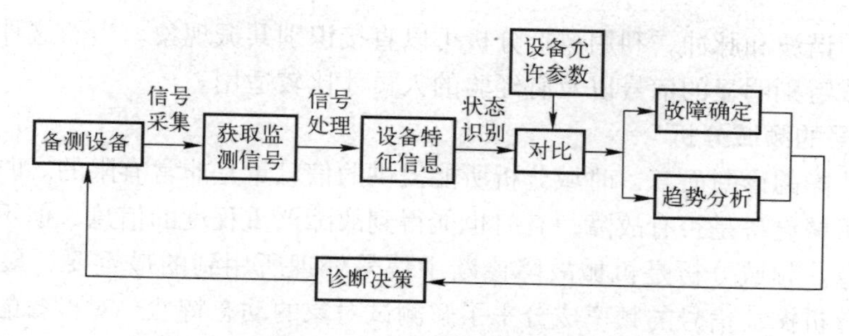

图 3-2　机械设备诊断过程

为了从信号中提取对诊断有用的信息，必须对信号进行分析处理，提取与状态有关的特征参数。如果没有信号的分析处理，就不可能得到正确的诊断结果。因此，信号分析处理是设备诊断中不可缺少的步骤，下面来具体介绍。

1. 数字信号采集

机械设备故障诊断与监测所需的各种机械状态量（振动、转速、温度、压力等）一般用相应的传感器将其转换为电信号再进行深处理。通常传感器获得的电信号为模拟信号，它是随着时间连续变化的。随着计算机技术的飞速发展和普及，信号分析中一般都将模拟信号转换为数字信息进行各种计算和处理。

（1）采样

采样是指将所得到的连续信号离散为数字信号，其过程包括取样和量化两个步骤。

将一连续信号 $x(t)$ 按一定的时间间隔 Δt 逐点取得其瞬时值，称为取样值。量化是将取样值表示为数字编码。量化有若干等级，其中最小的单位称为量化单位。由于量化将取样值表示为量化单位的整数倍，因此必然引入误差。连续信号 $x(t)$ 通过取样和量化后变为在时间和大小上离散的数字信号。采样过程现在都是通过专门的模－数转换芯片来实现的。

（2）采样间隔及采样定理

采样的基本问题是如何确定合理的采样间隔 Δt 和采样长度 T，以保证采样所得到的数字信号能真实反映原信号 $x(t)$。显然，采样频率 $f_s(f_s=1/\Delta t)$ 越高，则采样越细密，所得的数字信号越逼近原信号。但当采样长度一定时，f_s 越高，数据量 $N=T/\Delta t$ 越大，所需内部存储量和计算量就越大。根据香农采样定理，带限信号（信号中的频率成分）不丢失信息的最低采样频率为

$$f_s \geqslant 2f_{\max} \tag{3-1}$$

式中，$f_{\max}$ 为原信号中最高频率成分的频率。

2. 振动信号的幅值分析

描述振动信号的一些简单的幅值参数，如峰－峰值、峰值、平均值和均方根值等，它们的测量和计算简单，是振动监测的基本参数。通常振动位移、速度或加速度等特征量的有效值、峰值或平均值均可作为描述振动信号的一些简单的幅值参数。具体选用什么参数则要考虑机械设备振动的特点，还要看哪些参数最能反映状态和故障特征。

3. 振动信号的时域分析

直接对振动信号的时间历程进行分析和评估是状态监测和故障诊断最简单和最直接的方法，特别是当信号中含有简谐信号、周期信号或短脉冲信号时更为有效。直接观察时域波形

可以看出周期、谐波和脉冲，利用波形分析可以直接识别共振现象。当然这种分析方法对比较典型的信号或特别明显的信号以及有经验的人员才比较适用。

4. 振动信号的频域分析

对于机械故障的诊断而言，时域分析所能提供的信息量是非常有限的。时域分析往往只能粗略地回答机械设备是否有故障，有时也能得到故障严重程度的信息，但不能提供故障的发生部位等信息。频域分析是机械故障诊断中信号处理所用到的最重要、最常用的分析方法，它能通过分析振动信号的频率成分来了解测试对象的动态特性。对设备的状态做出评价并准确而有效地诊断设备故障和对故障进行定位，进而为防止故障的发生提供分析依据。

频谱分析常用到幅值谱和功率谱，幅值谱表示了振动参数（位移、速度、加速度）的幅值随频率分布的情况；功率谱表示了振动参数量的能量随频率的分布情况。实际设备振动情况相当复杂，不仅有简谐振动、周期振动，而且还伴有冲击振动、瞬态振动和随机振动，必须用傅里叶变换对这类振动信号进行分析。

大多数情况下工程上所测得的信号为时域信号，为了通过所测得的振动信号观测了解诊断对象的动态特性，往往需要频域信息，故而引入了傅里叶变换这一数学理论。傅里叶变换在故障诊断的信号处理中占有核心地位，下面将对此进行扼要的介绍。

（1）傅里叶变换（FT）

用数学算法把一个复杂的函数分解成一系列（有限或无限个）简单的正弦和余弦波，将时域变换成频域，也就是将一个组合振动分解为它的各个频率分量，再把各次谐波按其频率大小从低到高排列起来就成了频谱，这就是傅里叶变换。这一理论在 18 世纪晚期至 19 世纪早期由法国数学家傅里叶研究出来。

按照傅里叶变换的原理，任何一个平稳信号（不管如何复杂）都可以分解成若干个谐波分量之和，即

$$x(t) = A_0 + \sum_{k=1}^{\infty} A_k \cos(2\pi k f_0 t + \varphi_k) \tag{3-2}$$

式中，A_0 为直流分量，单位为 mm；$A_k\cos(2\pi k f_0 t+\varphi_k)$ 为谐波分量，单位为 mm；$k=1$，2，…，每个谐波称为 k 次谐波；A_k 为谐波分量振幅，单位为 mm；f_0 为基波频率，即一次谐波频率，单位为 Hz；t 为时间，单位为 s；φ_k 为谐波分量初相角，单位为 rad。

时域函数 $x(t)$ 的傅里叶变换为

$$X(f) = \int_{-\infty}^{\infty} x(t) e^{-i2\pi f t} dt \tag{3-3}$$

相应的时域函数 $x(t)$ 也可用 $X(f)$ 的傅里叶逆变换表示

$$x(t) = \int_{-\infty}^{\infty} X(f) e^{i2\pi f t} df \tag{3-4}$$

式（3-3）和式（3-4）被称为傅里叶变换对。$|X(f)|$ 为幅值谱密度，一般称为幅值谱。

功率谱可由自相关函数的傅里叶变换求得，也可由幅值计算得到

$$S_x(f) = \int_{-\infty}^{\infty} R_x(\tau) e^{-2\pi f \tau} d\tau \tag{3-5}$$

$$S_x(f) = \lim_{T\to\infty} \frac{1}{2T} |X(f)|^2 \tag{3-6}$$

工程中的复杂振动，正是通过傅里叶变换得到其频谱，再以频谱图为依据来判断故障的部位以及故障的严重程度。图 3-3 所示为将采集的时间信号通过傅里叶变换得到相应的频谱。

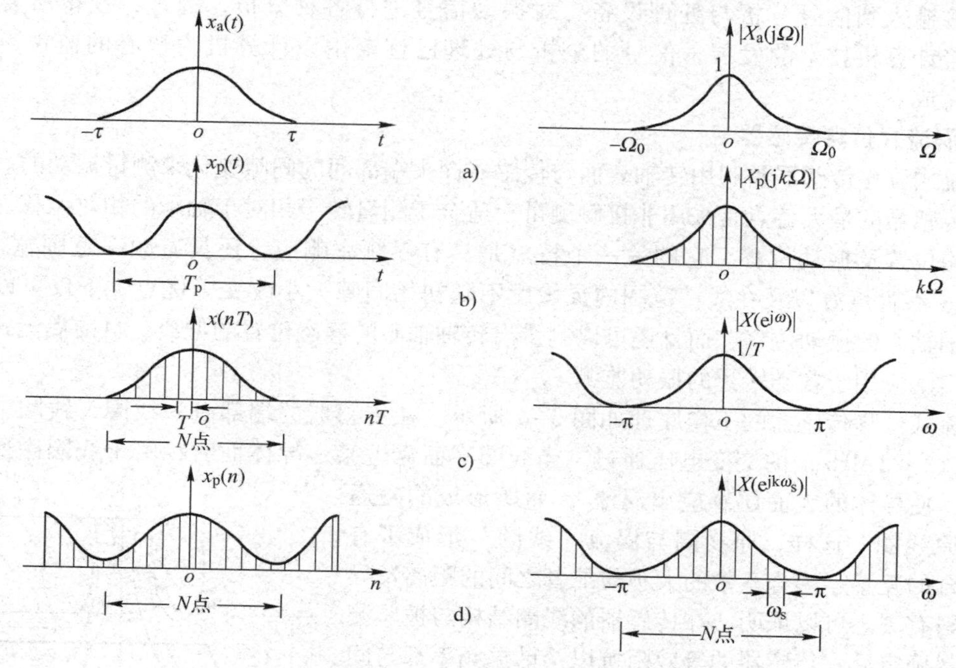

图 3-3　各种傅里叶变换

a)、b) 连续傅里叶变换　c)、d) 离散傅里叶变换

(2) 有限傅里叶变换

在工程中只能研究某一有限时间间隔$(-T,T)$内的平均能量（功率），也就是仅在$(-T,T)$内进行傅里叶变换，称为有限傅里叶变换。

(3) 离散傅里叶变换（DFT）

设有一单位脉冲采样函数 $\Delta_0(t)$，采样间隔为 Δt，则对 $x(t)$ 的离散采样就意味着用 $x(t)$ 乘以 $\Delta_0(t)$，然后再对两者的积函数 $x(n\Delta t)$ 进行傅里叶变换，即为离散傅里叶变换。

可以证明，若一个函数在一个域（时域或频域）内是周期性的，则在另一个域（频域或时域）内必为离散变量的函数；反之，若一个函数在一个域内是离散的，则在另一个域中必定是周期性的。因此，时域信号的离散采样必然造成频域信号延拓成周期函数，使频谱图形发生混叠效应。为此，取采样间隔 $\Delta t \leqslant 1/2f_c$（$f_c$ 为截断频率）时进行采样就没有混叠，这就是采样定理。

(4) 快速傅里叶变换（FFT）

在进行离散傅里叶变换计算时，常省略 Δt 和 Δf，进而得到快速傅里叶变换的计算公式。在工程实践中，正是运用 FFT 把信号中所包含的各种频率成分分别分解出来，结果得到各种频谱图，这是故障诊断的有力工具。

3.2.3　振动监测及故障诊断的常用仪器设备

振动监测及故障诊断所用的典型仪器设备包括测振传感器、信号调理器、信号记录仪、信号分析与处理设备等。测振传感器将机械振动量转换为适于测量的电量，经信号调理器进行放大、滤波、阻抗变换后，可用信号记录仪将所测振动信号记录、存储下来，也可直接输入到信号分析与处理设备，对振动信号进行各种分析、处理，获得所要的数据，随着计算机技术的发展，信号的分析与处理已逐渐由以计算机为核心的监视、分析系统来完成。

1. 涡流式位移传感器

涡流式位移传感器是利用转轴表面与传感器探头端部间的间隙变化来测量振动的。涡流式位移传感器的最大特点是采用非接触测量，适合于测量转子相对于轴承的相对位移，包括轴的平均位置及振动位移。它的另一个特点是具有零频率响应，还具有频率范围宽（0 ~ 10 kHz）、线性度好以及在线性范围内灵敏度不随初始间隙大小改变等优点，不仅可以用来测量转轴轴心的振动位移，而且还可以测量出转轴轴心的静态位置的偏离。目前涡流式位移传感器广泛应用于各类转子的振动监测。

涡流式位移传感器的工作原理如图 3-4 所示。在传感器的端部有一线圈，线圈中有频率较高（1 ~ 2 MHz）的交变电压通过。当线圈平面靠近某一导体面时，由于线圈磁通链穿过导体，使导体的表面层感应出涡流，而所形成的磁通又穿过原线圈。这样，原线圈与涡流“线圈”形成了有一定耦合的互感，耦合系数的大小与二者之间的距离及导体的材料有关。可以证明，在传感器的线圈结构与被监测导体材料确定后，传感器的等效阻抗以及谐振频率都与间隙的大小有关，此即非接触式涡流传感器测量振动位移的数据。它将位移的线性变化转换成相应的电压信号以便进行测量。

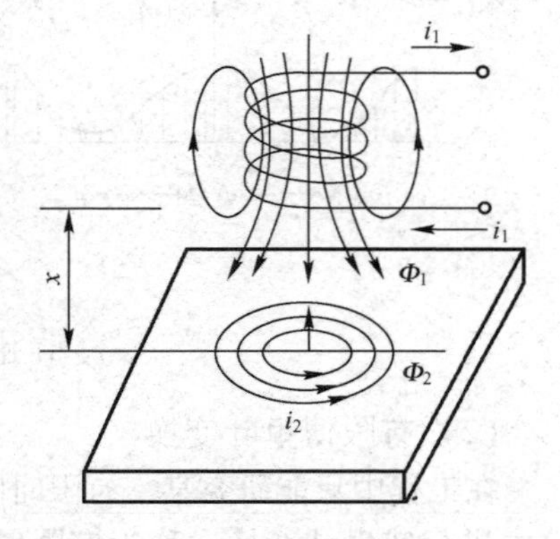

图 3-4 涡流式位移传感器的工作原理

涡流式位移传感器结构比较简单，主要是安置在框架上的一个线圈，线圈大多是绕成扁平圆形。线圈导线一般采用高强度漆包线；如果要求在高温下工作，应采用高温漆包线。为了实现位移测量，必须配置一个专用的前置放大器，一方面为涡流式位移传感器提供输入信号，另一方面提取电压信号。

涡流式位移传感器一般直接利用其外壳上的螺纹安装在轴承座或机械设备壳体上。安装时，首先应注意的是平均间隙的选取。为了保证测量的准确性，要求平均间隙加上振动间隙（即总间隙）应在传感器线性段以内。一般将平均间隙选在线性段的中点，这样，在平均间隙两端允许有较大的动态振幅。安装传感器时另一个要注意的问题是，在传感器端部附近除了被测物体表面外，不应有其他导体靠近。另外，还应考虑到被监测的材料特性以及温度等参数在工作过程中对测量的影响。

2. 磁电式速度传感器

磁电式速度传感器是测量振动速度的典型传感器，具有较高的速度灵敏度和较低的输出阻抗，能输出功率较强的信号。它无须设置专门的前置放大器，测量电路简单，安装、使用方便，故常用于旋转机械的轴承、机壳、基础等非转动部件的稳态振动测量。

磁电式速度传感器的工作原理如图 3-5 所示，其主要组成部分包括线圈、磁铁和磁路。磁路里留有圆环形空气间隙（气隙），而线圈处于气隙内，并在振动时相对于气隙运动。磁电式速度传感器基于电磁感应原理，即当运动的导体在固定的磁场里面切割磁力线时，导体两端就感应出电动势。其感应电动势（传感器的输出电压）与线圈相对于磁力线的运动速度成正比。

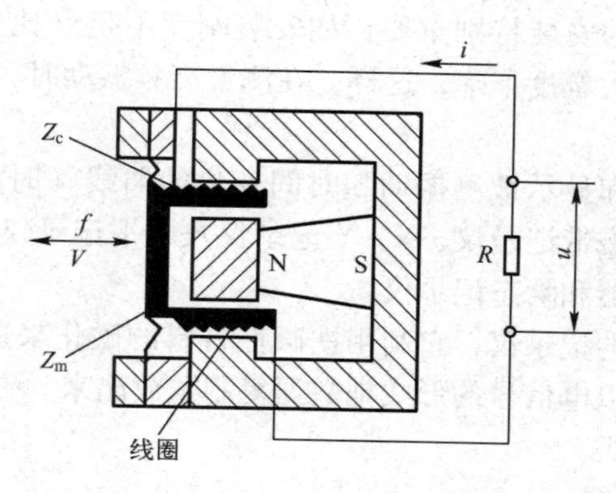

图 3-5　磁电式速度传感器的工作原理

3. 压电式加速度传感器

压电式加速度传感器是利用压电效应制成的机电换能器。某些晶体材料，如天然石英晶体和人工极化陶瓷等，在承受一定方向的外力而变形时，会因内部极化现象而在其表面产生电荷，当外力去掉后，材料又恢复不带电状态。这些能将机械能转换成电能的现象称为压电效应，利用材料压电效应制成的传感器称为压电式传感器。目前用于制造压电式加速度传感器的材料主要分为压电晶体和压电陶瓷两大类。当压电式加速度传感器承受机械振动时，在它的输出端能产生与所承受振动的加速度成正比例的电荷或电压量。与其他种类的传感器相比，压电式传感器具有灵敏度高、频率范围宽、线性动态范围大、体积小等优点，因此成为振动测量的主要传感器形式。

压电式加速度传感器的典型结构如图 3-6 所示。压电元件在正应力或切应力作用之下都能在极化面上产生电荷，因此在结构上有压缩式和剪切式两种类型。

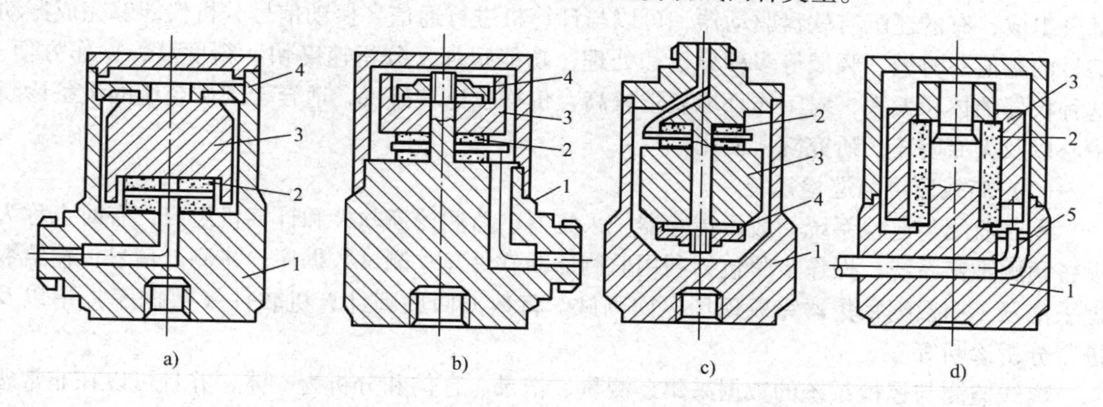

图 3-6　压电式加速度传感器的典型结构

a）周边压缩式　b）中心压缩式　c）倒置中心压缩式　d）剪切式

1—机座　2—压电元件　3—质量块　4—预紧弹簧　5—输出引线

压电式加速度传感器的灵敏度有两种表示方法：电荷灵敏度和电压灵敏度。当传感器的前置放大器为电荷放大器时，用电荷灵敏度；若前置放大器为电压放大器时，用电压灵敏度。目前，在压电式加速度传感器系统中常用的是电荷灵敏度。

压电式加速度传感器的安装特别重要，如安装刚度不足（比如用顶杆接触或厚层胶粘等）将导致安装谐振频率大幅度下降，这样，在测量高频振动时，将产生严重的失真。

4. 信号记录仪

信号记录仪用来记录和显示被测振动随时间变化的曲线（时域波形）或频谱图。如电子示波器、光电示波器、磁带记录仪、X－Y记录仪及电平记录仪等。对于测量冲击和瞬态过程，可采用记录仪示波器和瞬态记录仪。

磁带记录仪是较常用的记录仪，它利用铁磁性材料的磁化来进行记录，其工作频带宽，能储存大量的数据，并能以电信号的形式把数据复制重放出来。磁带记录仪分为模拟磁带记录仪和数字磁带记录仪两类。

5. 振动监测及分析仪器

（1）简易诊断仪器

简易诊断仪器是通过测量振动幅值得到部分参数，对设备的状态做出初步判断。这种仪器体积小、价格便宜、易于掌握，适合由工段、班组一级来组织实施并进行日常测试和巡检。简易诊断仪器按其功能可分为振动计、振动测量仪和冲击振动测量仪3类。

1）振动计一般只测振动加速度一个物理量，读取一个有效值或峰值，读数由指针显示或液晶数字显示。振动计有表式和笔式两种，小巧便携。

2）振动测量仪可测量振动位移、速度和加速度3个物理量，频率范围较大，其测量值可直接由表头指针显示或液晶数字显示。振动测量仪通常备有输出插座，可外接示波器、记录仪和信号分析仪，可进行现场测试、记录和分析。

3）冲击振动测量仪可测量振动高频成分的大小，常用于监测滚动轴承等的状态。

（2）振动信号分析仪

振动信号分析仪种类很多，一般由信号放大、滤波、A－D转换、显示、存储和分析等部分组成，有的还配有软盘驱动器，可以与计算机进行通信。振动信号分析仪能够完成振动信号的幅值、时域、频域等多种分析和处理，功能很强，分析速度快、精度高，操作方便。这种仪器的体积偏大，对工作环境要求较高，价格也比较昂贵，适合于工矿企业的设备诊断中心以及大专院校、研究院所使用。

（3）离线监测与巡检系统

离线监测与巡检系统一般由传感器、采集器、监测诊断软件和计算机组成，有时也称为设备预测维修系统。操作步骤包括利用监测诊断软件建立测试数据库、将测试信号传输给数据采集器、用数据采集器完成现场巡回测试、将数据回放到计算机软件（数据库）中以及进行分析诊断等。

离线监测与巡检系统的数据采集、测量、记录、存储和分析为一体，并且可以在非常恶劣的环境下工作，使得它在现场测量中显示出极大的优越性。采集器一次可以监测和存储几百个以至上千个测点的数据，同时还可以在现场进行必要的分析和显示，返回后将数据传给计算机，由软件完成数据的分析、管理、诊断与预报等任务。功能较强的采集器除了能够完成现场数据采集之外，还能进行现场单双面动平衡、开停车、细化普、频率响应函数、相关函数和轴芯轨迹等的测试与分析，功能相当完善。

这种巡检系统近年来在电力、石化、冶金、造纸以及机械等行业中得到了广泛的应用，并取得了比较好的效果。

（4）在线监测与保护系统

在石化、冶金以及电化等行业对大型机组和关键设备多采用在线监测与保护系统，进行连续监测。常用的在线监测与保护系统包括在主要测点上固定安装的振动传感器、前置放大器、振动监测与显示仪表和继电器保护等部分。这类系统连续、并行地监测各个通道的振动幅值，并与门限值进行比较。振动值超过门限值时自动报警；超过危险值时实施继电保护，关停机组。这类系统主要对机组起保护作用，一般没有分析功能。

（5）网络化在线巡检系统

网络化在线巡检系统由固定安装的振动传感器、现场数据采集模块、监测诊断软件和计算机网络等组成，也可直接连续在在线监测与保护系统之后。其功能和离线监测与巡检系统很相似，只不过数据采集由现场安装的传感器和采集模块自动完成，无需人工干预。数据的采集和分析采用巡回扫描的方式，其成本低于并行方式。这类系统具有较强的分析和诊断功能，适合于大型机组和关键设备的在线监测和诊断。

（6）高速在线监测与诊断系统

对于石化、冶金以及电力等行业的关键设备的重要部件可采用高速在线监测与诊断系统，对各个通道的振动信号连续、并行地进行监测、分析和诊断。这样对设备状态的了解和掌握是连续的、可靠的，当然规模和投资都比较大。

（7）故障诊断专家系统

故障诊断专家系统是一种基于人工智能的计算机诊断系统，能够模拟故障诊断专家的思维方式，运用已有的诊断理论和专家经验，对现场采集到的数据进行处理、分析和推断，并能在实践中不断修改、补充和完善系统的知识库，提高诊断专家系统的性能和水平。

3.2.4 实施现场振动诊断的步骤

现场诊断实践表明，对机械设备实施振动诊断，必须遵循正确的诊断程序，以使诊断工作有条不紊地进行并取得良好的效果。反之，如果方法、步骤不合理，或因考虑步骤而造成某些环节上的缺漏，则将影响诊断工作的顺利进行，甚至中途遇挫，无果而终。

在日常工作中，诊断工程师主要采用人、机械设备、计算机、测振仪四位一体的方式，沿着“确定诊断范围→了解诊断对象→确定诊断方案（包括选择测点、频程、测量参数、仪器、传感器等）→建立监测数据库（包括测点数据库、频率项数数据库、报警数据库）→设置巡检路线→采集数据→回放数据→分析数据→判断故障→做出诊断决断→择时检修→检查验证”这条科学有效的途径开展工作。

3.3 温度监测技术

温度是工业生产中的重要参数，也是表征机械设备运行状态的一个重要指标。机械设备出现故障的一个明显特征就是温度的升高，同时温度的异常变化又是引发机械设备故障的一个重要原因。因此，温度与机械设备的运行状态密切相关，温度检测在机械设备故障诊断技术体系中占有重要的地位。

3.3.1 温度测量基础

1. 温度与温标

（1）温度

温度是一个很重要的物理量，它表示物体的冷热程度，也是物体分子运动平均能量大小的标志。

（2）温标

用来度量物体温度高低的标准尺度称为温度标尺，简称温标。各种各样温度计的数值都是由温标决定的，有华氏、摄氏、理想气体、热力学和国际实用温标等。其中摄氏温标（t）和热力学温标（T）最常用，二者的关系为：

$$t = T - 273.15 \tag{3-7}$$

摄氏温度的数值是以273.15 K为起点（$t=0$℃），而热力学温度以0 K为起点。这两种温度仅是起点不同，无本质差别。表示温度差时，1℃ = 1 K。0 K称为热力学零度，在该温度下分子运动停止（即没有热存在）。一般0℃以上用摄氏度（℃）表示，这样可以避免使用负值，又与一般习惯相一致。

2. 温度的测量方式

温度的测量方式可分为接触式与非接触式两类。

1）把温度计和被测物的表面很好地接触后，经过足够长的时间达到热平衡，则两者的温度必然相等，温度计显示的温度即为被测物表面的温度，这种方式称为接触式测温。

2）非接触测温是利用物体的热辐射能随温度变化的原理来测定物体的温度。由于感温元件不与被测物体接触，因而不会改变被测物体的温度分布，且辐射热与光速一样快，故热惯性很小。

接触式与非接触式两种温度方式的比较见表3-2。

表3-2 接触式与非接触式测温比较

	接触式测温	非接触式测温
必要条件	检测元件与测量对象有良好的热接触；测量对象与检测元件接触时，要使前者的温度保持不变	检测元件应能正确接收到测量对象发出的辐射；应明确知道测量对象的有效发射率或重现性
特点	测量热容量小的物体、运动的物体等的温度有困难；可测量物体任何部位的温度；便于多点、集中测量和自动控制	不会改变被测物的温度分布；可测量热容量小的物体、运动的物体等的温度；一般是测量表面温度
温度范围	容易测量1000℃以下的温度	适合高温测量
响应速度	较慢	快

3. 常用的温度测量仪表、仪器

常用的测温仪表、仪器分类表见表3-3。

表 3-3　常用的测温仪表、仪器分类表

测 温 方 式	分 类 名 称	作 用 原 理
接触式测温	膨胀式温度计：液体式、固体式	液体或固体受热膨胀
	压力表温度计：液体式、固体式、蒸汽式	封闭的固体容积中的液体、气体或某种液体的饱和蒸汽受热体积膨胀或压力变化
	电阻温度计	导体或半导体受热电阻变化
	热电偶温度计	物体的热电性质
非接触式测温	光电高温计	物体的热辐射
	光学高温计	
	红外测温仪	
	红外热像仪	
	红外热电视	

3.3.2　接触式温度测量

常用于机械设备诊断的接触式温度检测仪表有下列几种。

1. 热膨胀式温度计

这种温度计是利用液体或固体热胀冷缩的性质制成的，如水银温度计、双金属温度计、压力表温度计等。双金属温度计是一种固体热膨胀式温度计，它用两种热膨胀系数不同的金属材料制成感应元件，一端固定，另一端自由。由于受热后，两者伸长不一致而发生弯曲，使自由端产生位移，将温度变化直接转换为机械量的变化，如图 3-7 所示，可以制成各种形式的温度计。双金属温度计结构紧凑、抗振、价廉、能报警和自控，可用于现场测量气体、液体及蒸汽温度。

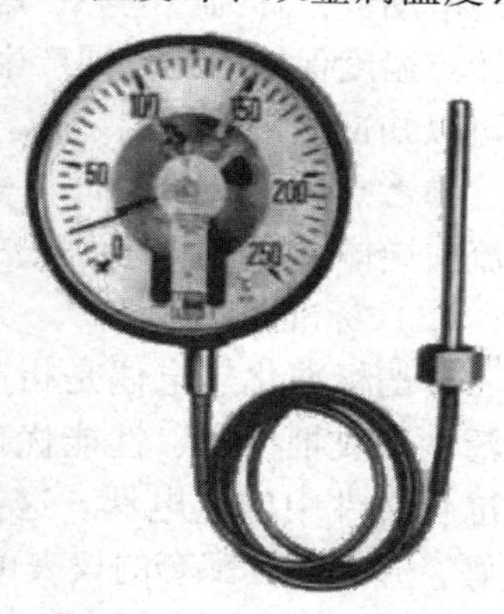

图 3-7　热膨胀式温度计

压力表温度计利用被封闭在感温筒中的液体、气体等受热后体积膨胀或压力变化，通过毛细管使波登管端部产生角位移，带动指针在刻度盘上显示出温度值，如图 3-8 所示。测量时感温筒放在被测介质内，因此适用于测量无腐蚀作用的液体、蒸汽和气体的温度。

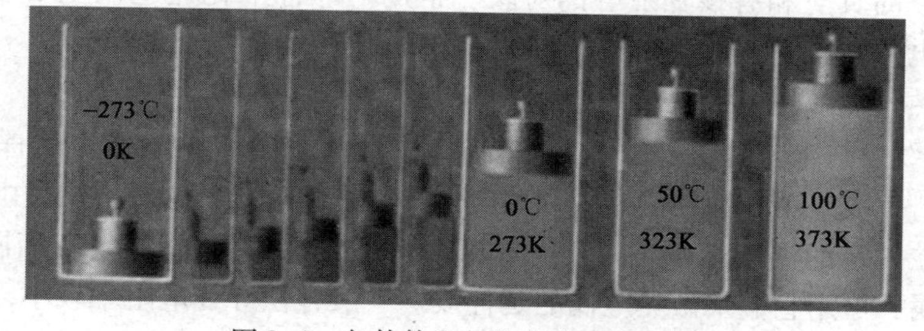

图 3-8　气体体积与热力学温度关系

2. 电阻式温度计

电阻式温度计的感温元件是由电阻值随温度变化而变化的金属导体或半导体材料制成。

当温度变化时，感温元件的电阻随温度而变化，通过测量回路的转换，在显示器上显示温度值。电阻式温度计广泛应用于各工业领域的科学研究部门。

常用的测温电阻丝材料有铂、铜、镍等，如图3-9所示为铜热电阻。

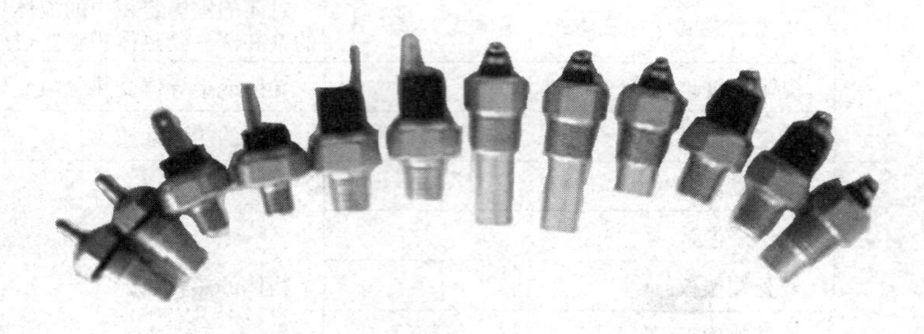

图3-9　铜热电阻

3. 热电偶温度计

热电偶温度计由热电偶、电测仪表和连接导线组成，广泛地应用于300～1300℃温度范围内的测温。

（1）热电偶测温的基本原理

由两种不同的导体A、B组成的闭合回路中，如果使两个接点处于不同的温度回路就会出现电动势，称为热电势，这一现象即是热电效应，组成的元件为热电偶。若使热电偶的一个接点温度保持不变，即产生的热电势和另一个接点的温度有关，因此测量热电势的大小，就可以知道该接点的温度值。组成热电偶的两种导体，称为热电极。通常把一端称为自由端、参考点或者冷端，而另一端称为工作端、测量端或者热端。如果在自由端电流是从导体A流向导体B，则A称为正热电极，而B称为负热电极，如图3-10所示。

（2）标准化热电偶

所谓标准化热电偶是指制造工艺比较成熟、应用广泛、能成批生产、性能优良而稳定并且已列入工业标准化文件中的热电偶。这类热电偶性能稳定，互换性好，并有与其配套的仪表可供使用，十分方便。

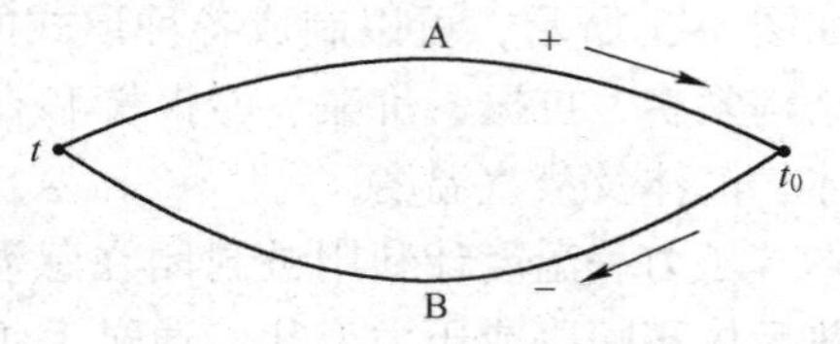

图3-10　热电偶的工作原理

（3）非标准化热电偶

非标准化热电偶没有被列入工业标准文件中，主要用在某些特殊场合，如检测高温、低温、超低温、高真空和有核辐射等的对象。常用的非标准化热电偶主要有钨铼热电偶、镍铬－金铁热电偶、镍铬－镍铬热电偶、铂钼热电偶和非金属热电偶等。

（4）使用热电偶应注意的几个问题

1）补偿导线及热电偶冷端补偿。在测温时，为了使热电偶的冷端温度保持恒定并且节省热电极材料，一般是用一种补偿导线和热电偶的冷端相连接，这种导线是由两根不同的金属丝组成，它在一定的温度范围内（0～100℃）和所连接的热电偶具有相同的热电性质，材料为廉价金属，可用它们来做热电偶的延伸线。一般补偿导线电阻率较小，线径较粗，这有利于减小热电偶回路的电阻。

热电偶的分度是以冷端温度为0℃制成的，如冷端补位0℃，则将引起测量误差，可采用下面几种方法进行补偿：①冰点槽法，将冷端置于0℃的冰点槽中即可，但现场测量时比较麻烦；②仪表机械零点调整法，把用于热电势测量的毫伏计机械零点调整到预先测知的冷端温度处即可；③补偿电桥法，利用不平衡电桥产生的电压来补偿电偶冷端温度变化引起的热电势变化，该电桥称冷端补偿器；④多点冷端温度补偿。

2）热电偶的校验。为了保证测量准确度，热电偶必须定期进行校验。超差时要更换热电偶或把原来的热电偶的热端减去一段，重新焊接并经校验后使用。

3）热电势的测量。热电势的测量有以下两种方法：①毫伏计法。此法准确度不高，但廉价，简易测温时广泛采用。②电位差计法。此法准确度较高，故在实验室和工业生产中广泛采用。

3.3.3 非接触式温度测量

随着生产和科技的发展，对温度检测提出了越来越高的要求，接触式测温方法已远不能满足许多场合的测量要求。近年来非接触式测温获得迅速发展。除了敏感元件技术的发展外，还由于它不会破坏被测物的温度场，适用范围也大大拓宽。许多接触式测温无法测量的场合和物体，采用非接触式测温可得到很好的解决。

1. 非接触式测温的基本原理

在太阳光谱中，位于红光光谱之外的区域里存在着一种看不见的、具有强烈热效应的幅波，称为红外线。红外线的波长范围相当宽，达0.75～1000 μm。通常它又分为四类：近红外线，波长为0.75～3 μm；中红外线，波长为3～6 μm；远红外线，波长为6～15 μm；超远红外线，波长为15～1000 μm。

红外线和所有电磁波一样，具有反射、折射、散射、干涉和吸收等特性。红外辐射在介质中传播时，会产生衰减，这主要是由介质的吸收和散射作用造成的。

自然界中的任何物体，只要它本身的温度高于热力学零度，就会产生热辐射。物体温度不同，辐射的波长组成成分不同，辐射能的大小也不同，该能量中包含可见光和不可见的红外线两部分。物体在1000℃以下时，其热辐射中最强的波均为红外线；只有在3000℃，近于白炽灯的温度时，它的辐射中才包含足够多的可见光。

斯蒂潘－玻尔兹曼定律指出：绝对黑体的全部波长范围内的全辐射能与热力学温度的四次方成正比。其数学表达式为

$$E_0(T)=\sigma T^4 \tag{3-8}$$

对于非黑体而言，可表示为

$$E(T)=\varepsilon\sigma T^4 \tag{3-9}$$

式中，E 为单位面积辐射的能量，单位为 W/m^2；σ 为斯蒂芬－玻尔兹曼常数，$\sigma=5.67\times10^{-8}\ W/(m^2\cdot K^4)$；$T$ 为热力学温度，单位为 K；ε 为比辐射率（非黑体辐射率/黑体辐射率）。$\varepsilon=1$ 的物体称为黑体，黑体能够在任何温度下全部吸收任何波长的辐射，热辐射能力比其他物体都强。一般物体不能把投射到它表面的辐射功率全部吸收，发射热辐射的能力也小于黑体，即 $\varepsilon<1$。但一般物体的辐射强度与热力学温度的四次方成正比，所以物体辐射强度随温度升高而显著地增加。

斯蒂芬－玻尔兹曼定律告诉我们，物体的温度越高，辐射强度越大，只要知道了物体的温度及其比辐射率，就可算出它所发射的辐射功率；反之，如果测出了物体所发射的辐射强度，就可算出它的温度，这就是红外线测温技术的依据。由于物体表面温度变化时红外辐射

将大大变化，例如，物体在 300 K 时，温度升高 1 K，其辐射功率将增加 1.34%。因此，被测物表层若有缺陷，其表面温度场将有变化，可以用灵敏的红外探测器加以鉴别。

2. 非接触式测温仪器

由于在 2000K 以下的辐射大部分能量不是可见光而是红外线，因此红外测温得到了迅猛的发展和应用。红外测温的手段不仅有红外点温仪、红外线温仪，还有红外电视和红外成像系统等设备。因此除了可以显示物体某点的温度外，还可以实时显示出物体的二维温度场，温度测量的空间分辨率和温度分辨率都达到了相当高的水平。

（1）红外点温仪

在对温度的非接触式测温手段中，最轻便、最直观、最快速、最廉价的是红外点温仪。红外点温仪是以黑体辐射定律为理论依据，通过对被测目标红外辐射能量进行测量，经黑体标定，从而确定被测目标的温度。

1）红外点温仪按其所选择使用的接收波长不同可分为以下 3 类：

① 全辐射测温仪。对波长从零到无穷大的目标的全部辐射能量进行测量，由黑体校定出目标温度。其特点是结构简单，使用方便，但灵敏度较低，误差也较大。

② 单色测温仪。选择单一辐射光谱波段接收能量进行测量，它靠单色滤光片选择接收特定波长下的目标辐射，以此来确定目标温度。其特点是结构简单，使用方便，灵敏度高，并能抑制某些干扰。

以上两类测温仪会由于各类目标的比辐射率不同而带来误差。

③ 比色测温仪。它靠两组（或更多）不同的单色滤光片收集两个相近辐射波段下的辐射能量，在电路上进行比较，由此比值确定目标温度。它基本上可以消除比辐射率带来的误差。其特点是结构较为复杂，但灵敏度较高，在中、高温范围内使用较好，受测试距离和其间吸收物的影响较小。

2）红外点温仪通常由光学系统、红外探测器、电信号处理器、温度显示器及附属的瞄准器、电源及机械结构等组成。

① 光学系统的主要作用是收集被测目标的辐射能量，使之汇集在红外探测器的接收光敏面上。其工作方式分为调焦式和固定焦点式两种。光学系统的场镜有反射式、折射式和干涉式 3 种。

② 红外探测器的作用是把接收到的红外辐射能量转换成电信号输出。测温仪中使用的红外探测器有两大类：光探测器和热探测器。典型的光探测器具有灵敏度高、响应速度快等特点，适用于制作扫描、高速、高温度分辨率的测温仪。但它对红外光谱有选择吸收的特性，只能在特定的红外光谱波段使用。典型的热探测器有热敏电阻、热电堆和热释电探测器等，其特点是对变化的辐射才有响应，因此为了实现对固定目标的测量，还需对入射的辐射进行调制，其灵敏度比其他热探测器高，适用于中、低温测量。

③ 电信号处理器的功能有：红外探测器产生的微弱信号的放大；线性化输出处理；辐射率调整的处理；环境温度的补偿；抑制非目标辐射产生的干扰；抑制系统噪声；产生供温度指示的信号或输出；产生供计算机处理的模拟信号；电源部分及其他特殊要求的部分。

④ 温度显示器一般分为两种：普通表头显示和数字显示。其中数字显示读数直观、精度高。

红外点温仪原理框图如图 3-11 所示。

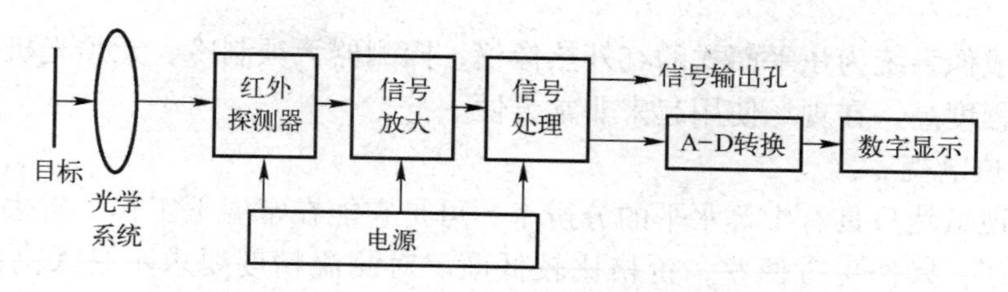

图 3–11　红外点温仪原理框图

（2）红外热成像仪

红外热成像系统是利用红外探测器系统，在不接触的情况下接收物体表面的红外辐射信号，该信号转变成电信号后，再经电子系统处理传至显示屏上，得到与物体表面热分布相应的“实时热图像”。它可绘出空间分辨率和温度分辨率都较好的设备温度场的二维图形，从而把物体的不可见热图像转换成可见图像，使人类的视觉范围扩散到了红外谱段。

红外热成像系统的基本构成如图 3–12 所示。红外热成像系统是一个利用红外传感器接收被测目标的红外线信号，经放大和处理后送至显示器上，形成该目标温度分布二维可视图像的装置。

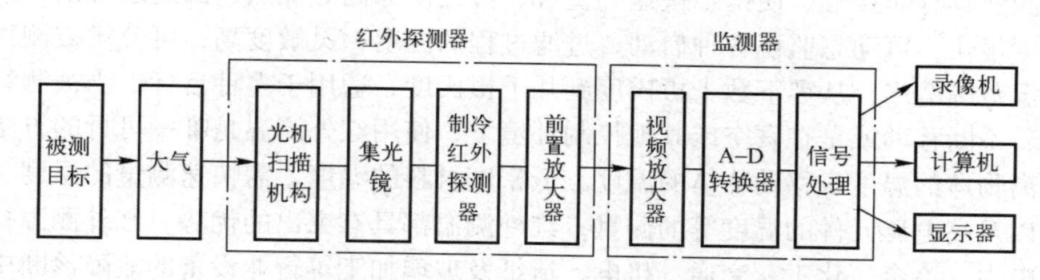

图 3–12　红外热成像系统的基本构成

红外线成像系统的主要部分是红外探测器和监测器，性能较好的应该有图像处理器。为了对图像实时显示、实时记录和进行复杂的图像分析处理，先进的热成像仪都是要求达到电视兼容图像显示。红外探测器又称“扫描器”或“红外摄像机”，其基本组成有成像物镜、光机扫描机构、制冷红外探测器、控制电路及前置放大器。

1）成像物镜。根据视物大小和像质要求，可由不同透镜组成。

2）光机扫描机构。目标的扫描系统可分为两种：一种是由垂直、水平两个扫描棱镜及同步系统组成；另一种是只采用一个旋转扫描棱镜。

3）制冷红外探测器。红外元件是一小片半导体材料，或是在薄弱的基片上的化学沉淀膜。不少红外敏感元件需要制冷到很低的温度才能有较大的信噪比、较高的探测率、较长的响应波长和较短的响应时间。因此，要想得到高性能的探测器就必须把探测器的敏感元件放在低温下。

现在的制冷方式有以下几种，如利用相变原理制冷、利用高压气体节流效应制冷以及利用辐射热交换制冷等。

4）前置放大器。由探测器接收并转换成的电信号是比较微弱的，为便于后面进行电子学处理，必须在扫描前进行前置放大。

5）控制电路。该控制电路有两个作用：一方面是为消除由制造和环境条件变化产生的非均匀性；另一方面是使目标能量的动态范围变化能够适应电路处理中的有限动态范围。目前最先进的热成像系统为焦平面式的红外热像仪，探测器无须制冷，无须光机扫描机构，体积小，智能化程度高，在现场使用起来非常方便。

（3）红外热电视

红外热电视虽然只具有中等水平的分辨率，可是它能在常温下工作，省去制冷系统，设备结构更简单些，操作更方便些，价格比较低廉。对测温精度要求不是太高的工程应用领域，选用红外热电视是适宜的。

红外热电视采用热释电靶面探测器和标准电视扫描方式。被测目标的红外辐射通过红外热电视光学系统聚焦到热释电靶面探测器上，用电子束扫描的方式得到电信号，经放大处理后，将可见光图像显示在光屏上。

近年来，由于器件性能的改善，特别是采用了先进的数字图像处理和计算机数据处理技术，使得整机的性能显著提高，已经能满足多数工业部门的使用要求。近年来已研制出具有温度测量功能的便携式红外热电视，该仪器实际上是将红外辐射温度计和红外热电视巧妙地结合在一起，因此在显示目标热像的同时，还可读出位于监视器屏幕中心位置的温度。

3. 红外测温的应用

红外测温具有非接触、便携、快速、直观、可记录存储等优点，因此适用范围很广。它的响应速度很快，可动态监视各种启动、过滤过程的温度；灵敏度高，可分辨被测物的微小温差；测温范围宽广，从零下数十摄氏度到几千摄氏度，适用于多种目标。当被测物体是细小、脆弱、不断移动或是在真空或其他控制环境下，使用红外测温是唯一可行的方法。对于隔一定距离物体的温度、移动物体的温度、低密度材料的温度、需快速测量的温度、粗糙表面的温度以及高电压元件的温度等的测量，红外测温都具有突出的优势。红外测温技术已广泛应用于电力、冶金、化工、交通、机电、造纸及玻璃加工等行业设备的故障诊断中。

3.4 噪声监测与诊断技术

机器运行过程中所产生的振动和噪声是反映机器工作状态的诊断信息的重要来源。只要抓住机器零部件振动发声的机理和特征，就可对机器的状态进行诊断。

在机械设备状态监测与故障诊断技术中，噪声监测也是较常用的方法之一。本节将简单介绍噪声测量的基本概念及方法。

3.4.1 噪声测量基础

声音的主要特征量为声压、声强、频率、质点振速和声功率等，其中声压和声强是两个主要参数，也是测量的主要对象。

噪声测量系统包括传声器、放大器、记录器以及分析装置等。传声器的作用是将声压信号转换为电压信号，测量中常用电容传声器或压电陶瓷传声器。由于传声器的输出阻抗很高，所以需加前置放大器进行阻抗变换。在两个放大器之间通常还插入带通滤波器和计权网络，前者能够截取某频带信号，对噪声进行频谱分析；后者则可以获得不同的计权声级。输出放大器的信号必须经过检波电路和显示装置，以读出总声级、ABCD 计权声级或各频带声级。

随着电子计算机技术的迅速发展，在机器噪声监测技术中，广泛采用 FFT 分析仪进行实时的声源频谱分析。另外还采用了双话筒互谱技术进行声强测量，利用声强的方向进行故障定位和现场条件下声功率的确定。

1. 噪声测量用的传声器

传声器包括两部分，一是将声能转换成机械能的声接收器。声接收器具有力学振动系统，如振膜。传声器置于声场中，振膜在声波的作用下产生受迫振动。二是将机械能转换成电能的机电转换器。传声器依靠这两部分，可以把声压的输入信号转换成电能输出。

传声器的主要技术指标包括灵敏度（灵敏度级）、频率特性、噪声级和指向特性等。

传声器按机械能转换成电能的方式不同，分为电容式传声器、压电式传声器（见图3-13）和驻极体式传声器。电容式传声器一般配用精密声级计。另外，传声器按膜片受力方式的不同可分为压强式、压差式和压强压差复合式3种类型，其中压强式用得最多。

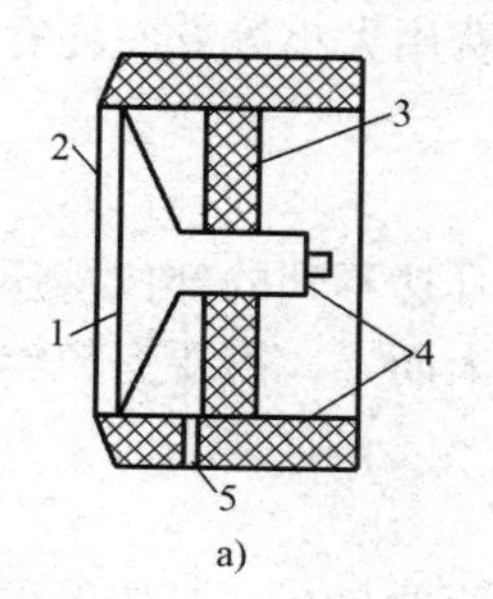

a)

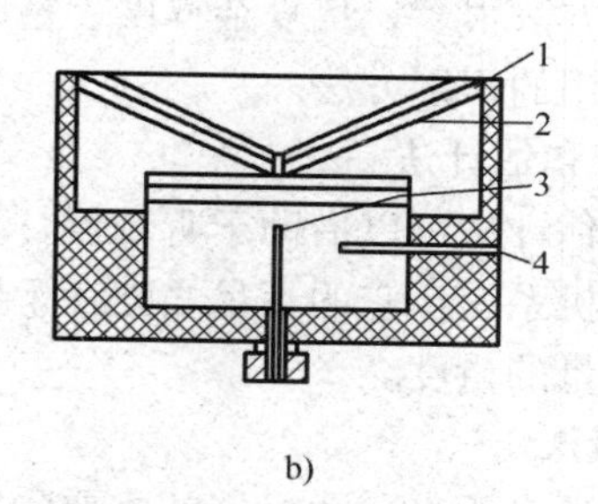

b)

图3-13　电容式和压电式传声器

a）电容式传声器
1—后极板　2—膜片　3—绝缘体
4—壳体　5—静压力平衡孔

b）压电式传声器
1—金属薄膜　2—后极板
3—压电晶体　4—压力平衡毛细管

2. 声级计

声级计是现场噪声测量中最基本的噪声测量仪器，可直接测量出声压级。声级计一般由传声器、输入放大器、计权网络、带通滤波器、输出放大器、检波器和显示装置组成。

声级计的频响范围为20 Hz～20 kHz。传声器将声音信号转换成电压信号，经放大后进行分析、处理和显示，从表头或数显装置上可以直接读出声压级的分贝（dB）数。

一般声级计都按国际统一标准设计有A、B和C 3种计权网络，有些声级计还有D计权网络。C计权在绝大部分常用频率下是较平直的；B计权较少用；A计权用得最广泛，因为它较接近人耳对不同频率的响应，如人耳对低频不敏感，A计权在低频处的衰减就很大。因此，工业产品的噪声标准及环境和劳动保护条例的标准都是用A计权声级表征，记作dB（A）。D计权是专为飞机经过时的噪声烦恼程度而设计的计权网络。

3. 声强测量

声强测量具有许多优点，用它可判断噪声源的位置，求出噪声发射功率，可以不需要在声室、混响室等特殊声学环境中进行。

声强测量仪由声强探头、分析处理仪器及显示仪器3部分组成。声强探头由两个传声器组成，具有明显的指向特性。

声强测量仪可以在现场条件下进行声学测量和寻找声源，具有较高的使用价值。

4. 声功率的测量

由声功率的定义可知，当声源被测量表面包围时，声源声功率等于包围声源的面积乘以通过此表面的声强通量。因此，可以用测量声强的方法计算声源声功率。当声源放在某封闭测量表面以外时，通过此封闭表面的净声强通量等于零。所以，凡是在封闭测量表面以外的声源，对封闭表面内声源的声功率没有影响。用声强测声源声功率的精度是能满足要求的，但频率要在探头所推荐的适用范围内。

3.4.2 噪声源与故障源识别

噪声监测的一项重要内容就是通过噪声测量和分析来确定机器设备故障的部位和故障严重程度。首先必须寻找和识别噪声源，进而研究其频率组成和各分量的变化情况，从中提取机器运行状况的信息。

噪声识别的方法很多，从复杂程度、精度高低以及费用大小等方面均有很大差别，这里介绍几种现场实用的识别方法。

1. 主观评价和估计法

主观评价和估计法可以借助于听音器，对于那些人耳达不到的部位，还可以借助于传声器—放大器—耳机系统。它的不足之处在于鉴别能力因人而异，需要有较丰富的经验，也无法对噪声源作定量的量度。

2. 近场测量法

近场测量法通常用来寻找机器的主要噪声源，比较简便易行。具体的做法是用声级计在紧靠机器的表面扫描，并根据声级计的指示值大小来确定噪声源的部位。由于现场测量总会受到附近其他噪声源的影响，一台大机器上的被测点又是处于机器上其他噪声源的混响场内，所以近场测量法不能提供精确的测量值。这种方法通常用于机器噪声源和主要发声部位的一般识别或用作精确测量前的粗定位。

3. 表面振速测量法

对于无衰减平面余弦波来说，从表面质点的振动速度可以得到一定面积的振动表面辐射的声功率。为了对辐射表面采取有效的降噪措施，需要知道辐射表面上各点辐射声能的情况，以便确定主要辐射点，采取针对性的措施。这时可以将振动表面分割成许多小块、测出表面各点的振动速度，然后画出等振速图线，从而可形象地表达出辐射表面各点辐射声能的情况以及最强的辐射点。

4. 频谱分析法

噪声的频谱分析与振动信号分析方法类似，是一种识别声源的重要方法，对于作往复运动的机械或作旋转运动的机械，一般都可以在它们的噪声频谱信号中找到与转速和系统结构特性有关的纯音峰值。因此，通过测量得到的噪声频谱作纯音峰值的分析，可用来识别主要噪声源。但是纯音峰值的频率为好几个零部件所共有，或者不为任何一个零部件所共有，这时就要配合其他方法，才能最终判定究竟哪些部件是主要噪声源。

5. 声强法

近年来用声强法来识别噪声源的研究进展很快，至今已有很多种用于声强测量的双通道快速傅里叶交换分析仪。声强探头具有明显的指向特性，这使声强法在识别噪声源中更有其特色。声强测量法可在现场作近场测量，既方便又迅速，故受到各方面的重视。

3.5 本章小结

本章主要介绍故障诊断技术的基本概念、振动监测与诊断技术、温度监测技术和噪声监测与诊断技术。首先介绍了故障诊断的基本概念及意义，分析了故障诊断的分类，阐述了故障诊断的主要工作环节。然后具体分析了振动监测与诊断技术、温度监测技术和噪声监测与诊断技术，并着重介绍了各种监测与诊断的基本概念以及基本方法，还介绍了各种监测与诊断常用的仪器设备。

3.6 思考与练习题

1. 机电设备故障诊断的意义是什么？
2. 什么是机械故障？
3. 故障诊断系统的工作过程主要包括哪些环节？
4. 机械设备状态监测与诊断技术的主要工作内容是什么？
5. 什么是机械振动？
6. 振动监测及故障诊断的常用仪器设备有哪些？这些设备的基本用途是什么？
7. 常见的温度测量方法有哪些？
8. 简述热电偶测温的基本原理。
9. 噪声测量的主要对象是什么？
10. 简述噪声识别的方法。

第4章　机械零件的修复技术

【导学】

📖 你知道机械零件的修复技术有哪些吗？针对不同类型的失效零件，应该选择哪种修复方法合适呢？

机械设备中难免会因为磨损、氧化、刮伤、变形等原因而失效，需要及时进行维护和修理。大部分失效的机械零件经过各种修复技术修复后可以重新使用，因此，零件的修复技术是机修行业的重要组成部分。合理地选择和运用各种修复技术，是提高维修质量、节约资源、缩短停修时间和降低维修费用的有效措施。

本章主要介绍常用的机械零件修复技术类型，包括机械修复技术、焊接修复技术、电镀修复技术、热喷涂修复技术、胶粘修复技术和表面强化修复技术，以及如何选择零件修复技术。

【学习目标】

1. 了解机械零件修复技术的特点和类型。

2. 掌握机械修复技术、焊接修复技术、电镀修复技术、热喷涂修复技术、胶粘修复技术和表面强化修复技术的特点、方法及适应性。

3. 掌握选择零件修复技术的原则。

机械零件在长期使用的过程中，会发生磨损、变形、断裂等现象，影响设备的精度、性能及生产率。一旦发生这样的故障，就需要及时进行维护和修理。

零件修复技术不仅使失效的机械零件重新使用，还可以提高零件的性能和延长使用寿命。它具有以下特点：

1）修复费用低于制造新件的成本。

2）采用新修复技术可以提高零件的某些性能，延长使用寿命。

3）修复一般不需要大、精、专设备，易于组织生产。

常用的修复技术有机械修复法、焊接修复法、电镀修复法、热喷涂修复法、胶粘修复法和表面强化修复法等，如图4-1所示。

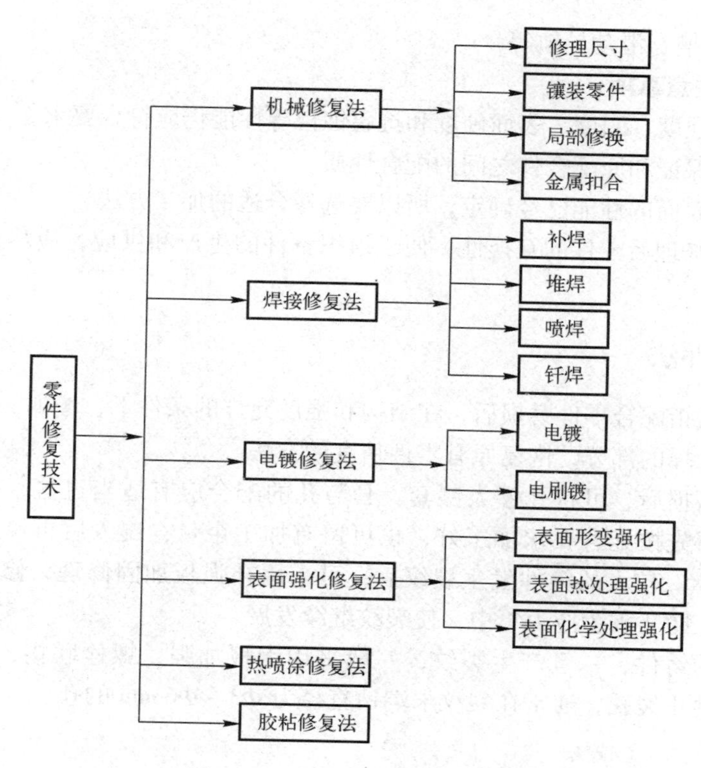

图 4-1 机械零件修复技术类型

4.1 机械修复技术

机械修复技术是一种利用机械加工的方法将零件的磨损部位再次加工，或利用机械连接如螺纹、键、铆、过盈联接等使磨损、断裂的零件得以修复的方法。这种方法只需要普通的机械加工设备，不会产生热变形，适合各种损坏形式，但受到零件结构强度、刚度的限制，被修件硬度高时难以加工。常用的机械修复法有修理尺寸法、镶加零件法、局部修换法和金属扣合法。

4.1.1 修理尺寸法

修理尺寸法是将配合件中较重要的零件或较难加工的零件进行机械加工，消除其工作表面的损伤和几何形状误差，使之具有正确的几何形状，而根据加工后零件的尺寸更换另一个零件，恢复配合件的工作能力。修理后配合件的尺寸与原来不同，重新加工得到的尺寸称为修理尺寸。

1. 特点

因为是在原来的零件上进行机械加工，因此经济性好，质量高，工作较简单。但它降低了零件的强度和刚度，而且还需要更换或修复配合件，使零件的互换性复杂化。

2. 应用范围

主要用来修复结构较复杂且贵重的零件，而与之相配合的另一个零件一般较简单，如轴颈、传动螺纹、键槽、滑动导轨等。

3. 修理时的注意事项

1）修理后的强度、刚度、表面硬度和抗腐蚀性等性能仍应符合要求。

2）修理后要保证和原配合件之间的配合性质。

3）由于加工表面的性能已经确定，所以要选择合适的加工方法。

4）为了得到修理后零件的互换性，便于组织备件的生产和供应，应尽量使修理尺寸标准化。

4.1.2 镶加零件法

镶加零件法是指配合零件磨损后，在结构和强度允许的条件下，增加一个零件来补偿由于磨损或修复而去掉的部分，恢复原有零件精度的方法。

箱体上的孔磨损后，可将孔镗大镶套，套与孔的配合应有适当过盈，也可再用螺钉紧固；套的内孔可事先按配合要求加工好，也可留有加工余量，镶入后再镗削加工到要求尺寸，如图 4-2 所示。较大的铸件发生裂纹后，可采用补强板加固修理，修理时，注意在裂纹末端钻止裂孔，防止因为应力集中，使裂纹继续发展。

对于中大型的铸件，一旦产生裂纹，一般采用钢板加强，螺栓联接，如图 4-3 所示。脆性材料裂纹应钻止裂孔，通常在裂纹末端钻直径为 $\Phi3 \sim \Phi6$ mm 的孔。

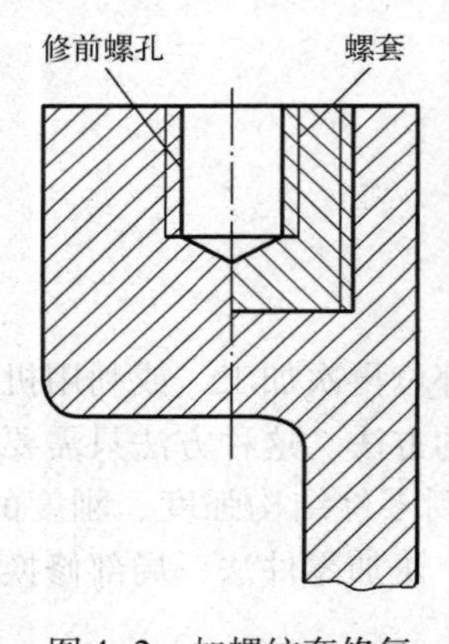

图 4-2　加螺纹套修复

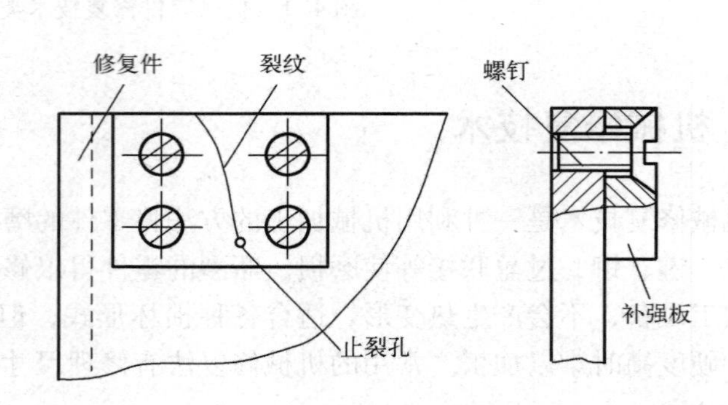

图 4-3　补强板修复裂纹

应用这种修复方法时应注意：镶加零件的材料和热处理，一般应与基体零件相同，必要时选用比基体性能更好的材料。

4.1.3 局部修换法

局部修换法是指有些零件在使用过程中，往往各部位的磨损量不均匀，有时只有某个部位磨损严重，而其余部位尚好或磨损轻微。在这种情况下，如果零件结构允许，可将磨损严重的部位切除，将这部分重制新件，用机械连接、焊接或胶粘的方法固定在原来的零件上，使零件得以修复。

如图 4-4a 所示为将双联齿轮中磨损严重的小齿轮的轮齿切去，重制一个小齿圈，用键联接，并用骑缝螺钉固定；如图 4-4b 所示为在保留的轮毂上，铆接重制的齿圈；如图 4-4c

所示为局部修换牙嵌式离合器，以胶粘法固定。

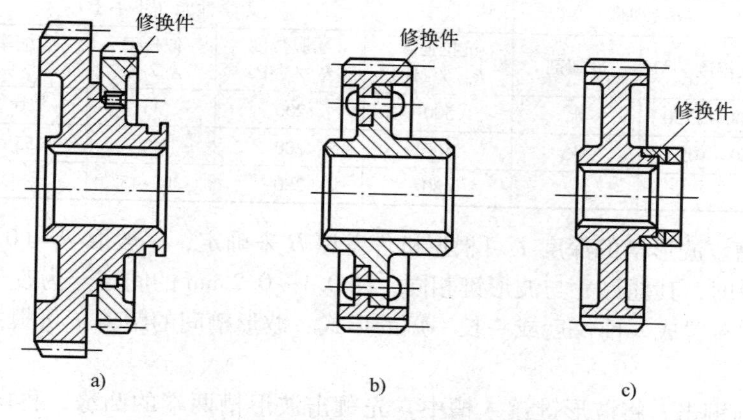

图 4-4　齿轮局部换修

4.1.4　金属扣合法

金属扣合法是利用高强度合金材料制成的扣合连接件，在槽内产生塑性变形或热胀冷缩将损坏的零件连接起来，达到修复零件裂纹或断裂的目的。

该方法的特点：常温下操作，热变形小，避免了应力集中；设备简单，操作方便；主要用来修复不易焊补的钢件和有裂纹或断裂的大型铸件，但对于壁厚小于 8 mm 的薄壁铸件不宜采用。

常用的金属扣合法有强固扣合法、强密扣合法、优级扣合法和热扣合法 4 种。

1. 强固扣合法

强固扣合法是先在垂直于裂纹或折断面的方向上，按要求加工出具有一定形状和尺寸的波形槽，然后将用高强度合金材料制成的波形键（形状、尺寸与波形槽相吻合）嵌入槽中，并在常温下铆击使之产生塑性变形而充满整个槽腔，这样由于波形键的凸缘与槽的凹洼相互紧密的扣合，将开裂的两部分牢固地连接成一体，如图 4-5 所示。此方法适用于修复壁厚为 8 ~ 40 mm 且强度要求低的机件。

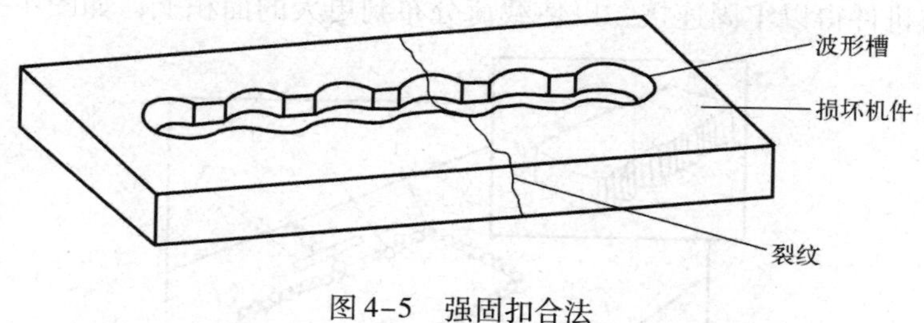

图 4-5　强固扣合法

（1）波形键　波形键的凸缘个数、每一个断裂部位安装的波形键数和波形槽的间距要根据机件的受力大小和壁厚来确定。一般波形键的凸缘个数为 5 个、7 个或 9 个。材料常用 1Cr18Ni9 或 1Cr18Ni9Ti 合金钢。高温工作的波形键，常用 Ni36 或 Ni42 制造。常用波形键材料的力学性能见表 4-1。

表 4-1　波形键材料的力学性能

钢　号	热处理		力学性能（不小于）				
	淬火温度/℃	冷却剂	抗拉强度 R_m / MPa	屈服强度 R_e / MPa	伸长率 A / %	收缩率 Z / %	硬度 HBW
1Cr18Ni9	1100～1150	水	500	200	45	50	150～170
1Cr18Ni9Ti	950～1050	水	500	200	40	55	145～170
Ni36			480	280	30～45		140～160

（2）波形槽　波形槽的深度 T 可根据机件壁厚 H 来确定，一般取 $T=(0.7\sim0.8)H$，并应大于波形键厚度，其他尺寸与波形键相同，留 0.1～0.2 mm 的间隙。为改善机件的受力状况，波形槽通常布置成一前一后或一长一短的形式，波形槽间的距离 w 可根据波形键宽 b 的 5～6 倍来确定。

（3）扣合与铆击　将波形键镶入槽中，先铆击波形槽两端的凸缘，再向中间轮换对称铆击，最后铆裂纹上的凸缘。凸缘部分铆紧后，再铆凸缘的连接部分，使波形键充满槽腔。一般每层波形键铆低 0.5 mm 左右。

2. 强密扣合法

强密扣合法是先用强固扣合法将产生裂纹或折断面的零件连接成一个牢固的整体，然后按一定的顺序在断裂线的全长上加工出缀缝栓孔，保证裂纹全部由缀缝栓填充，形成一条密封的金属隔离带，起到防渗漏的作用，如图 4-6 所示。

这种方法适用于密封要求高的修复件，如高压气缸和高压容器等防渗漏零件。

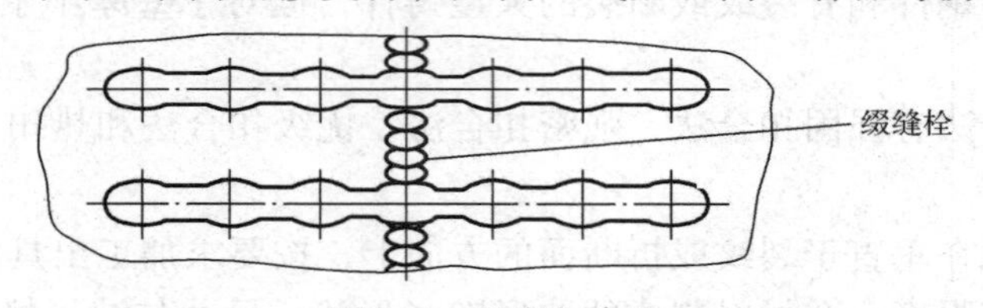

图 4-6　强密扣合法

3. 优级扣合法

优级扣合法又称为加强扣合法，是在垂直于裂纹或折断面的修复区上加工出一定形状的空穴，然后将形状、尺寸与之相同的加强件嵌入其中。在机件和加强件的结合线上拧入缀缝栓，使加强件与机件得以牢固连接，以使载荷分布到更大的面积上，如图 4-7 所示。

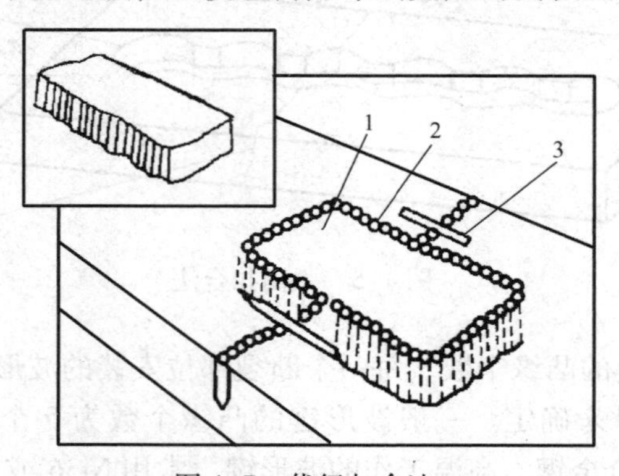

图 4-7　优级扣合法

1—加强件　2—缀缝栓　3—波形键

这种方法适用于承受高载荷且壁厚大于40 mm的机件，如水压机横梁、轧钢机主架等。

4. 热扣合法

热扣合法是利用金属热胀冷缩的原理，将一定形状的扣合件加热后扣入已在机件裂纹处加工好的形状、尺寸与扣合件相同的凹槽中，扣合件冷却后收缩将裂纹箍紧，从而达到修复的目的，如图4-8所示。

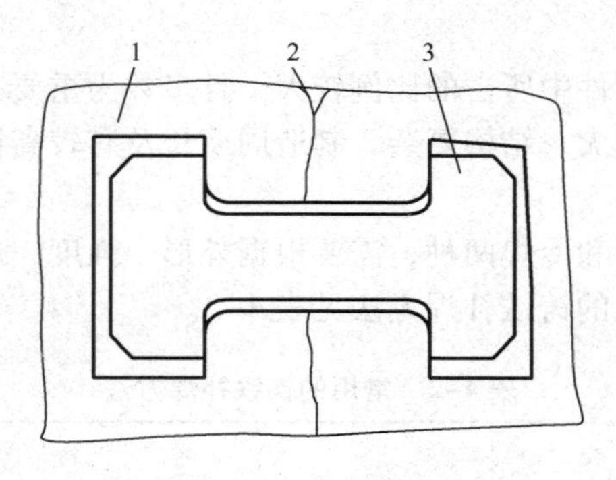

图4-8 热扣合法

1—零件 2—裂纹 3—扣合件

4.2 焊接修复技术

焊接是将两种或两种以上材质（同种或异种），通过加热或加压或二者并用，来达到原子之间的结合而形成永久性连接的工艺过程。将焊接技术应用于维修工程时称为焊接修复技术。

焊接的实质就是将裂纹、断裂等受损的零件进行修补，将耐磨、耐蚀的焊层堆焊在失效零件表面。但是这种技术不易修复精度较高、细长及较薄的零件，它具有如下特点：

1）结合强度高，焊接设备简单、工艺成熟，不受零件尺寸的限制。

2）成本低、效率高、灵活性大。

3）由于焊接温度高，易引起金相组织的变化并产生应力及变形。

4）容易产生气孔、夹渣、裂纹等缺陷。

4.2.1 补焊

由于补焊能量集中、效率高，能减少对母材组织的影响和零件的热变形，涂药焊条品种多，容易使焊缝性能与母材接近，所以补焊是目前应用最广泛的方法。在焊修时，要考虑材料的物理性能、化学成分、尺寸精度、几何精度、焊接性能以及焊后的加工性能要求。

1. 钢制零件的补焊

（1）低碳钢零件，由于可焊性良好，补焊时一般不需要采取特殊的工艺措施。

（2）中、高碳钢零件，由于钢中含碳量的增加，焊接头处容易产生焊缝内的热裂纹，热影响区内由于冷却速度快而产生低塑性淬硬组织引起的冷裂纹，焊缝根部主要由于氢的渗入而引起的氢致裂纹等。

为了防止补焊过程中产生裂纹，可以采取以下措施：

1）零件焊前预热，中碳钢一般为150～250℃，高碳钢为250～350℃。

2）尽可能选用低氢焊条以增强焊缝的抗裂性。

3）采用多层焊，使结晶粒细化，改善性能。

4）焊后热处理，以消除残余应力。

2. 铸铁零件的补焊

铸铁零件在机械设备零件中所占的比例较大，且多数为重要基础件，如底座、缸体、箱体及导轨等。由于它们体积大、结构复杂、制造周期长及有较高精度要求等，因此对这些零件的修复具有重要的意义。

铸铁件的补焊分为热焊和冷焊两种，需要根据外形、强度、加工性能、工作环境及现场条件等特点进行选择。常见的铸铁补焊方法见表4-2。

表4-2 常用的铸铁补焊方法

方　法	分　类	特　点
电弧焊	热焊法	采用铸铁芯焊条，温度控制同气焊热焊法，焊后不易裂，可加工
	半热焊法	采用钢芯石墨型焊条，预热至400℃，焊后缓冷，强度与母材近似，但加工性能不稳定
	冷焊法	采用非铸铁组织焊条，焊前不预热，要严格执行冷焊工艺要点，焊后性能因焊条而异
气焊	热焊法	焊前预热至600℃左右，在400℃以上施焊，焊后在650～700℃保温缓冷。采用铸铁填充料，焊件应力小，不易裂，可加工
	冷焊法	焊前不预热，只用焊炬烘烤坡口周围或加热减应区，焊后缓冷。采用铸铁填充料焊后不易裂，可加工，但减应区选择不当会有开裂危险
钎焊		用气焊火焰加热，铜合金作钎料，母材不熔化，焊后不易裂，加工性能好，强度因钎料而异

（1）热焊　焊前将工件高温预热，焊后再加热、保温、缓冷。比较适合铸铁件毛坯或机加工修整达到精度要求的铸铁件。但由于成本高、能耗大、工艺复杂、劳动条件差，因而应用受到限制。

（2）冷焊　在常温或局部低温预热状态下进行的，具有成本低、生产率高、焊后变形小、劳动条件好等优点，因此得到广泛的应用。

铸铁补焊时存在以下问题：

1）铸铁含碳量高，焊接时易产生白口（断口呈亮白色），既脆又硬，焊后不仅加工困难，而且容易产生裂纹；铸铁中磷、硫含量较高，也给焊接带来一定困难。

2）焊接时，焊缝易产生气孔或咬边。

3）铸铁零件原有气孔、砂眼、缩松等缺陷也易造成焊接缺陷。

4）焊接时，如果工艺措施和保护方法不当，也易造成铸铁零件其他部位变形过大或因电弧划伤而使工件报废。

采用焊修法最主要的还是要提高焊缝和熔合区的可切削性，提高焊补处的防裂性能、防渗透性能和提高接头的强度，如图4-9、图4-10所示。

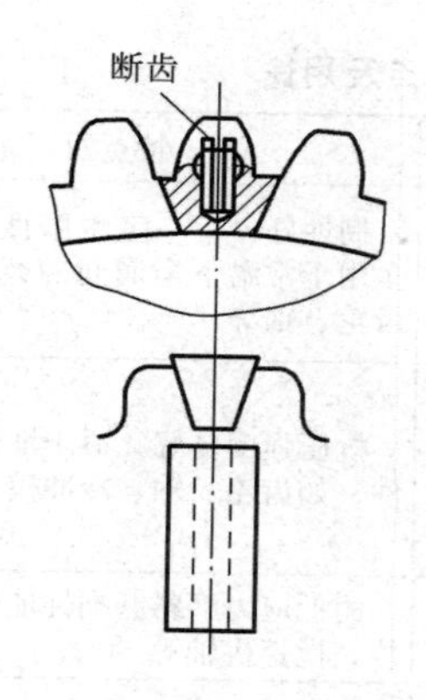

图 4–9　齿轮轮齿的补焊

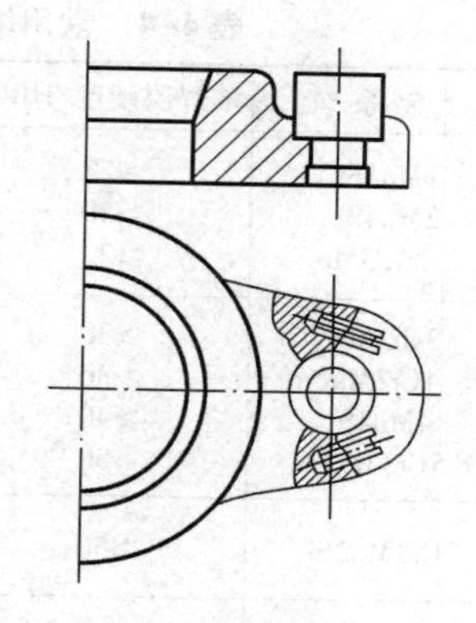

图 4–10　螺栓孔缺口的焊补

4.2.2　堆焊

堆焊是用焊接的手段在零件上堆敷一层或几层金属的材料，可以恢复零件的尺寸，并可以通过堆焊材料改善零件的性能。和整个机件相比，堆焊层是很薄的一层，主要要求堆焊层具有较高的表面耐磨性，堆焊材料往往与基体材料不同。因此，材料性能的差异可能会影响其焊接性。

1. 堆焊方法

常用的堆焊方法及特点见表 4–3。

表 4–3　常用的堆焊方法及特点

堆焊方法	材料与设备	特　点	注意事项
氧—乙炔焰堆焊	使用焊丝和焊剂，常用合金铸铁及镍基、铜基的实心焊丝。设备有乙炔瓶、氧气瓶、解压器、焊炬和辅助工具等	成本低，操作较复杂，修复批量不大的零件。火焰温度较低，稀释率小，单层堆焊厚度可小于 1 mm，堆焊层表面光滑	堆焊时可采用熔剂。熔深越浅越好。尽量采用小号焊炬和焊嘴
电弧堆焊	使用堆焊焊条。设备有焊条电弧焊机、焊钳及辅助工具等	用于小型或复杂形状零件的堆焊修复和现场修复。机动灵活，成本低	采用小电流，快速焊，窄缝焊，摆动小，防止产生裂纹。焊前预热，焊后缓冷，防止产生缺陷
等离子堆弧焊	使用合金粉末或焊丝作为填充金属。设备成本高	温度高，热量集中，稀释率低，熔敷率高，堆焊零件变形小，外形美观。易于实现机械化和自动化	分为填丝法和粉末法两种。堆焊时噪声大，紫外线辐射强烈并产生臭氧。应注意劳动保护
埋弧自动堆焊	使用焊丝和焊剂。设备为埋弧堆焊机，具有送丝机构，随焊机托板沿工件轴向移动	用于具有大平面和简单圆形表面零件的堆焊修复。具有堆缝光洁，接合强度高，修复层性能好，高效，应用广泛等优点	分为单丝、双丝和带极埋弧堆焊。单丝埋弧堆焊质量稳定，但生产率不理想。带极埋弧堆焊熔深浅，熔敷率高，堆焊层美观

2. 堆焊合金

目前，堆焊合金种类繁多，要根据零件的不同失效形式，选择焊接性能好、成本低的堆焊合金，见表 4–4。

表 4-4　常用堆焊合金的主要特点及用途

堆焊合金类型	合金系统	堆焊层硬度/HRC	焊条举例	特点及用途举例
低碳低合金钢	1Mn3Si 2Mn4Si 2Cr1.5Mo	≥22 ≥30 ≥22	堆 107 堆 127 堆 112	韧性好，有一定耐磨性，易于加工，价廉，多用于常温下金属间的磨损件，如火车轮缘、齿轮、轴等
中碳低合金钢	3Cr2Mo 4Cr2Mo 4Mn4S 5Cr3Mo2	≥30 ≥30 ≥40 ≥50	堆 132 堆 172 堆 167 堆 212	抗压强度良好，适于堆焊受中等冲击的磨损件，如齿轮、轴、冷冲模等
高碳低合金钢	7Cr3Mn2Si	≥50	堆 207	耐低应力磨料磨损性能较好，用于推土机刀片、搅拌机轴等
不锈耐蚀钢	1Cr13 2Cr13 3Cr13	≥35 ≥40 ≥45	堆 507 堆 512 堆 517	耐磨、耐腐蚀和气蚀。主要用于耐磨和耐腐蚀零件的堆焊，如阀座、水轮机叶片耐气蚀层
冷作模具钢	Cr12	≥50	堆 377	主要用于冷冲模等零件的堆焊
奥氏体高锰钢、铬锰钢	Mn13 Mn13Mo2 2Mn12Cr13	≥180（HBW） ≥180（HBW） ≥20	堆 256 堆 266 堆 276	兼有抗强冲击、耐腐蚀、耐高温的特点，可用于道岔、挖掘机斗齿、水轮机叶片等
高速钢	W18Cr4V	60～65	堆 307	热硬性和耐磨性很高，主要用于堆焊各种刀具
马氏体合金铸铁	W9B Cr4Mo4 Cr5W13	≥50 ≥55 ≥60	堆 678 堆 608 堆 698	有很好的抗高应力和低应力磨料磨损性能及良好的抗压强度，常用于堆焊混凝土搅拌机、混砂机、犁铧等磨损件

3. 堆焊工艺

1）焊前准备。在堆焊层母材表面处理，堆焊过渡层之前，应将表面铁锈等所有污物去除干净，确定表面处理干净；对压制好的锥体内表面进行渗透探伤，有缺陷要采取方法处理。

2）焊条烘干。焊接时焊条应放在保温筒内，保温筒随时带电保温，保持干燥。焊条在空气中暴露时间不大于 4 h。

3）预热。采用履带、保温棉保温，将履带均匀布置在锥体上并用保温棉完全包裹起来，尽可能保证加热均匀。

4）堆焊。采用直流反接；堆焊时焊条与焊件表面尽量保持垂直状态；运条要快且直；有挡风措施。

5）检测。在堆焊完过渡层，堆完盖面层，环缝组对打压前及打压后各进行一次整体渗透探伤。

4.2.3　喷焊

喷焊技术是将自熔性合金粉末先喷涂在基体上，在基体不熔化的情况下使其湿润基体表面并熔化到基体上而形成冶金结合，形成所需的致密喷焊层，如图 4-11 所示。

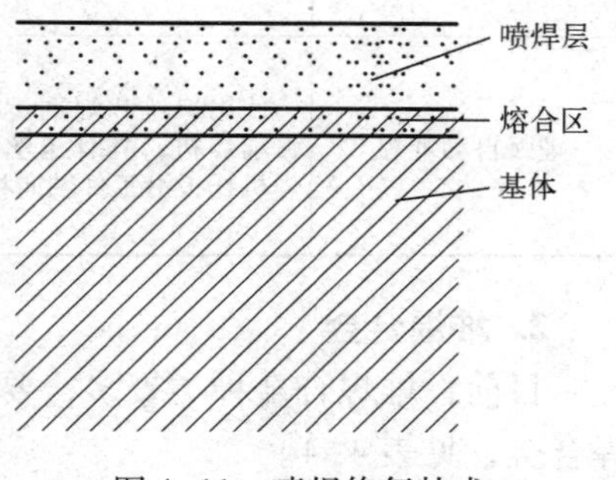

图 4-11　喷焊修复技术

1. 喷焊材料

喷焊材料应该具有良好的润湿性和溶解度，而且材料的熔点应低于基体的熔点。因此，喷焊所用的材料主要是自熔性合金粉末，常用的有铁基、镍基、钴基、铜基和碳化钨5类，见表4-5。

表4-5 喷焊材料

喷焊材料	特点	适用场合
铁基粉末	价格低廉，熔点比镍基和钴基的高。有很好的耐磨性，在弱腐蚀介质中耐腐蚀性良好。其涂层在高温下抗氧化和耐腐蚀性差	多用于常温和400℃以下的抗磨涂层和抗弱腐蚀介质的耐腐蚀涂层
镍基粉末	价格适中，其粉末熔点低（1100～1150℃），自熔成渣性良好，对多种坯料机体润湿能力强，涂层韧性好，工艺性良好。其涂层具有优异的耐腐蚀性、耐磨性和良好的耐热性，是应用最广的一类自熔性合金	它可以用于具有综合性能要求的涂层或在600℃以下代替钴基合金
钴基合金	粉末的价格较高，具有优良的耐高温性、红硬性、耐腐蚀性、耐磨性和抗氧化性等性能	最适合700℃左右高温下作抗氧化、耐腐蚀、耐磨损的表面涂层

2. 喷焊工艺

1）清洁、粗化被处理工件表面。

2）预热、喷粉和重熔。此阶段通常采用一步法或二步法两种方法。一步法：边喷粉边熔化，特点是粉末沉积率高，但涂层厚度不均匀，适用于大工件小面积或小工件表面的喷焊修复；二步法：先喷涂，然后用重熔枪将涂层熔化形成喷焊层。

3）喷焊后的零件要进行检查。喷焊层常见的缺陷有喷焊层剥落、喷焊层裂纹、喷焊层夹渣、喷焊层气孔和喷焊层漏底。对于表面精度要求不高的零件，喷焊后不加工即可使用。对有精度要求的零件，喷焊后需要进行机加工。

4.2.4 钎焊

钎焊是采用比母材熔点低的金属材料作钎料，将放置钎料的待焊件加热到高于钎料熔点而低于母材熔点的温度，利用液态钎料润湿母材，填充接头间隙并与母材相互扩散实现连接焊件的过程，如图4-12所示。由于钎焊焊缝强度低，因此一般适用于强度要求不高的零件裂纹和断裂的修复，并且要设计和选择合理的接头形式来增加强度。

1. 钎焊的特点

1）加热温度较低，焊件的组织和力学性能变化小。

2）熔化的钎料在毛细流动作用下，填满被连接金属的间隙，焊缝气密性较好。

3）焊件变形小，接头光滑平整。

4）可以连接异种材料。

5）焊缝强度低。

2. 钎焊方法

（1）烙铁钎焊

烙铁钎焊是用电铬铁加热钎料和待焊部位，适用于温度低于300℃的软钎焊，如锡铅或铅基钎料，钎焊薄、小零件时需要熔剂。电烙铁的功率要根据钎料、工件材料、工件形状和

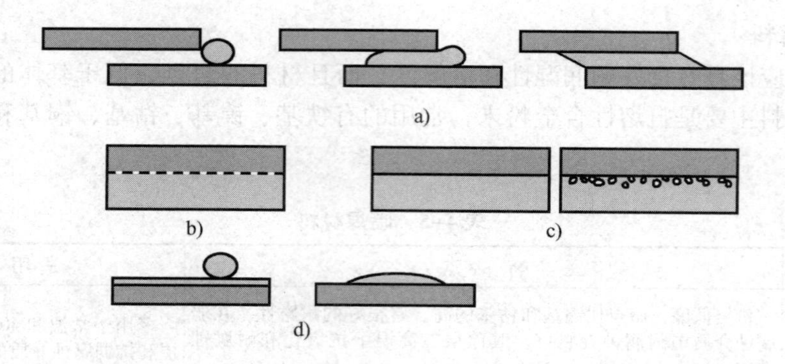

图 4-12 钎焊过程的分解

a）钎料的填缝过程 b）钎料成分向母材中扩散 c）母材向钎料中的溶解 d）去除表面的氧化膜

大小来确定。

（2）火焰钎焊

火焰钎焊是用火焰加热钎料和待焊部位，适用于温度高于300℃的硬钎焊，特别是受焊件形状、尺寸及设备限制不能用其他方法钎焊的焊件，常用钎料有铜锌、铜磷、银基、铝基及锌铝钎料，可焊钢、不锈钢、硬质合金、铸铁，铜、银、铝等及其合金。

3. 钎焊工艺过程

1）钎料的填缝：包括钎料的预置、加热，熔化、铺展，凝固、形成接头。

2）溶解与扩散：母材向钎料中的溶解，钎料成分向母材中扩散。

3）去除氧化膜：氧化膜阻碍钎料铺展，去除氧化膜以保证钎料与母材良好接合。

但是，钎焊也有缺点，如接头强度比较低；耐热能力比较差；由于母材与钎料成分相差较大而引起的电化学腐蚀致使耐蚀力较差及对装配要求比较高等。

4.3 电镀修复技术

电镀修复技术是应用电化学的基本原理，在含有欲镀金属的盐溶液中，以被镀基体金属作为阴极，通过电解作用，使镀液中欲镀金属的阳离子在基体金属表面上沉淀，形成牢固覆盖层的一种表面加工技术。它不但可以修复零件磨损后的尺寸，而且可以改善零件的表面质量，特别是提高耐磨性和耐腐蚀性。电镀修复技术主要用于修复磨损量不大、精度要求高、形状结构复杂、批量较大和需要某种特殊层的零件。因此，电镀是常用的修复技术之一。

4.3.1 电镀

1. 基本原理

被镀的零件为阴极，与直流电源的负极相连，金属阳极与直流电源的正极相连，阳极与阴极均浸入镀液中。当在阴阳两极间施加一定电位时，则在阴极发生如下反应：从镀液内部扩散到电极和镀液界面的金属离子 M^{n+} 从阴极上获得 n 个电子，还原成金属 M。另一方面，在阳极则发生与阴极完全相反的反应，即阳极界面上发生金属 M 的溶解，释放 n 个电子生

成金属离子 M^{n+}，如图 4-13 所示。

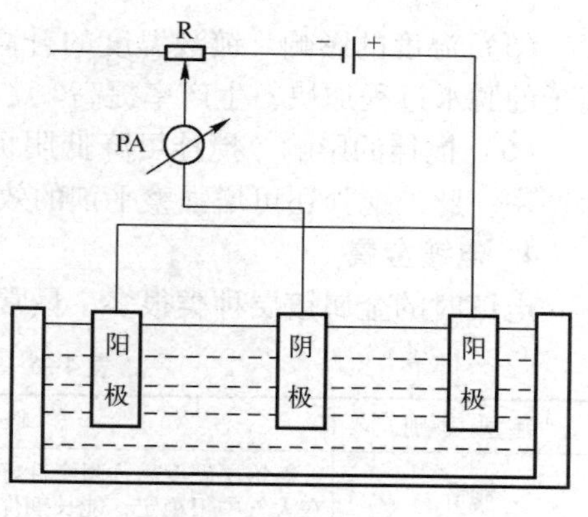

图 4-13 电镀装置

电镀过程是镀液中的金属离子在外电场的作用下，经电极反应还原成金属原子并在阴极上进行金属沉积的过程。完成电沉积过程必须经过以下三个步骤。

1）液相传质：镀液中的水化金属离子或络离子从溶液内部向极界面迁移，到达阴极的双电层溶液一侧。

2）电化学反应：水化金属离子或络离子通过双电层，并去掉它周围的水化分子或配位体层，从阴极上得到电子生成金属原子。电化学反应有三种方式：电迁移、对流和扩散。

3）电结晶：金属原子沿金属表面扩散到结晶生长点，以金属原子态排列在晶格内，形成镀层。

2. 电镀工艺过程

一般包括镀前预处理、电镀及镀后处理 3 个阶段。

（1）镀前预处理　镀前预处理的目的是为了得到干净的金属表面，为最后获得高质量镀层作准备。通过表面磨光、抛光等工艺方法使表面粗糙度达到一定要求；采用溶剂溶解以及化学、电化学等方法去油脂；用机械、酸洗以及电化学方法除锈；在弱酸中侵蚀一定时间进行镀前活化处理。

（2）电镀　将零件浸在金属盐的溶液中作为阴极，金属板作为阳极，接直流电源后，在零件上沉积出所需的镀层。

（3）镀后处理　电镀后处理包括钝化处理和氢化处理。钝化处理是指在一定的溶液中进行化学处理，在镀层上形成一层坚实致密的、稳定性高的薄膜的表面处理方法。钝化使镀层的耐蚀性大大提高并能增加表面光泽和抗污染能力。这种方法用途很广，镀 Zn、Cu 等后，都可进行钝化处理。有些金属，如锌，在电沉积过程中，除自身沉积出来外，还会析出一部分氢，这部分氢渗入镀层中，使镀件产生脆性，甚至断裂，称为氢脆。为了消除氢脆，往往在电镀后，使镀件在一定的温度下热处理数小时，称为除氢处理。

3. 影响电镀质量的因素

影响电镀质量的因素很多，包括镀液的各种成分以及各种电镀工艺参数。

（1）pH 值的影响　镀液中的 pH 值可以影响氢的放电电位，碱性夹杂物的沉淀，还可以影响络合物或水化物的组成以及添加剂的吸附程度。但是，对各种因素的影响程度一般不可预见。最佳的 pH 值往往要通过试验决定。电镀过程中，若 pH 值增大，则阴极效率比阳极效率高；pH 值减少则反之。通过加入缓冲剂可以将 pH 值稳定在一定范围内。

（2）添加剂的影响　镀液中的光亮剂、整平剂、润湿剂等添加剂能明显改善镀层组织。

（3）电流密度的影响　任何电镀都必须有一个能产生正常镀层的电流密度范围，这个范围是由电镀液的本性、浓度、温度和搅拌等因素决定的。

（4）电流波形的影响　电流波形的影响是通过阴极电位和电流密度的变化来影响阴极沉积过程的，进而影响镀层的组织结构和成分，使镀层性能和外观发生变化。

(5) 温度的影响　镀液温度的升高能使扩散加快，降低浓差极化。此外，升温还能使离子的脱水过程加快，生产率提高。

(6) 搅拌的影响　搅拌可降低阴极极化，使晶粒变粗，但可提高电流密度，从而提高生产率。此外搅拌还可增强整平剂的效果。

4. 电镀金属

电镀时的金属镀层种类很多，最常用的有镀铬、镀铜、镀锌、镀铁等，见表4–6。

表4–6　各类电镀层的特性及作用

镀层类别	特性和用途	备　注
镀铬	镀铬层硬度高，耐磨性好，反光能力强，有较好的耐热性，在大气中很稳定，能长期保持其光泽，性能优良	广泛用作外表层和机能镀层
镀铜	镀铜层结构细密，结合力好，性质柔软，容易抛光。在大气中易受腐蚀介质的侵蚀	
镀镍	镀镍层外观好，机械性能和耐蚀性能均优良。但镀层多孔，容易产生针孔腐蚀。不同含硫量的双层镍、三层镍能有效地提高防护性能	
镀铁	价格低廉，镀层软，容易机械加工。电镀后经渗碳、渗氮处理可提高硬度。镀层厚度可达1 mm以上	
铬及铜–镍–铬复合镀层	修复磨损零件和加工尺寸不足的零件；印刷工业中，镀在铅版、铜版、活字版上，提高耐磨性	
锌–铜合金镀层	含铜量25%左右的合金，有银白色光泽，成本低，保护性好。对铜铁来说，属阳极性镀层。在潮湿环境下，外观不如镍稳定，容易产生白色腐蚀点	在工业大气条件下，锌–铜合金的防护、装饰性能比镀镍层好

其中，镀铬是最常用的一种镀层，其分类、特点与应用见表4–7。

表4–7　镀铬层的分类、特点与应用

镀铬层分类		特　点	应　用
硬质镀铬	无光泽镀铬层	在低温、高电流密度下获得。镀铬层硬度高、韧性差，有稠密的网状裂纹，结晶组织粗大，耐磨性低，表面呈暗灰色	由于脆性大，很少使用，只用于某些工具、刀具的镀铬
	光泽镀铬层	在中低温度和电流密度下获得。镀铬层硬度高、韧性好，耐磨，内应力小，有密集的网状裂纹，结晶组织细致，表面光亮	适用于修复磨损的零件或一般装饰性镀铬
	乳白镀铬层	在高温、低电流密度下获得。镀铬层硬度低、韧性好，无网状裂纹，结晶组织细致，耐磨性高，表面呈乳白色	适用于承受冲击载荷的零件或增加尺寸和用于装饰性镀铬方面
多孔镀铬		多孔镀铬层的外表形成无数网状沟纹和点状孔隙，能保存足够的润滑油以改善摩擦条件，使其具有吸附润滑性能及更高的耐磨性能	修复承受重载荷、温度高、滑动速度大和润滑油不充分的条件下工作的零件，如活塞环、气缸套筒等

4.3.2 电刷镀

电刷镀是在不断供给电解液的条件下，用镀笔在工件表面上进行擦拭，得到需要的电镀层。这种修复方法能够强化、提高工件表面性能，如提高工件的装饰性外观、耐腐蚀、抗磨损性能和特殊光、电、磁、热性能，也可以改变工件尺寸，改善机械配合，修复因超差或因磨损而报废的工件等，因而在工业上有广泛的应用。

1. 工作原理

电刷镀也是一种电化学沉积过程，其基本原理如图 4-14 所示。刷镀时，电源负极接工件，正极和刷镀笔相接，蘸上沉积金属溶液，与工件接触并相对运动，溶液中的金属离子在电场作用下向工件表面迁移，放电后结晶沉积在工件表面上形成镀层。随着时间的延长，沉积层逐渐增厚，直至所要求的厚度。

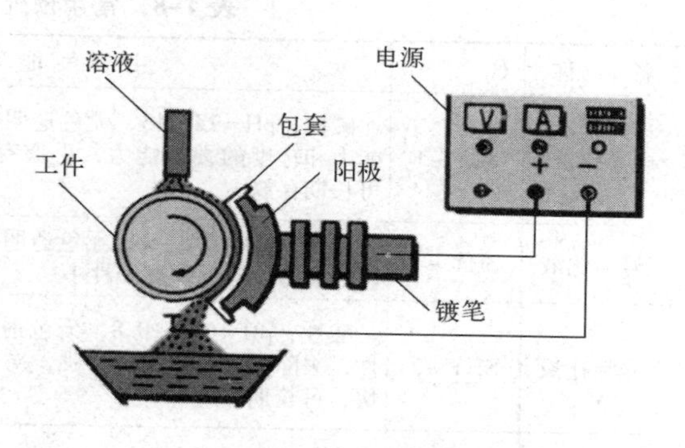

图 4-14　电刷镀原理

2. 电刷镀设备

电刷镀设备由电刷镀电源、镀笔、辅助工具和材料组成。

（1）电源　电源为电刷镀的主要设备，由强电输出、安培小时计、过载保护三大部分组成。强电输出部分的作用是把 220V 的交流电变为 0～30V 连续可调的脉动直流电，用以刷镀工件；安培小时计的作用是记录电刷镀过程中所消耗的电量，从而控制镀层的厚度；过载保护部分的作用是防止刷镀电流过载，一旦超载时能迅速切断主电路，以保护设备和工件不受损坏。

（2）镀笔　镀笔是由手柄和阳极组成，如图 4-15 所示。阳极是镀笔的工作部分，其材料要求具有良好的导电性，能持续通过高的电流密度，不污染镀液，易于加工等。通常使用高纯石墨、铂－铱合金及不锈钢等不溶性阳极。根据被镀零件表面形状的不同，阳极可以加工成不同的形状，如圆柱、圆棒、月牙、长方、半圆、细棒和扁条等，其表面积通常为被镀面的三分之一，如图 4-16 所示。

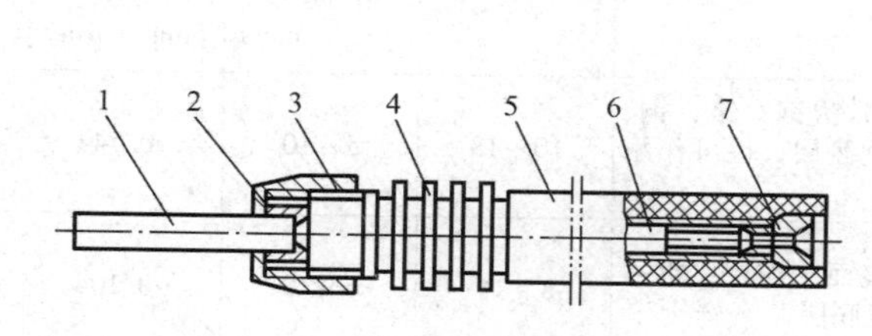

图 4-15　镀笔结构图

1—阳极　2—“O”型密封圈　3—锁紧螺帽　4—散热器体　5—绝缘手柄　6—导电杆　7—电缆线插座

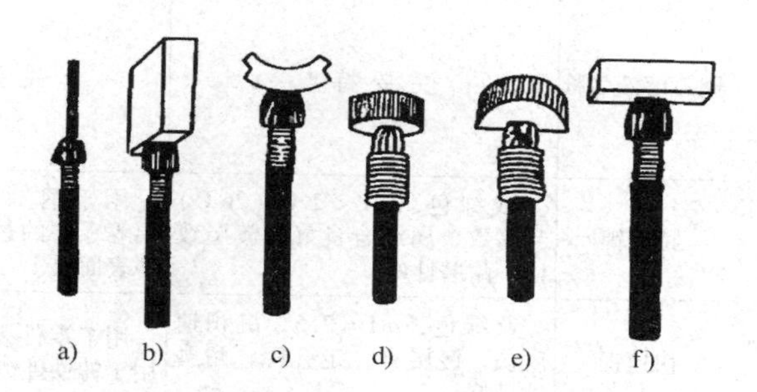

图 4-16　不同形状的镀笔

a）圆柱形　b）平板形　c）瓦片形　d）圆饼形　e）半圆形　f）板条形

（3）辅助工具和材料　辅助工具包括用来夹持被镀工件并能按一定转速旋转的机床。辅助材料包括医用脱脂棉、绝缘胶带、刮刀及塑料盘等。

3. 电刷镀溶液

电刷镀溶液质量好坏以及能否正确使用，直接影响镀层性能。一般按作用不同可分为 4 大类：表面预处理溶液、金属刷镀溶液、退镀溶液和钝化液。

（1）表面预处理溶液　表面预处理溶液又称表面准备溶液，为了提高镀层与基体的结合强度，被镀表面必须预先进行严格的预处理，包括电净处理和活化处理，具体见表 4-8。

表 4-8　常用预处理溶液的性能和用途

名　　称	代　　号	主要性能	主要用途
电净化液	SGY-1	碱性，pH=12~13，无色透明，有较强的去油污能力和轻度的去锈能力，手搓有滑感，腐蚀性小，可长期存放	用于各种金属表面电解去油污
1号活化液	SHY-1	酸性，pH=0.8~1，无色透明，有去除金属氧化膜的能力，对基体腐蚀性小	用于不锈钢、高碳钢、高合金钢、铬镍合金、铸铁等的活化处理
2号活化液	SHY-2	酸性，pH=0.6~0.8，无色透明，有良好的导电性，去除金属氧化物能力强，对金属的腐蚀作用较快，可长期存放	适用于铝及低镁的铝合金、钢、铁、不锈钢等的活化处理
3号活化液	SHY-3	酸性，pH=4.5~5.5，浅绿色透明，导电性较差，腐蚀性小，可长期存放。对用其他活化液活化后残留 的石墨或炭黑具有较强的去除能力	通常作为后继处理液使用。适用于去除经1号或2号活化液活化的碳钢和铸铁表面残留的石墨（或碳化物）或不锈钢表面的污物
4号活化液	SHY-4	酸性，pH=0.2，无色透明，去除金属表面氧化物的能力很强	用于经其他活化液活化仍难以镀上镀层的基体金属材料的活化，并可用于去除金属飞边或剥蚀镀层

（2）刷镀溶液　电刷镀溶液一般分为酸性和碱性两大类。酸性溶液比碱性溶液沉积速度快1.5~3倍，但绝大部分酸性溶液不适用于材质疏松的金属材料，如铸铁；也不适用于不耐酸腐蚀的金属材料，如锡、锌等。碱性和中性电镀溶液有很好的使用性能，可获得晶粒细小的镀层，在边角、狭缝和盲孔等处有很好的均镀能力，无腐蚀性，适用于在各种材质的零件上镀覆，详见表4-9。

表 4-9　常用刷镀溶液

刷镀溶液名称	主要特点	主要用途	工艺参数		
			工作电压/V	镀笔对工件相对速度/(m/min)	耗电系数/[Ah/(dm²·μm)]
特殊镍	浅绿色，pH<2.0（26℃）与多数金属结合良好，镀层致密，耐磨性好	用于钢、不锈钢、铬、铜、铝等零件的过渡层，也可作耐磨表面层	10~18	5~10	0.744
快速镍	蓝绿色，pH=7.5，沉积速度快，镀层有一定孔隙，耐磨性良好	用于零件表面工作层，也适用于铸铁件镀底层	8~14	6~12	0.104
低应力镍	深绿色，pH=3~4，预热到50℃刷镀，镀层致密，应力低	专用作组合镀层的夹心层，改善应力状态，不宜作耐磨层使用	10~16	6~10	0.214
镍-钨	深绿色，pH=2~3，镀层较致密，平均硬度高，耐磨性好，有一定耐热性	用于耐磨工作层，但不能沉积过厚，一般0.03~0.07mm	10~15	4~12	0.214
铁合金（Ⅱ）	pH=3.4~3.6，硬度高，耐磨性高于淬火45钢，与金属基体结合良好	主要用于修复零件表面尺寸，强化表面，提高耐磨性	5~15	25~30	0.09
碱性铜	紫色，pH=9~10，沉淀速度快，腐蚀小，镀层致密，在铝、钢、铁等金属上具有良好的结合强度	用于快速恢复尺寸，填充沟槽，特别适用于铝、铸铁、锌等难刷镀件上刷镀	8~14	6~12	0.079

（3）退镀溶液　退镀溶液是在反向电流作用下，阳极（镀层）产生溶解，从而将不合格镀层除去的专用溶液，用于除去不需镀覆表面上的镀层，主要退除铬、铜、铁、钴、镍、锌等的镀层。

（4）钝化液　钝化液是指用在铝、锌、镉等金属表面，生成能提高表面耐蚀性的钝态氧化膜的溶液。

4. 电刷镀工艺

电刷镀工艺可分为两部分：镀前受镀基体表面的准备工作和镀层的形成。具体工艺流程如图 4-17 所示。

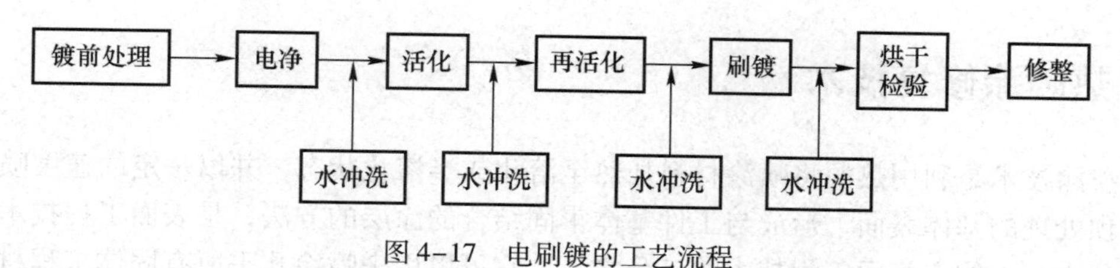

图 4-17　电刷镀的工艺流程

（1）镀前准备　镀前准备是指零件表面的预处理，以保证镀层与零件表面的结合强度。可以先用钢丝刷、丙酮清洁，然后进行电净处理和活化处理，使零件表面光滑平整，无油污、无锈斑和氧化膜。

1）表面加工。经过表面加工的零件表层不存在疲劳层，几何形状误差应清除，表面不允许残留锈蚀、划伤等缺陷，表面粗糙度应在 1.6 以上。

2）电净。电净就是电化学除油，用镀笔沾上电净液，在通电的情况下反复涂抹待镀零件表面从而达到去除油脂的目的。一般有 3 种方法：正极性电净、反极性电净和联合除油。

3）活化。活化就是通过电解刻蚀和化学腐蚀作用，去掉零件表面氧化层、疲劳层，露出新的金属表面。一般有 3 种活化方法：反极性活化、正极性活化及交替活化法。

（2）镀层的形成　镀层包括镀底层、镀尺寸层及镀工作层。

1）镀底层。镀底层常选的镀液为特殊镍、碱铜、中性镍、快速镍、半光亮中性铁和低氢脆镉镀液等，其选择原则为：与基体金属有优良的结合强度；不会产生电化学腐蚀；与其他镀层金属的结合能力较强。有些基体材料也可以不打底。

2）镀尺寸层。镀尺寸层常选的镀液为快速镍、特种快镍、碱铜镀液等，其选择原则为：具有较快的沉积速度和较大的镀厚能力；镀层组织细密，具有一定的强度；便于进行机械加工；与底层金属的结合强度高；不易产生电化学腐蚀，也不会因两种镀层组织界面间原子的互相扩散而形成有害组织；形成的任何镀层结构形式都具有良好的结合强度。

3）镀工作层。镀工作层溶液的选择原则为：具有良好的结合强度；具备满足使用工况要求的优良性能。它是最终镀层，将直接承受工作载荷、运动速度以及温度等工况，因此应满足工件表面的力学、物理和化学性能要求。为了保证镀层质量，合理地进行镀层设计非常重要。镀层设计时，要注意同一镀层一次连续刷镀的厚度。

5. 影响电刷镀镀层质量的主要因素

影响镀层质量的因素很多，但最重要的因素有以下几点：

（1）温度　在其他条件相同的情况下，升高溶液的温度会改变阴极的极化，提高沉积速度，减小镀层的内应力，降低脆性，提高镀层与基体的结合强度。

（2）基体表面状态　一般来说，基体材料的硬度越高，其与镀层的结合强度越差；材料的含碳量越高，镀层与基体材料的结合力越差；处于钝态或氧化态的表面会影响镀层的质量。

（3）电流密度　电流密度越高，沉积速度越快，镀层越容易粗化；反之，电流密度越低，沉积速度越慢，镀层越光亮平滑。

（4）阴阳极相对运动速度　在刷镀操作中，为提高电流密度，加快沉积速度，阴阳极之间必须在一定的速度范围内作相对运动。在同一电流密度下，相对运动速度越快，镀层越细致；反之速度太慢时，镀层表面会粗糙。

4.4　热喷涂修复技术

热喷涂技术是利用热源将喷涂材料加热至溶化或半溶化状态，并以一定的速度喷射沉积到经过预处理的基体表面，形成与工件基体牢固结合的涂层的方法，是表面工程技术的重要组成部分之一，约占表面工程技术的三分之一。它可以用来喷涂几乎所有固体工程材料，如硬质合金、陶瓷、金属、石墨和尼龙等，形成具有耐磨、耐腐蚀、隔热、抗氧化、绝缘、导电、防辐射等各种特殊功能的涂层。热喷涂修复技术不仅能够恢复机械零件磨损的尺寸，而且通过选用合适的喷涂材料，还能够改善和提高零件表面的性能（耐磨性、耐腐蚀性），在机械、化工、宇航、建筑等领域被广泛采用。

4.4.1　热喷涂技术的特点及分类

1. 特点

1）由于热源的温度范围很宽，可以喷涂几乎所有固体工程材料，如金属、合金、陶瓷、金属陶瓷、塑料以及由它们组成的复合物等。因而能赋予基体以各种功能（如耐磨、耐蚀、耐高温、抗氧化、绝缘、隔热、生物相容、红外吸收等）的表面。

2）喷涂过程中基体表面受热的程度较小而且可以控制，因此可以在各种材料上进行喷涂（如金属、陶瓷、玻璃、纸张、塑料等），并且对基体的组织和性能几乎没有影响，工件变形也小。

3）设备简单，操作灵活，既可对大型构件进行大面积喷涂，也可在指定的局部进行喷涂；既可在工厂室内进行喷涂，也可在室外现场进行施工。

4）喷涂操作的程序较少，施工时间较短，效率高，比较经济。

5）热喷涂技术也存在缺点，例如热喷涂涂层与基底金属的结合力以机械嵌合为主，因而涂层的耐冲击性能不高；涂层空隙多，虽有利于润滑，但不利于防腐蚀；热喷涂过程中，会发生粉尘、有毒金属蒸汽、热辐射、噪声污染等对施工人员和环境的搅扰。

2. 分类

传统热喷涂工艺主要分为火焰喷涂、爆炸喷涂、电弧喷涂和等离子喷涂等，见表4-10。随着科技与工业的发展，对热喷涂涂层材料的性能提出了越来越高的要求，涂层材料的加热温度、喷涂材料撞击基体的速度以及涂料在加热喷涂过程中的氧化是影响涂层结合强度、孔隙率等的基本因素。为了获得高结合强度、低孔隙率的优良涂层，在原有基础上相继开发出气体爆炸喷涂、新型超音速火焰喷涂和超音速等离子弧喷涂等工艺。

表 4-10 几种热喷涂工艺特点的比较

喷涂方法	火焰温度 ℃	结合强度 N/mm^2	孔隙率 %	喷涂效率 kg/h	优点	缺点
火焰喷涂	3000	8~12	10~30	2~6	成本低，沉积效率高，操作简便	孔隙率高，结合强度差
爆炸喷涂	3000	>70	0.1~1	1	孔隙率很低，结合强度极高	成本极高，沉积速度慢
电弧喷涂	4000~6000	15~25	10~20	10~25	成本低，沉积速度快	孔隙率高，喷涂材料仅限于导电丝材料，活性材料不能喷涂
等离子喷涂	20000~30000	50~80	<10	2~10	孔隙率低，能喷薄壁易变形件，热能集中，热影响区小，黏度、强度高	成本高

4.4.2 热喷涂材料

热喷涂材料有粉、线、带和棒等不同的形状，见表 4-11，它们的成分是金属、合金、陶瓷及塑料等。粉末材料居重要地位，种类繁多；线材与带材多为金属或合金；棒料只有几十种，多为氧化陶瓷。

表 4-11 不同形状的热喷涂材料

丝材	纯金属丝材	Zn、Al、Cu、Mn 等
	合金丝材	Zn-Al、Pb-Sn、Cu 合金、巴氏合金、Ni 合金、碳钢、合金钢、不锈钢、耐热钢
	复合丝材	金属包金粉（铝包镍、镍包合金）、金属包陶瓷（金属包碳化物、氧化物等）、塑料包覆（塑料包金属、陶瓷等）
	粉芯丝材	7Cr13、低碳马氏体等
棒材	陶瓷棒材	Al_2O_3、TiO_2、Cr_2O_3、Al_2O_3-MgO、$Al_2O_3-SiO_2$
粉末	纯金属粉	Sn、Pb、Zn、Ni、W、Mo、Ti
	合金粉	低碳钢、高碳钢、镍基合金、钴基合金、不锈钢、钛合金、铜基合金、铝合金、巴氏合金
	自溶性合金粉	镍基（NiCrBSi）、钴基（CoCrWB、CoCrWBNi）、铁基（FeNiCrBSi）、铜基
	陶瓷、金属陶瓷粉	金属氧化物（Al 系、Cr 系和 Ti 系）、金属碳化物及硼氮、硅化物等
	包覆粉	镍包铝、铝包镍、金属及合金、陶瓷、有机材料等
	复合粉	金属+合金、金属+自溶性合金、WC 或 WC-Co+金属及合金、WC 或 WC-Co+自溶性合金+包覆粉、氧化物+金属及合金、氧化物+包覆粉、碳化物+自溶性合金、WC+Co 等
	塑料粉	热塑性粉末（聚乙烯、聚四氯乙烯、尼龙、聚苯硫醚）、热固性粉末（酚醛、环氧树脂）、树脂改性塑料（塑料粉中混入填料，如 MoS_2、WS_2、Al 粉、Cu 粉、石墨粉、石英粉、云母粉、石棉粉、氟塑粉等）

4.4.3 热喷涂技术原理

热喷涂是指一系列过程，在这些过程中，利用电弧或者氧-乙炔火焰等热源，将热喷涂材料加热到熔融状态，在氧-乙炔或者压缩空气等高速气流推动下，喷涂材料被雾化并被加速喷射到制备好的工件表面上。喷涂材料呈圆形雾化颗粒喷射到工件表面即受阻变形成为扁平状。最先喷射到工件表面的颗粒与工件表面的凹凸不平处产生机械咬合，随后喷射来的颗粒打到先前到达工件表面的颗粒上，也同样变形并与先前到达的颗粒相互咬合，形成机械结合。这样大量的喷涂材料颗粒在工件表面互相挤嵌堆积，就形成喷涂层。

4.4.4 热喷涂技术的主要方法

热喷涂技术的主要方法有：氧－乙炔火焰粉末喷涂、等离子喷涂、电弧喷涂、火焰喷涂、超音速火焰喷涂（HVOF）、大气等离子喷涂和低压等离子喷涂等。

1. 氧－乙炔火焰粉末喷涂

氧－乙炔火焰粉末喷涂是以氧－乙炔为热源，借助于高速气流将喷涂粉末吸入火焰区，加热到熔融状态后再以一定的速度喷射到已制备好的工件表面上形成喷涂层。氧－乙炔火焰粉末喷涂装置主要包括喷枪、氧气和乙炔发生器以及辅助装置等，如图 4-18 所示。

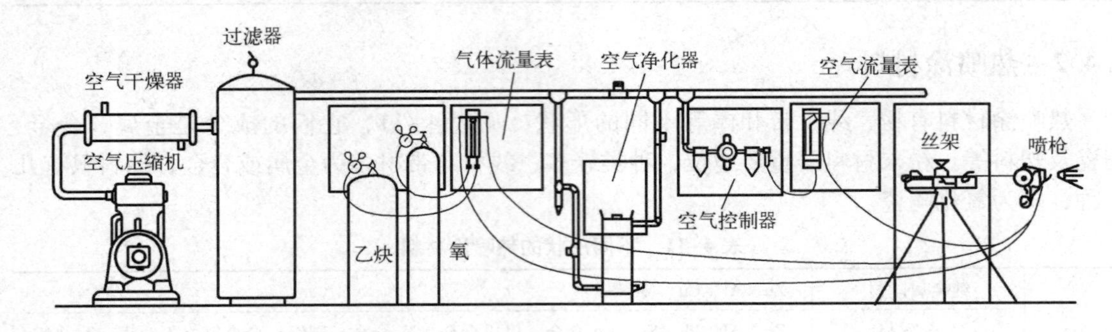

图 4-18　氧－乙炔火焰粉末喷涂装置示意图

（1）喷枪　喷枪是氧－乙炔火焰喷涂技术的主要设备，它包含枪身、枪头以及枪身和枪头的连接机构，枪头包含一个喷嘴，喷嘴内部塞焊有若干金属圆钢；连接机构包含法兰和链条销子；喷嘴制造成扁平状，其更换比较方便，成本也较低，并能有效防止枪头脱落和磨损。目前过长喷枪大体上可分为中小型和大型两类。中小型喷枪主要用于中小型和精密零件的喷涂和喷焊，适应性较强。大型喷枪主要用于对大直径和大面积等大型零件的喷焊，生产效率高。

（2）氧气和乙炔发生器　一般用瓶装氧气和乙炔，通过减压阀供氧。热喷涂时要求火焰功率和性质在调好后稳定不变，安全阀和减压阀必须配备齐全并灵敏可靠。

（3）辅助装置　辅助装置包括喷砂设备、电火花拉毛机、表面粗化用工具以及测量工具等。其中，喷砂设备一般采用压送式喷砂机；电火花拉毛机主要用于热处理过的淬硬工件的表面粗化处理；测量工具有钢直尺、卡尺、温度计和卡钳等。

2. 等离子喷涂

等离子喷涂是通过等离子喷枪来实现的，喷枪的喷嘴和电极分别接电源的正极和负极，喷嘴和电极之间通入工作气体。借助高频火花引燃电弧，电弧将气体加热并产生电离和等离子弧，气体热膨胀由喷嘴喷出产生等离子流，送粉气管将粉末送入等离子射流中，被加热到熔融状态，再由等离子射流加速，以一定的速度喷射到经过预处理的基体表面上形成涂层，工作原理图如图 4-19 所示。

等离子喷涂是一种材料表面强化和表面改性的技术，可以使基体表面具有耐磨、耐蚀、

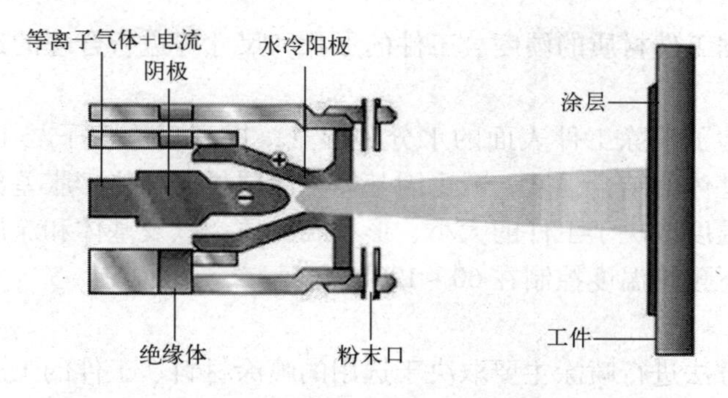

图 4-19　等离子喷涂的工作原理图

耐高温氧化、电绝缘、隔热、防辐射、减磨和密封等性能。

3. 电弧喷涂

电弧喷涂是将两根被喷涂的丝或线状导电材料作自耗性电极，利用它们之间产生的电弧能量熔化电极材料，再用高速压缩空气雾化并将其喷射到基体上的一种热喷涂方法，如图 4-20所示。

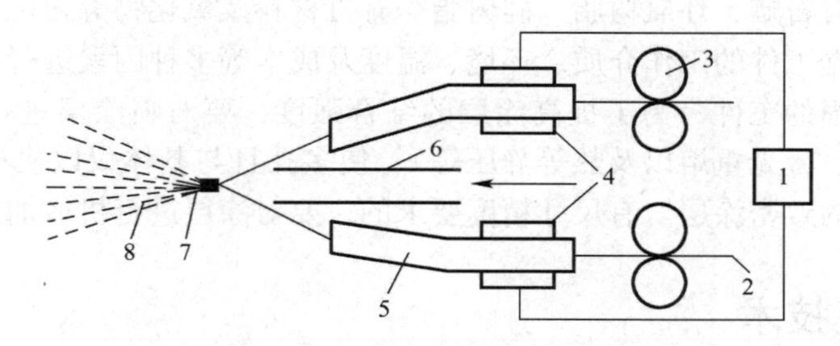

图 4-20　电弧喷涂的示意图

1—直流电源　2—金属丝　3—送丝滚轮　4—导电块　5—导电嘴　6—空气喷嘴　7—电弧　8—喷涂射流

这种方法主要应用于重大件的修复，如轴类零件、航天发动机；耐磨性能要求高的零件，如铝制品；特殊功能涂层，如电磁屏蔽涂层等。

4.4.5　热喷涂工艺

热喷涂工艺过程为：工件表面预处理→工件预热→喷涂→涂层后处理。

1. 表面预处理

为了使涂层与基体材料很好地结合，基体表面必须进行清洁和粗化，但方法的选择要根据涂层的设计要求及基体的材质、形状、厚薄、表面原始状况以及施工条件等因素而定。净化处理的目的是除去工件表面的所有污垢，如氧化皮、油渍、油漆及其他污物，关键是除去工件表面和渗入其中的油脂。净化处理的方法有溶剂清洗法、蒸汽清洗法、碱洗法及加热脱脂法等。粗化处理的目的是增加涂层与基体间的接触面，增大涂层与基体的机械咬合力，使净化处理过的表面更加活化，以提高涂层与基体的结合强度。同时基体表面粗化还可以改变涂层中残余应力的分布，对提高涂层的结合强度也是有利的。粗化处理的方法有喷砂、机械加工法（如车螺纹、滚花）和电拉毛等。其中喷砂处理是最常用的粗化处理方法，常用的喷砂介质有氧化铝、碳化硅和冷硬铸铁等。喷砂时，喷砂介质的种类和粒度、喷砂时风压的大小等条件必须根据工件材质的硬度、工件的形状和尺寸等进行合理的选择。

2. 工件预热

预热的目的是为了消除工件表面的水分和湿气，提高喷涂粒子与工件接触时的界面温度，以提高涂层与基体的结合强度；减少因基体与涂层材料的热膨胀差异造成的应力而导致的涂层开裂。预热温度取决于工件的大小、形状和材质，以及基体和涂层材料的热膨胀系数等因素，一般情况下预热温度控制在60～120℃之间。

3. 喷涂

采用何种喷涂方法进行喷涂主要取决于选用的喷涂材料、工件的工况及对涂层质量的要求。例如，如果是陶瓷涂层则最好采用等离子喷涂；如果是碳化物金属陶瓷涂层则最好采用高速火焰喷涂；若是喷涂塑料则只能采用火焰喷涂；而若要在户外进行大面积防腐工程的喷涂的话，那就非灵活高效的电弧喷涂或丝材火焰喷涂莫属了。

4. 涂层后处理

喷涂所得涂层有时不能直接使用，必须进行一系列的后处理。用于防腐蚀的涂层，为了防止腐蚀介质透过涂层的孔隙到达基体引起基体的腐蚀，必须对涂层进行封孔处理。用作封孔剂的材料很多，有石蜡、环氧树脂、硅树脂等有机材料及氧化物等无机材料。如何选择合适的封孔剂，要根据工件的工作介质、环境、温度及成本等多种因素进行考虑。对于承受高应力载荷或冲击磨损的工件，为了提高涂层的结合强度，要对喷涂层进行重熔处理（如火焰重熔、感应重熔、激光重熔以及热等静压等），使多孔且与基体仅以机械结合的涂层变为与基体呈冶金结合的致密涂层。有尺寸精度要求的，要对涂层进行机械加工。

4.5 胶粘修复技术

借助胶粘剂把相同或不同的材料连接成为一个连续牢固的整体的方法称为胶粘，也称为粘接或粘合。采用胶粘剂来进行连接达到修复目的的技术就是胶粘修复技术。胶粘修复可以将各种金属和非金属零件牢固地连接起来，达到较高的强度要求。胶粘连接与焊接、机械连接统称为3大连接技术。

4.5.1 胶粘修复技术的特点与原理

1. 特点

1）粘接力强，粘接材料广泛，可粘各种金属或非金属材料，并能实现异种材料的粘接。

2）粘接工艺的温度不高，所粘接的材料不会有热变形，不破坏原件强度和原件表面，不产生应力集中。

3）粘接工艺简便，成本低，修理时间短。

4）不耐高温，粘接强度与焊接、铆接相比强度不高，抗冲击性、抗老化性能差。

5）胶粘质量尚无可行的无损检测方法，应用受到一定限制。

2. 胶粘原理

胶粘是一个复杂的过程，它包括表面浸润、胶粘剂分子向被粘物表面移动、扩散和渗透、胶粘剂与被粘物形成物理和机械结合等问题。人们通过长期的研究，分别从不同角度解释了胶粘现象。

（1）机械理论　该理论认为，胶粘剂必须渗入被粘物表面的空隙内，并排除其界面上吸附的空气，才能产生粘接作用。在粘接如泡沫塑料等多孔被粘物时，机械嵌定是重要因素。

（2）吸附理论　该理论认为，粘接是由两材料间分子接触和界面力产生所引起的。粘接力的主要来源是分子间作用力，包括氢键力和范德华力。胶粘剂与被粘物连续接触的过程叫润湿，通过润湿使胶粘剂与被粘物紧密接触，主要是靠分子间作用力产生永久的粘接。

（3）扩散理论　该理论认为，粘接是通过胶粘剂与被粘物界面上分子扩散产生的。当胶粘剂和被粘物都是具有能够运动的长链大分子聚合物时，扩散理论基本是适用的。热塑性塑料的溶剂粘接和热焊接可以认为是分子扩散的结果。

（4）化学键理论　该理论认为，胶粘剂与被粘物表面产生化学反应而在界面上形成化学键结合。化学键力包括离子键力及共价键力等，这种键力比分子间力要大1~2个数量级，所以可以把被粘接物紧密有机地连接起来。

（5）静电理论　由于在胶粘剂与被粘物界面上形成双电层而产生了静电引力，即相互分离的阻力。当胶粘剂从被粘物上剥离时有明显的电荷存在，则是对该理论有力的证实。

4.5.2　胶粘工艺与方法

1. 胶粘剂

（1）胶粘剂的组成　能将同种或两种或两种以上同质或异质的制件（或材料）连接在一起，固化后具有足够强度的有机或无机的、天然或合成的一类物质，统称为胶粘剂或粘接剂、粘合剂，习惯上简称为胶。天然胶粘剂的组成比较简单，多为单一组分；无机胶粘剂组成成分则比较复杂，由多种组分配制而成，以获得较好的综合性能，它主要是由粘料、固化剂及固化促进剂、填料、溶剂、增韧剂和稀释剂等组成。根据胶粘剂的性能要求，添加不同的组分。

1）粘料。又称基料，是胶粘剂的主要成分，对粘接性能起到决定作用。常用的胶粘剂基料有热固性树脂、热塑性弹性体以及合成橡胶等。

2）固化剂。固化剂是胶粘剂中最主要的配合材料，它直接或者通过催化剂参与化学反应，使胶粘剂发生固化，将其线体结构转变为交联或体型结构。一般根据胶粘剂中粘料的性能、使用条件、工艺方法和成本选择合适的固化剂。

3）填料。又称填充剂，是一种可以改善胶粘剂的工艺性、耐久性、强度及其他性能而加入的非粘性固体物质。加入填料可增加黏度，降低线膨胀系数和收缩率，提高抗剪强度、硬度、耐磨性、耐蚀性和导电性等性能。填料一般为金属粉末、金属氧化物、矿物等。

4）增韧剂。增韧剂是为了改善胶粘剂的脆性，提高其韧性而加入的成分，它可以减少固化时的收缩性，提高胶层的剥离强度和冲击强度。

5）稀释剂。又称溶剂，是用来降低胶粘剂黏度的液体物质，它可以延长胶粘剂的使用期，增加填料的用量。一般为丙酮、二甲苯、正丁醇、环氧丙烷苯基醚等。

6）其他组分。包括添加剂、防老化剂、防霉变剂、阻聚剂、阻燃剂及着色剂等。

（2）胶粘剂的分类　胶粘剂品种繁多，分类方法也较多，常用的有以下几种。

1）按化学成分分类：可分为有机胶粘剂和无机胶粘剂。有机胶粘剂又分为合成胶粘剂和天然胶粘剂。合成胶粘剂有树脂型、橡胶型、复合型等；天然胶粘剂有动物、植物、矿物、天然橡胶等。无机胶粘剂按化学组分不同分为磷酸盐、硅酸盐、硫酸盐、硼酸盐等多种。

2）按形态分类：可分为液体胶粘剂和固体胶粘剂。有溶液型、乳液型、糊状、胶膜、胶带、粉末、胶粒、胶棒等。

3）按用途分类：可分为结构胶粘剂、非结构胶粘剂和特种胶粘剂（如耐高温、超低温、导电、导热、导磁、密封、水中胶粘等）3 大类。

4）按应用方法分类：可分为室温固化型、热固型、热熔型、压敏型和再湿型等。

（3）胶粘剂的选用　胶粘修复过程中，胶粘剂的选用是非常关键的。主要应考虑以下几个方面的因素。

1）被粘物材料性质。被粘物材料的种类、化学性质（如极性、表面活性）、厚度以及形状等。

2）接头工作条件。接头所处的工作环境，如大气、湿度、光、酸雾、盐雾及各种化学介质等性能，以及粘接物的许用粘接强度、工作温度，是长期还是短期工作，是处于长期高温还是间断高温等。

3）接头受力状态。接头将受何种力，如剪切力、拉力、扯力等，还应考虑到是否有振动、持续受力等。

4）接头形状。接头形状与受力状态密切相关。故设计接头时，应使接头受力均匀并均布整个粘接面，同时尽量增大粘接面积，增加刚性，防止剥离。

2. 粘接工艺

一般是先对被粘物表面进行修配，使之配合良好，再根据材质及强度要求对被粘表面进行不同的表面处理（有机溶剂清洗、机械处理、化学处理或电化学处理等），然后涂布胶粘剂，将被粘表面合拢装配，最后根据所用胶粘剂的要求完成固化步骤（室温固化或加热固化），就实现了胶粘连接。

（1）粘接接头设计　粘接接头设计是指粘接部位尺寸的大小和几何形状的考虑。与高强度的被粘材料相比，胶粘剂的机械强度一般要小得多。为了使粘接接头的强度与被粘物的强度有相同的数量级，保证粘接成功，必须根据接头承载特点认真地选择接头的几何形状和尺寸大小，设计合理的粘接接头。

粘接接头设计的基本原则是：

1）尽可能避免应力集中。

2）减少接头受剥离、劈开的可能性。

3）合理增大粘接面积。

（2）粘接表面处理　因为粘接是面际间的连接，所以被粘接的表面状态直接影响粘接效果。粘接表面的处理方法随被粘材料及对接头的强度要求而异。对于一般材料，常用有机溶剂（汽油、丙酮等）清洗法或机械法（打磨、喷砂等）处理；金属表面常用化学法（碱蚀、酸蚀等）处理；重要的铝质结构件的被粘表面，需用阳极氧化法处理；氟塑料（如氟树脂）等难粘材料表面，可采用化学法或等离子法处理。

（3）胶粘剂的涂布　除最常用的刷涂法外，还有辊涂法及喷涂法等。采用静电场喷涂可节省胶粘剂和改善劳动条件。胶膜一般用手工敷贴，采用热压粘贴可以提高贴膜质量；尺寸大而且形状简单的粘接表面，可以采用机械化辊涂胶液及热压粘贴胶膜技术。

（4）胶粘剂的固化　固化是使胶粘剂通过溶剂挥发、熔体冷却、乳液凝聚的物理作用或交联、接枝、缩聚、加聚的化学作用变为固体并具有一定强度的过程。这是获得良好粘接性能的关键过程。

固化方法分室温固化法和加热固化法两种：

1）室温固化法是将胶粘剂涂布于被粘表面上，待胶粘剂润湿被粘物表面并且溶剂基本挥发后，压合两个涂胶面即可。

2）加热固化法是将热固性树脂胶粘剂涂布于被粘表面上，待溶剂挥发后，叠合涂胶面，然后加热加压固化，使胶粘剂完成交联反应以达到粘接目的。加热固化时，必须严格控制胶缝的实际温度，保证满足胶粘剂固化的温度要求。

（5）工艺控制　粘接的工艺质量是很难从外观判断的。保证粘接工艺质量的关键在于加强全面工艺质量管理，控制影响粘接质量的一切因素；其中包括粘接环境条件控制（温度、湿度、含尘量等）、胶粘剂质量控制、测量仪器及设备控制和粘接工序控制。

（6）粘接质量检验　粘接质量检验方法包括目测、破坏性试验和无损检验。如用拉伸、剪切、剥离、冲击等方法进行检测以及结合使用条件进行耐介质、高低温交变、加速老化及耐候性能等检测。此外，还有利用声阻仪、谐振仪和涡流声仪的声振检验法，以及全息照相法、X 射线照相法、超声检验法、热学检验法等检测方法。

4.5.3　胶粘修复实例

由于胶粘技术的优良特点，随着胶粘剂及胶粘技术的发展，其应用越来越广泛，涵盖机械制造、建筑工程、城市设施及工矿企业等领域。

（1）接箍拧紧机卡盘的修复。接箍拧紧机是石油套管生产线上的主要设备，由于长期使用，其卡盘相对滑动部位磨损严重，造成卡盘间隙过大，影响了套管在拧紧机上的定位精度，并导致卡盘前部的夹紧小车偏心轴时常发生断裂故障，严重影响了生产，已不能继续使用。由于卡盘配合面不仅形状复杂，而且壁较薄，若采用喷焊、热喷涂等方法修复，零件容易变形。为不影响其他磨损处的尺寸精度，采用了胶粘修复技术。首先，对磨损表面打磨去污，直至露出金属本体，并形成一定的粗糙度，然后用丙酮清洗，根据用量充分拌和胶粘剂，涂抹到修补面上，经过 12h 的加热固化，然后用立式车床进行机械加工，达到原设计尺寸精度。

（2）矫直辊装配。矫直机上的矫直辊与辊轴之间的配合，由于受辊形结构及强度的限制，不宜采用键连接。为达到传递扭矩的目的，采用了高强度结构胶对辊轴配合面进行粘接，取代了键连接，去除了应力集中源，提高了辊身强度，效果很好。

4.6　表面强化技术

表面强化技术是采用各种物理、化学或机械的工艺规程，通过材料表层的相变、改变表层的化学成分、改变表层的应力状态以及提高工件表面的冶金质量等途径来赋予基体材料本身所不具备的特殊性能，从而满足材料及其制品使用要求的一种技术。它可以改善材料的表面性质，提高零件表面的耐磨性、抗疲劳性，延长零件的使用寿命，节约稀有、昂贵的材料，对各种高新技术的发展具有重要作用。

4.6.1 表面机械强化

表面机械强化的基本原理是通过机械手段在金属表面产生压缩变形，使表面形成形变硬化层，从而有效地提高工件的表面强度和疲劳强度。表面形变强化成本低廉，强化效果显著，在机械设备维修中常用。它有喷丸强化、滚压强化和内挤压等方式，其中喷丸强化应用最为广泛。

1. 喷丸强化

喷丸是将大量高速运动的弹丸喷射到零件表面上，产生剧烈的塑性变形，形成具有高残余压应力的冷作硬化层的一种机械强化工艺方法，如图 4–21 所示。喷丸强化技术通常用于表面质量要求不高的零件。该方法广泛用于弹簧、链条、齿轮、叶片、轴等零件的强化，适合于航空、航海、石油、矿山、铁路、运输等领域。

影响喷丸强化质量的工艺因素较多，主要有弹丸材料及硬度、弹丸尺寸、喷丸强度及表面覆盖率等，其中最主要的是喷丸强度。

2. 滚压强化

滚压强化是利用球形金刚石滚压头或表面有连续沟槽的球形金刚石滚压头以一定滚压力对零件表面进行滚压，使表面形变强化产生硬化层。这种方法适用于回转体零件，如图 4–22所示。

图 4–21 喷丸工作过程

图 4–22 滚压强化

4.6.2 表面热处理强化

表面热处理强化是通过对零件表层加热，再冷却，使表层发生相变，从而改变表层组织和性能而不改变成分的一种技术，它是最基本、应用最广泛的表面强化技术之一。

表面热处理强化的基本原理是当零件表面层快速加热时，零件截面上的温度分布是不均匀的，表层温度高而且由表及里逐渐降低。当表面的温度超过相变点以上达到奥氏体状态时，随后的快冷使表面获得马氏体组织，而零件的心部仍保留原组织状态，表面得到硬化层，这样就达到了强化零件表面的目的。

常用的表面热处理强化的方法有高频和中频感应加热表面淬火、火焰加热表面淬火、接触电阻加热表面淬火以及浴炉（高温盐浴炉）加热表面淬火等。

4.6.3 表面化学热处理强化

表面化学热处理强化是利用合金元素的扩散性能，使合金元素渗入到零件金属表层的一种热处理方法。这种方法可以提高工件的强度、硬度、耐磨性、疲劳强度和耐腐蚀性，使工件表面具有良好的抗粘着能力和低的摩擦系数。

表面化学热处理强化的基本原理是将工件置于含有渗入元素的活性介质中加热到一定温度，使活性介质通过扩散并释放出欲渗入元素的活性原子。活性原子被表面吸附并溶入表面，溶入表面的原子向金属表层扩散渗入形成一定厚度的扩散层，从而改变表层的成分、组织和性能。

常用的表面化学热处理强化方法有渗硼（可提高表面硬度、耐磨性和耐腐蚀性）、渗碳、渗氮（见表4-12）、碳氮共渗（可提高表面硬度、耐磨性、耐腐蚀性和疲劳强度）以及渗金属（渗入金属大多数为W、Mo、V、Cr等，它们与碳形成碳化物，硬度极高、耐磨性很好、抗粘着能力强、摩擦系数小）等。

表4-12 渗碳方法和特点

渗碳方法	特点	应用范围
气体渗碳	生产效率高、操作方便、容易实现自动化连续生产，渗层质量好，但废气有污染	大批量生产，应用最广
液体渗碳	加热速度快、生产周期短，操作简单	小件、细长件、薄件渗碳，批量生产，应用很少
固体渗碳	渗碳周期长，劳动条件差，渗层碳含量不易控制，但不需要专用设备	单件、小件、小批量生产，应用较少
离子渗碳	渗速快、质量好，节电、节气、无污染，但专用设备成本高	重载和精密件深层渗碳，批量生产，应用正在扩大
真空渗碳	可以高温渗碳、渗速快，表面无氧化，质量好，显著改善劳动条件，但专用设备成本高，容易产生炭黑	精密件，关键件，批量生产，应用正在扩大
流态床渗碳	传热快、渗速比气体渗碳法快，废气容易控制或改变，有利于复合处理，可进行高浓度渗碳	批量生产，开始应用
高频加热气体渗碳	利用高频加热高温渗碳，渗速快。炉外制备渗碳气体通入渗碳。可列入冷加工流水线生产，设备成本较高	只适用于单一品种生产，多品种渗碳质量难以控制

4.7 零件修复技术的选择

在机械设备维修中，对于某一种机械零件可能同时有几种不同的损伤缺陷，而对于某一种损伤缺陷可能有几种修复方法及技术，我们要充分考虑修复工艺、修复质量、修复成本等因素，选择最合适的修复方法。

4.7.1 修复技术的选择原则

1. 技术合理

技术合理是指该技术应满足待修机械零件的技术要求。为此，要作如下各项考虑。

1）由于每一种修复技术都有其适应的材质，所以首先应考虑所选择的修复技术对机械零件材质的适应性。

如喷涂技术在零件材质上的适用范围较广，碳钢、合金钢、铸铁件和绝大部分有色金属及它们的合金件几乎都能喷涂。只有少数材料如纯铜，因导热系数很大，会导致喷涂的失败。另外，以钨、钼为主要成分的材料喷涂也较困难。

再如喷焊技术对材质的适应性较复杂，通常按难易程度分成4类：容易喷焊的金属，这些金属不经特殊处理就可以喷焊；需要特殊处理后才可喷焊的材质；重熔后需要等温退火的材质；目前还不适于进行喷焊加工的材质，如铝、镁及其合金、青铜、黄铜等。

2）由于机械零件磨损的损伤情况不同，要补偿的覆盖层厚度也不一样，须考虑各种修复技术所能提供的覆盖层厚度。覆盖层的强度、硬度、与基体的结合强度及零件修理后表面强度变化情况等也是选择修复技术的重要依据。

3）选择修复技术时必须满足机械零件工作条件的要求，要考虑零件承受的载荷、温度、运动速度及工作面间的介质等。

4）考虑对同一零件不同的损伤部位所选用的修复技术种类尽可能少。

2. 经济性好

在保证技术合理的前提下，应考虑所选修复技术的经济性，仅以修复成本衡量经济性是不够的，还需考虑到修复后零件的使用寿命；尽量组织批量修复，有利于降低成本。

通常修复费用应该不高于新件制造的成本，即

$$\frac{S_{修}}{T_{修}} < \frac{S_{新}}{T_{新}} \tag{4-1}$$

式中 $S_{修}$——旧件修复的费用，单位为元；

$T_{修}$——旧件修复后的使用期，单位为h；

$S_{新}$——新件的制造费用，单位为元；

$T_{新}$——新件的使用期，单位为h。

上式表明，只要旧件修复后的单位使用寿命的修复费用低于新件的单位使用寿命的制造费用，即可被认为修复是经济的。

实际生产还需考虑因备配件短缺而停机蒙受的经济损失。这时，即使修复成本较大，但从整体经济方面考虑还是可取的，此时可不受式（4-1）限制。

3. 生产可行

实施修复技术需配置相应的技术装备和一定数量的技术人员，也涉及整个维修组织管理和维修作业进度。选择修复技术要结合企业现有的修复用的装备状况和修复技术水平来进行。但是从发展的前景看，注意不断更新现有修复技术，结合实际学习采用较先进的修复技术，于国于民均为明智之举。

组织专业化机械零件修复，并大力推广先进的修复技术是保证修复质量、降低修复成本、提高修理技术的发展方向。

4.7.2 选择机械零件修复技术的方法与步骤

遵照上述选择修复技术的基本原则，具体选择机械零件修复技术的方法与步骤如下。

1. 调查研究

1）了解和掌握待修机械零件的损伤形式、损伤部位和程度。

2）分析零件的工作条件、材料、结构和热处理等情况。

3）了解零件在设备中的功能，明确修复技术要求。

4）根据本单位的具体情况（修复技术装备状况、技术水平和经验等），比较各种修复工艺的特点。

2. 确定修复方案

对照现有的修复技术装备状况、技术水平和经验，估算旧件修复的数量；权衡各单个损伤部位采取的修复技术，避免相互间的不良影响；力求修复方案采用的修复技术的种类最少；确定合理的修复方案。

3. 制订修复工艺规程

1）合理安排工序。

2）保证精度要求。

3）安排平衡工序。

4.7.3 零件修复技术选择案例

某厂一台1500t压力机，属于关键设备，因主液压缸柱塞严重划伤，须停机修复。经检查得知：柱塞表面划伤面积为400 m×3400 m。划痕最深处为3 mm，最浅处为0.1 mm，平均约为0.8 mm左右，局部还有近十个深度达4 mm左右的小坑。

解决方法为修复柱塞划伤的工作面，可供选择的修复技术有：电焊修复、机械加工配铜套、钎焊锡-铋合金加镀工作层、粘接修复、喷涂修复、电刷镀修复技术等。

从技术合理方面考虑：采用大面积电焊修复易使柱塞表面受热引起变形；对柱塞机械加工配铜套会降低柱塞原有的承受油压的面积；采用钎焊技术，其锡-铋合金强度较低；采用粘接技术其粘接强度不够、承载能力差；采用喷涂技术其局部涂层太薄，整体质量不易保证；采用电刷镀技术性能可靠，镀时可现场进行，镀后不再需要机械加工。因而决定择优选择电刷镀技术修复该柱塞至原尺寸。

从经济性和工厂生产、设备状况考虑：厂里已有刷镀设备，修复成本低，可节约人力、物力及能源。

总的修复方案是：先采用堆焊修复表面局部深达4 mm左右的坑；再采用电刷镀。

修复柱塞大面积划伤的工作面，以此方案修复，经济合理性是显而易见的。但防胜于治，此类损伤是不正常的，应加强设备维护，避免再发生大面积划伤。

4.8 本章小结

本章主要介绍了机械零件的修复技术，包括机械修复技术、焊接修复技术、电镀修复技术、热喷涂修复技术、胶粘修复技术及表面强化技术。其中重点介绍了各种修复技术的特点、原理及工艺过程。通过本章的学习，希望学生能够掌握6种修复技术以及如何选择进行修复。

4.9 思考与练习题

1. 单选题

（1）优级扣合法也称（ ）。

A 加强扣合法 B 热扣合法 C 强固扣合法 D 强密扣合法

（2）采用电镀法修复失效零件的尺寸，如果要求镀较厚的镀层，可采用镀（ ）工艺。

A 铬 B 铜 C 铁 D 镍

（3）下列哪一项不属于零件的机械修复（ ）。

A 修理尺寸法 B 镶装零件法 C 焊接修复 D 热扣合法

（4）下列不属于火焰喷涂技术修复过程的是（ ）。

A 喷涂前的准备 B 喷涂表面预处理

C 喷涂层的测量 D 喷涂及喷涂后处理

（5）（ ）零件的可焊性最好。

A 低碳钢 B 中碳钢 C 高碳钢 D 铸铁

（6）电刷镀所用的电源是（ ）电源。

A 交流电 B 直流电 C 高压电 D 各种电源均可以

（7）在电镀的过程中，工件应当接电源的（ ）级。

A 阳 B 任一极 C 阴 D 两

（8）零件轴上键槽损坏时，正确的维修方法是（ ）。

A 补焊 B 刷镀

C 喷涂 D 另换位置重新加工键槽

（9）轴上螺纹损坏时，应选择的维修方法是（ ）。

A 镀铬 B 堆焊 C 镶加 D 喷涂

（10）利用粘补工艺修复的零件，只适用于（ ）摄氏度以下的工作场合。

A 300 B 250 C 200 D 150

2. 判断题

（1）热喷涂技术可用来喷涂几乎所有的固体工程材料。（ ）

（2）用熔点高于450℃的钎料进行钎焊称为硬钎焊。（ ）

（3）在电刷镀前进行表面活化处理时，镀件接电源正极。（ ）

（4）常用的电镀技术有槽镀、电刷镀、喷涂。（ ）

（5）最常见的堆焊工艺是火焰堆焊、手弧堆焊。（ ）

（6）常用的电刷镀技术需有直流电源、电刷、电镀液。（ ）

（7）故障诊断过程中常用的4种简易诊断方法为：手摸、耳听、眼看、鼻嗅。（ ）

（8）常见的软焊工艺是高温软焊、常温软焊。（ ）

（9）堆焊的目的是连接零件。（ ）

（10）对于重要的结构复杂的零件，当其孔磨损严重时可用“修复尺寸法”修复。（ ）

3. 简答题

（1）常用的修复技术有哪些？

（2）用堆焊技术修复的目的是什么？

（3）什么是修理尺寸法？应用这种方法修复失效零件时，应注意什么？

（4）什么是电镀修复技术？

（5）热喷涂的工艺包括哪些？

（6）如何合理选择胶粘剂？

（7）什么是表面强化技术？有哪些表面强化技术？

（8）选择机械零件修复技术的原则有哪些？

（9）焊接时，防止裂纹产生的措施有哪些？

第5章　典型机械零部件的修理

【导学】

📖 你知道机械零部件的修理过程一般包括哪些内容吗？各种典型零部件又分别是如何修理的呢？

若干个零部件组装在一起构成基本单元，机械设备又是由若干个基本单元总装而成的，因此，典型、关键零部件的修理就成为机械设备修理的重要内容。

由于机械设备的构造各有其特点，所以零部件在重量、结构、精度等各方面有极大差异，为准确判断零件故障性质，必须对机械设备进行拆卸、清洗后，再对零件检查、分析，最终重新装配。在机械修理工作中，拆卸、清洗等工作约占整个修理工作量的30%～40%，因此，掌握拆卸的操作技术、一般原则、注意事项、清洗常用的方法等是高效率、高质量地完成检修工作的有力保障。

本章主要介绍机械设备的拆卸、零件的清洗、检验及装配，还介绍了轴类零件、轴承、齿轮、机床导轨等典型零部件的修理。

【学习目标】

1. 理解机械设备的拆卸、零件的清洗、零件的检验和机械装配。
2. 掌握轴类零件、轴承、齿轮传动装置和机床导轨的修理。

5.1　零部件的修理过程

当机械设备出现故障后，修理人员先是需要在现场进行初步判断，明确究竟是否还需要展开进一步具体的检查与核实。然而，机械设备的拆卸、零部件的清洗、检验等的主要目的就是为了进一步检查零件缺陷的性质，为后续制定合理的修理措施提供依据。

5.1.1　机械设备的拆卸

机械设备的拆卸是一项不可忽视的繁重工作，应予以足够的重视。如果在拆卸过程中野蛮操作、违反技术规程，就会对零件、部件造成进一步的损伤和变形，甚至无法修复，从而造成修理质量事故，延误修理工期，造成不必要的经济损失。

在零部件修理过程中，拆卸的目的就是为了便于继续进行零件的清洗和检查，再核实需修换零件所存在的问题等。

1. 机械设备拆卸的一般规则和要求

任何机械设备都是由许多零部件组合而成的。需要修理的机械设备，必须经过拆卸才能对失效的零部件进行修复或更换。如果拆卸不当，往往造成零部件损坏，设备精度降低，甚至导致无法修复。机械设备拆卸的目的是为了便于检查和修理机械零部件，拆卸工作约占整个修理工作量的20%。因此，为保证修理质量，在动手解体机械设备前，必须周密计划，对可能遇到的问题有所估计，做到有步骤地进行拆卸。机械设备的拆卸一般应遵循下列规则和要求。

（1）拆卸前的准备工作

1）拆卸场地的选择与清理。拆卸前应选择好工作地点，不要选在有风沙、尘土的地方。工作场地应是避免闲杂人员频繁出入的地方，以防止造成意外的混乱。不要使泥土油污等弄脏工作场地的地面。机械设备在进入拆卸地点之前应进行外部清洗，以保证机械设备的拆卸不影响其精度。

2）保护措施。在清洗机械设备外部之前，应预先拆下或保护好电气设备，以免受潮损坏。对于易氧化、锈蚀的零件要及时采取相应的保护保养措施。

3）拆前放油。尽可能在拆卸前将机械设备中的润滑油趁热放出，以利于拆卸工作的顺利进行。

4）了解机械设备的结构、性能和工作原理。为避免拆卸工作中的盲目性，确保修理工作的正常进行，在拆卸前，应详细了解机械设备各方面的状况，熟悉机械设备各个部分的结构特点、传动方式，以及零部件的结构特点和相互间的配合关系，明确其用途和相互间的影响，以便合理安排拆卸步骤和选用适宜的拆卸工具或设施。

（2）拆卸的一般原则

1）根据机械设备的结构特点，选择合理的拆卸顺序。

机械设备的拆卸顺序，一般是由整体拆成总成，由总成拆成部件，由部件拆成零件，或由附件到主机，由外部到内部。在拆卸比较复杂的部件时，必须熟读装配图，并详细分析部件的结构以及零件在部件中所起的作用，特别应注意那些装配精度要求高的零部件。这样，可以避免混乱，使拆卸有序，达到有利于清洗、检查和鉴定的目的，为修理工作打下良好的基础。

2）合理拆卸。在机械设备的修理拆卸中，应坚持能不拆的就不拆，该拆的必须拆的原则。若零部件可不必经拆卸就符合要求，就不必拆开，这样既减少拆卸工作量，又能延长零部件的使用寿命；如对于过盈配合的零部件，拆装次数过多会使过盈量消失而导致装配不紧；对较精密的间隙配合件，拆后再装，很难恢复已磨合的配合关系，反而加速零件的磨损。但是，对于不拆开难以判断其技术状态，而又可能产生故障的，或无法进行必要保养的零部件，则一定要拆开。

3）正确使用拆卸工具和设备。在弄清楚了拆卸机械设备零部件的步骤后，合理选择和正确使用相应的拆卸工具是很重要的。拆卸时，应尽量采用专用的或选用合适的工具和设备，避免乱敲乱打，以防止零件损伤或变形。如拆卸轴套、滚动轴承、齿轮、带轮等应该使用锤子、推卸器、拉拔工具（拔轮器）或压力机；拆卸螺柱或螺母应尽量采用尺寸相符的固定扳手。

（3）拆卸时的注意事项　在机械设备修理过程中，拆卸时还应考虑到修理后的装配工作，为此应注意以下事项。

1）对拆卸零件要做好核对工作或做好记号。

机械设备中有许多配合的组件和零件，因为经过选配或重量平衡等原因，所以装配的位置和方向均不允许改变。如汽车发动机中各缸的挺杆、推杆和摇臂，在运行中各配合副表面得到较好的磨合，不宜变更原有的匹配关系；再如多缸内燃机的活塞连杆组件，是按重量成组选配的，不能在拆装后互换。因此在拆卸时，应按顺序号依次拆卸，如果原记号已错乱或有不清晰者，则应按原样重新标记，以便安装时对号入位，避免发生错乱。

2）分类存放零件。

对拆卸下来的零件存放应遵循如下原则：同一总成或同一部件的零件，尽量放在一起；根据零件的大小与精密度，分别存放；不能互换的零件要分组存放；怕脏、怕碰的精密零部件应单独拆卸与存放；怕油的橡胶件不应与带油的零件一起存放；易丢失的零件，如垫圈、螺母等要用铁丝串在一起或放在专门的容器里；各种螺柱应装上螺母存放。

3）保护拆卸零件的加工表面。

在拆卸的过程中，一定不要损伤拆下零件的加工表面，否则将给修复工作带来麻烦，并会因此而引起漏气、漏油、漏水等故障，也会导致机械设备的技术性能降低。

2. 常用零部件的拆卸方法

常用零部件的拆卸应遵循拆卸的一般原则，结合其各自的特点，采用相应的拆卸方法来达到拆卸的目的。

（1）主轴部件的拆卸　如图 5-1 所示，高精度磨床主轴部件在装配时，其左右两组轴承及其垫圈、轴承外壳、主轴等零件的相对位置是以误差相消法来保证的。为了避免拆卸不当而降低其装配精度，在拆卸时，轴承、垫圈、磨具壳体及主轴在圆周方向的相对位置上都应做上记号，拆卸下来的轴承及内外垫圈各成一组分别存放，不能错乱。拆卸处的工作台及周围场地必须保持清洁，拆卸下来的零件放入油内以防生锈。装配时仍需按原记号方向装入。

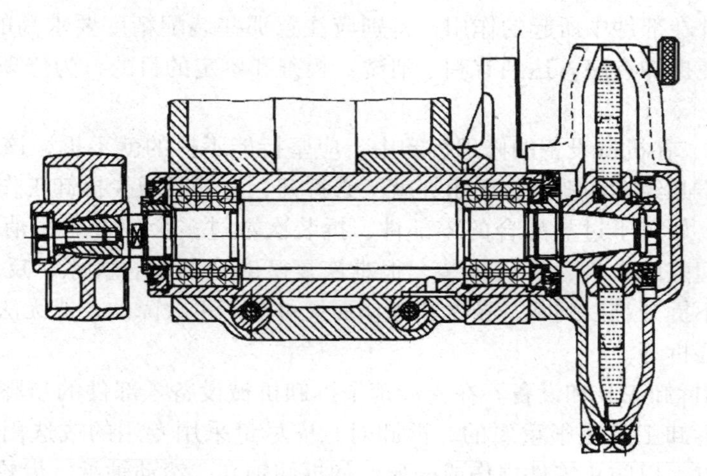

图 5-1　磨床主轴部件

（2）齿轮副的拆卸　为了提高传动链精度，对传动比为 1 的齿轮副采用误差相消法装配，装配时将一外齿轮的最大径向跳动处的齿间与另一个齿轮的最小径向跳动处的齿间相啮合。因此为恢复原装配精度，拆卸齿轮副时，应在两齿轮的相互啮合处做上标记。

（3）轴上定位零件的拆卸　在拆卸齿轮箱中的轴类零件时，先松开装在轴上不能通过轴盖孔的齿轮、轴套等零件的轴向定位零件，如紧固螺钉、弹簧卡圈、圆螺母等，然后拆去两端轴盖。在了解了轴的阶梯方向并且确定拆卸轴时的移动方向之后，还要注意轴上的键能否随轴通过各孔，确定后才能用木槌打击轴端，将轴拆出箱中。否则不仅拆不下轴，还会对轴造成损伤。

（4）螺纹连接的拆卸　螺纹连接在机械设备中是应用最为广泛的连接方式，它具有结构简单、调整方便和可多次拆装等优点。拆卸螺纹连接件时，要注意选用合适的梅花扳手或一字旋具，尽量不用活扳手；较难拆卸的螺纹连接件，应先分析螺纹的旋向，不要盲目乱拧或用过长的加力杆；拆卸双头螺柱，要用专用的扳手。

1）断头螺钉的拆卸。

断头螺钉有螺钉断在螺孔里面和螺钉断头有一部分露在机体表面外等情况，根据不同情况，可选用不同的方法进行拆卸。

如果螺钉断在螺孔里面，可以用下列方法进行拆卸：

① 在螺钉上钻孔，打入多角淬火钢杆，将螺钉拧出，如图5-2所示。注意打击力不可过大，以防损坏机体上的螺纹。

② 在螺钉中心钻孔，攻反向螺纹，拧入反向螺钉旋出，如图5-3所示。

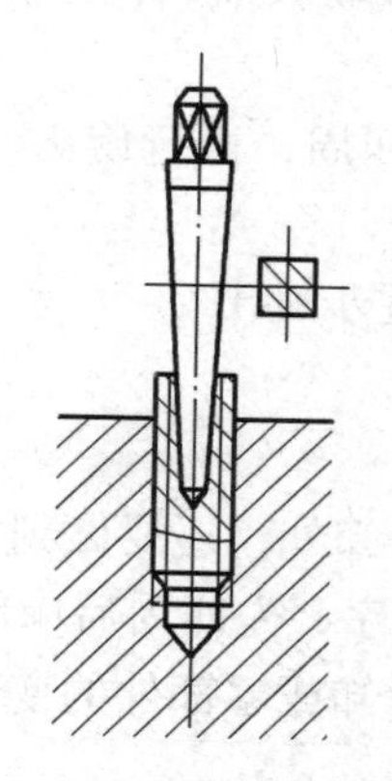

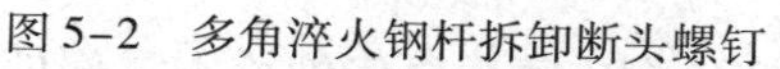

图5-2　多角淬火钢杆拆卸断头螺钉

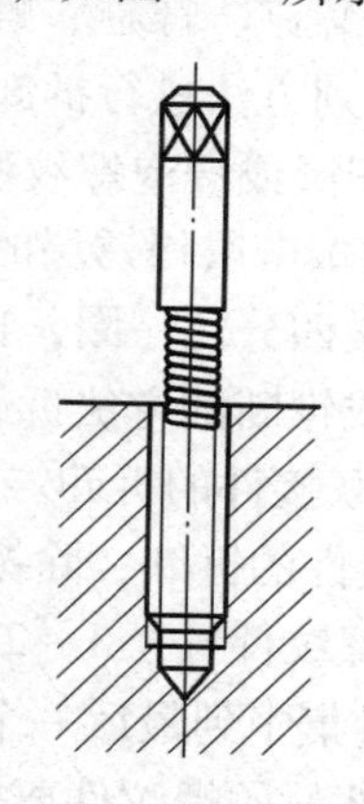

图5-3　攻反向螺纹拆卸断头螺钉

③ 在螺钉上钻直径相当于螺纹小径的孔，再用同规格的螺纹刃具攻螺纹；或钻相当于螺纹大径的孔，重新攻一比原螺纹直径大一级的螺纹，并选配相应的螺钉。

④ 用电火花在螺钉上打出方形槽或扁形槽，再用相应的工具拧出螺钉。

如果螺钉断头有一部分露在机体表面外，可以采用如下方法进行拆卸：

① 在螺钉的断头上用钢锯锯出沟槽，然后用一字旋具将其拧出；或在断头上加工出扁头或方头，然后用扳手拧出。

② 在螺钉的断头上加焊一弯杆（图5-4a）或加焊一螺母（图5-4b）拧出。

③ 断头螺钉较粗时，可用錾子沿圆周剔出。

2）打滑内六角螺钉的拆卸。

内六角螺钉用于固定联接的场合较多，当内六角磨圆后会产生打滑现象而不容易拆卸，这时用一个孔径比螺钉头外径稍小一点的六角螺母，放在内六角螺钉头上，如图5-5所示。然后将螺母与螺钉焊接成一体，待冷却后用扳手拧六角螺母，即可将螺钉迅速拧出。

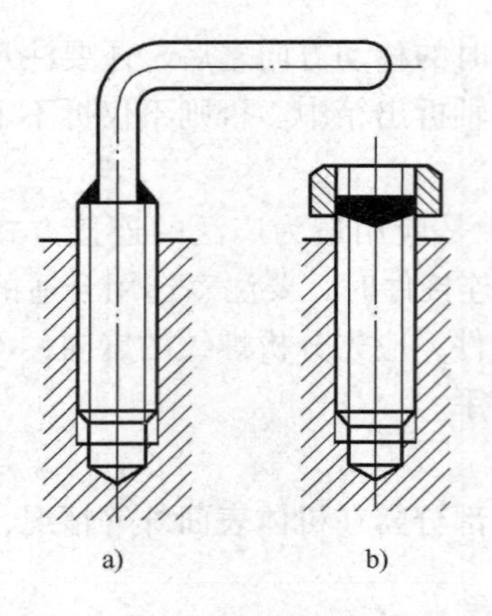

图 5-4　露出机体表面外断头螺钉的拆卸
a）加焊弯杆　b）加焊螺母

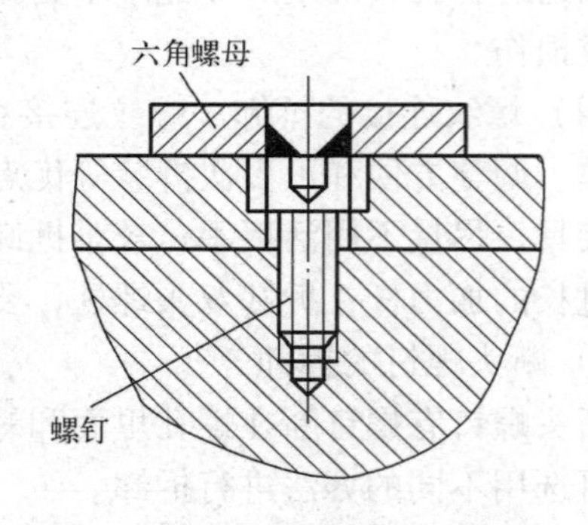

图 5-5　拆卸打滑内六角螺钉

3）锈蚀螺纹件的拆卸。

锈蚀螺纹件有螺钉、螺柱、螺母等，当其用于紧固或联接时，由于生锈会很不容易拆卸，这时可采用下列方法进行拆卸：

① 先用煤油润湿或浸泡螺纹联接处，然后轻击震动四周，再行旋出。不能使用煤油的螺纹联接，可以用敲击震松锈层的方法。

② 可以先旋紧四分之一圈，再退出来，反复松紧，逐步旋出。

③ 采用气割或锯断的方法拆卸锈蚀螺纹件。

4）成组螺纹联接件的拆卸。

成组螺纹联接件的拆卸，除按照单个螺纹件的方法拆卸外，还要做到如下几点：

① 首先将各螺纹件拧松 1 ~ 2 圈，然后按照一定的顺序，先四周后中间按对角线方向逐一拆卸，以免力量集中到最后一个螺纹件上，造成难以拆卸或零部件的变形和损坏。

② 处于难拆部位的螺纹件要先拆卸下来。

③ 拆卸悬臂部件的环形螺柱组时，要特别注意安全。首先要仔细检查零部件是否垫稳，起重索是否捆牢，然后从下面开始按对称位置拧松螺柱进行拆卸。最上面的一个或两个螺柱，要在最后分解吊离时拆下，以防事故发生或零部件损坏。

④ 注意仔细检查在外部不易观察到的螺纹件，在确定整个成组螺纹件已经拆卸完后，方可将联接件分离，以免造成零部件的损伤。

（5）滚动轴承的拆卸

滚动轴承与轴、轴承座的配合一般为过盈配合。滚动轴承的拆卸一般有以下方法：

1）利用热胀冷缩拆卸。

拆卸尺寸较大的滚动轴承时，可以利用热胀冷缩原理。拆卸轴承内圈时，可以利用热油加热内圈，使内圈膨胀孔径变大，便于拆卸。图 5-6 所示是使轴承内圈加热而拆卸轴承的情况，加热前首先把靠近轴承的那一部分轴用石棉隔离开来，然后在轴上套上一个套圈使零件隔热，再将拆卸工具的抓钩抓住轴承的内圈，迅速将加热到 100℃ 的油倒到轴承内圈上，使轴承内圈受热，随后从轴上开始拆卸轴承。

齿轮两端装有圆锥滚子轴承的外圈，如果用拔轮器不能拉出轴承的外圈，可先用干冰局部冷却轴承的外圈，然后迅速从齿轮中拉出圆锥滚子轴承的外圈，如图 5-7 所示。

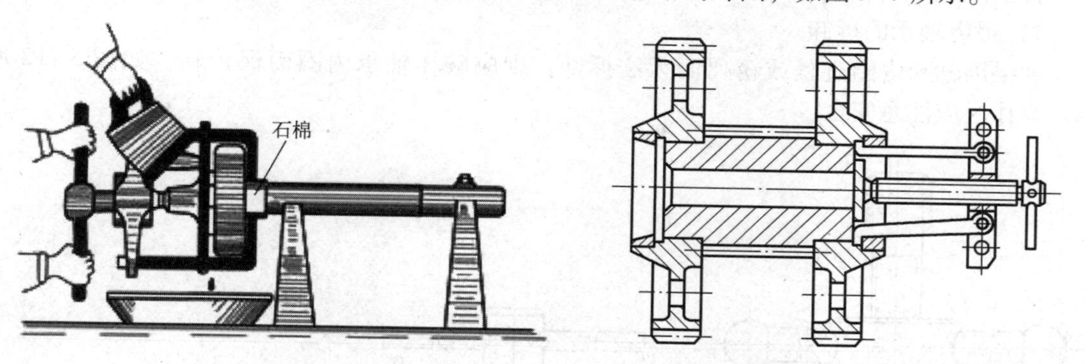

图 5-6　轴承的加热拆卸　　　　图 5-7　轴承的冰冷拆卸

2）使用手锤、铜棒拆卸。

在没有专用工具的情况下，可以使用手锤、铜棒拆卸滚动轴承，如图 5-8 所示。拆卸位于轴末端的轴承时，在轴承下垫以垫块，用硬木棒、铜棒抵住轴端，再用手锤敲击。

3）使用压力机、拔轮器拆卸。

拆卸滚动轴承可以使用压力机，如图 5-9 所示。使用这种方法拆卸轴末端的轴承时，可用两块等高的半圆形垫铁或方铁，同时抵住轴承内、外圈，压力机压头施力时，着力点要正确。如果用拔轮器拆卸位于轴末端的轴承，必须使拔钩同时勾住轴承的内、外圈，且着力点也必须正确，如图 5-10 所示。

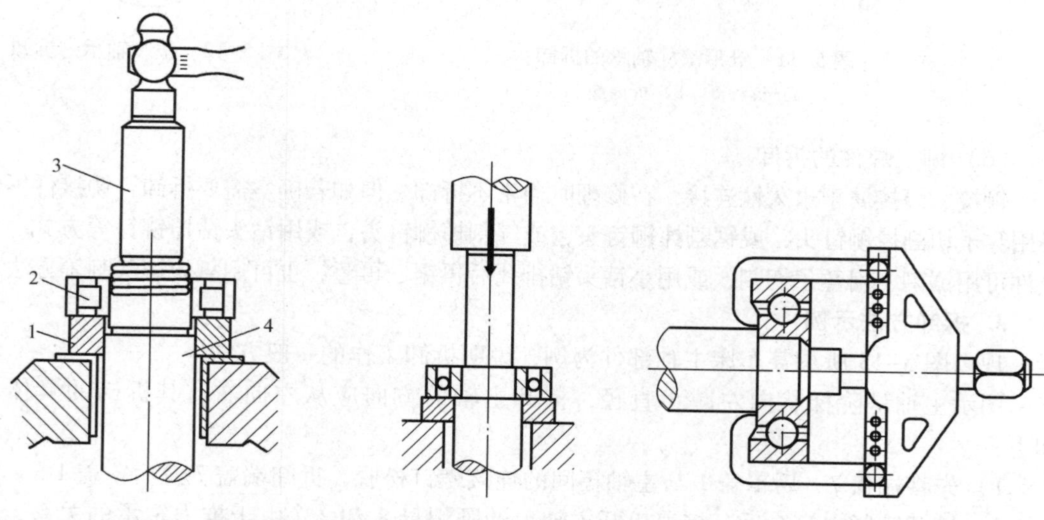

图 5-8　用手锤、铜棒拆卸轴承
1—垫块　2—轴承　3—铜棒　4—轴

图 5-9　压力机拆卸轴承

图 5-10　拔轮器拆卸轴承

4）内、外圈分别拆卸。

拆卸锥形滚柱轴承时，一般将内、外圈分别拆卸。如图 5-11a 所示，将拔轮器胀套放入外圈底部，然后拖入胀杆使胀套张开勾住外圈。用图 5-11b 所示的内圈拉套来拆卸内圈，先将拉套套在轴承内圈上，转动拉套，使其收拢后，下端凸缘压入内圈的沟槽，然后转动手柄，拉出内圈。

5）报废轴承的拆卸。

如果因轴承内圈过紧或锈死而无法拆卸，则应破坏轴承内圈而保护轴，如图 5-12 所示。操作时应注意安全。

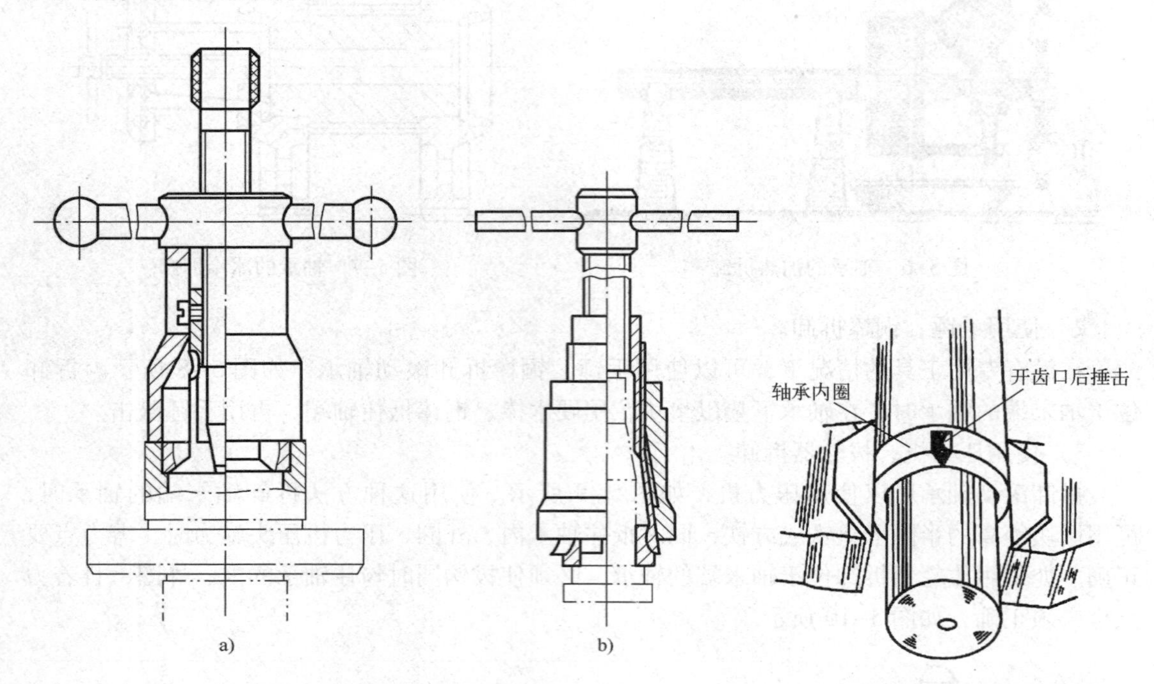

图 5-11　锥形滚柱轴承的拆卸

a）拆外圈　b）拆内圈

图 5-12　报废轴承的拆卸

（6）铆、焊件的拆卸

铆接、焊接属于永久性连接，在修理时通常不拆卸。但如若确实需要拆卸，铆接件拆卸时可用錾子切割掉铆钉头，或锯割掉铆钉头，或气割掉铆钉头，或用钻头钻掉铆钉等方式。而焊接件可用锯割、扁錾子切割，或用小钻头钻排孔后再锯、再錾，也可用氧炔焰气割等方法。

3. 拆卸方法示例

现以图 5-13 所示某车床主轴部件为例，说明拆卸工作的一般方法。

图示主轴是阶梯状向左减小直径，拆卸主轴的方向应从左向右。其拆卸的具体步骤如下：

1）先将端盖 7、后罩盖 1 与主轴箱间的连接螺钉松脱，拆卸端盖 7 及后罩盖 1。

2）松开锁紧螺钉 6 后，接着松开主轴上的圆螺母 8 和 2（由于推力轴承的关系，圆螺母 8 只能松开到垫圈 5 处）。

3）用相应尺寸的装拆钳，将轴向定位用的卡簧 4 撑开后向左移出沟槽，并置于轴的外表面上。

4）当主轴向右移动而完全没有零件障碍时，在主轴的尾部（左端）垫铜或铝等较软的金属圆棒后，才用大木槌敲击主轴。边向右移动主轴，边向左移动相关零件，当全部轴上件松脱时，从主轴箱后端插入铁棒（使轴上件落在铁棒上，以免落入主轴箱内），从主轴箱前

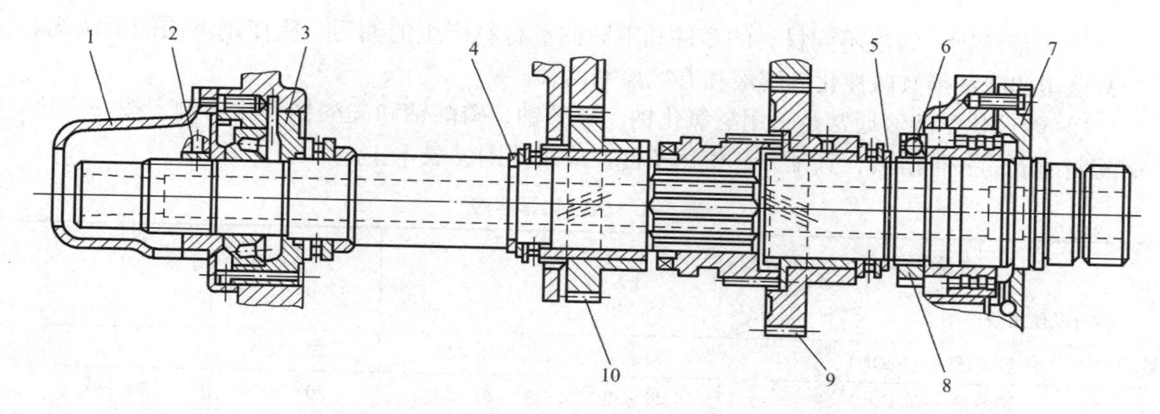

图 5-13　车床主轴部件

1—后罩盖　2、8—圆螺母　3—轴承座　4—卡簧　5—垫圈　6—螺钉　7—端盖　9、10—齿轮

端抽出主轴。

5）轴承座 3 在松开其固定螺钉后，可垫铜棒向左敲出。

6）主轴上的前轴承垫了铜套后，向左敲击取下内圈，向右敲击取出外圈。

5.1.2　零件的清洗

机械零件的清洗是大修作业中不可缺少的一项工作，也应引起足够的重视。如果零件清洗不彻底，就会影响零件检测数据的真实性与可靠性，进而影响大修质量和设备使用寿命。零件的清洗包括清除油污、水垢、积碳、锈层以及旧涂装层等。

1. 脱脂（清除油污）

（1）清洗方法　零件上的油污一般使用有机溶剂、碱性溶液或化学清洗液等清洗剂，经过人工或机械方式清洗，有擦洗、浸洗、喷洗、气相清洗及超声清洗等方式。

1）擦洗。擦洗操作简便，使用设备简单，但生产效率低。常用于单件、小批量的中小型零件以及大型零件的局部清洗。清洗液一般用煤油、轻柴油或化学清洗液，有特殊要求的，可用乙醇、丙酮等。清洗时，不准使用汽油，如非用不可，要注意防火。

2）浸洗。浸洗是将被清洗的零件浸入相应的清洗液中浸泡，使油污被溶解或与清洗液起化学作用而被清除。浸洗适用于批量大、轻度黏附油污的零件，各种清洗液均可使用。

3）喷洗。喷洗是将具有一定压力和温度的清洗液喷射到零件表面以清除油污。这种方法清洗效果好，生产效率高，但设备复杂。喷洗适用于零件形状不太复杂、表面有较严重油垢的零件的清洗。

4）气相清洗。气相清洗是利用含有清洗剂的蒸汽与油垢发生作用的方法来除去油垢。当前使用的有三氯乙烯等蒸汽。此法生产效率高，清洗效果好，但设备复杂，易污染，劳动保护要求高。气相清洗适用于表面附有中等油污的中小型零件。

5）超声波清洗。超声波清洗是指在盛满清洗液的容器内，装入油垢的零件，然后将超声波引入清洗液内，在超声波的作用下，清洗液中会产生大量空化气泡，且不断涨大，然后爆裂，爆裂时产生几百乃至几千个大气压的冲击波，使零件表面的油垢剥落，以达到清洗的目的。此法清洗效果好，生产效率高，适用于清理要求高的零件。碱液、化学清洗液、煤油、柴油、三氯乙烯等清洗液均可用于超声波清洗。

（2）清洗剂　清洗不同材料的零件和不同润滑材料产生的油污，应使用不同的清洗剂。经常使用的清洗剂有碱性化学溶液和有机溶剂两种。

1）碱性化学溶液通常是采用氢氧化钠、碳酸钠、磷酸钠和硅酸钠等化合物，按一定比例配制而成的一种溶液，其配方、使用条件、应用范围见表5-1。

表5-1　碱性化学溶液

成分及使用条件 \ 含量/(g/L) \ 配方号		1	2	3	4
氢氧化钠（NaOH）		30~50	10~15	20~30	
碳酸钠（Na_2CO_3）		20~30	20~50	20~30	30~50
磷酸钠（$Na_3PO_4 \cdot 12H_2O$）		50~70	50~70	40~60	30~50
硅酸钠（Na_2SiO_3）		10~15	5~10		20~30
OP乳化剂			50~70	非离子型润滑	
使用条件	使用温度/℃	80~100	70~90	90	50~60
	保持时间/min	20~40	15~30	10~15	5
应用范围		钢铁零件	除铝、钛及其合金外的黑色金属和铜及其合金		橡胶、金属零件

2）有机溶剂。常用来清洗的有机溶剂主要有煤油、轻柴油、丙酮、三氯乙烯等。

三氯乙烯是一种溶脂能力很强的氯烃类有机溶剂，稳定性好，对多数金属不产生腐蚀，其毒性比苯、四氯化碳小。企业产品大批量高净度清洗，通常用三氯乙烯溶液来脱脂。

（3）清洗注意事项

1）在清洗溶液中，对全部拆卸件都应进行清洗。彻底清除零件表面上的脏物，以便检查其磨损痕迹、表面裂纹和砸伤缺陷等。通过清洗，决定零件的再用或修复、更换。

2）必须重视再用零件或新换零件的清理，要清除零件在使用中或者加工中产生的毛刺。例如轴类零件的螺纹部分、孔轴滑动配合件的孔口部分都必须清理掉零件上的毛刺、毛边，这样才有利于装配工作与零件功能的正常发挥。零件清理工作必须在清洗过程中进行。

3）零件清洗后要用压缩空气吹干，并涂上机油防止零件生锈。若用化学碱性溶液清洗的零件，洗涤后还必须用热水冲洗，防止零件表面腐蚀。

4）零件在清洗及运送过程中，不要碰伤工件表面。清洗后要使油孔、油路畅通，并用塞堵封闭孔口，以防止污物掉入，装配时拆去塞堵。

5）使用设备清洗零件时，应保持足够的清洗时间，以保证清洗质量。

6）精密零件和铝合金零件不宜采用强碱性溶液浸洗。

7）采用三氯乙烯清洗时，要在一定装置中按规定的操作条件进行，工作场地要保持干燥和通风，严禁烟火，避免与油漆、铝屑和橡胶等相互作用，注意安全。

8）用煤油、柴油或汽油等溶剂油清洗时应注意，在用热煤油时，灯用煤油温度不应超过40℃，溶剂煤油温度不应超过65℃，并不得用火焰直接对盛煤油的容器加热。

9）用热的机械油、汽轮机油或变压器油清洗时，油温不得超过120℃。

2. 清除锈蚀

零件表面的氧化物，如钢铁零件表面的锈蚀，在机械设备修理中应彻底清除。目前，修理中主要采用以下 3 种方法除锈：

（1）机械法除锈　机械法除锈是指人工刷擦、打磨，或者使用机器磨光、抛光、滚光以及喷砂等方法除去表面锈蚀。

（2）化学法除锈　化学法除锈是利用一些酸性溶液溶解零件表面氧化物来去除锈蚀。除锈的工艺过程是：脱脂→水冲洗→除锈→水冲洗→中和→水冲洗→去氢。常用的酸性化学除锈剂的配方和适用范围见表 5-2。

表 5-2　常用酸性化学除锈剂的配方和适用范围

成分及其使用条件 \ 含量 \ 配方号	1	2	3	4	5
盐酸（HCl，工业用）	100 ml		100 ml		
硫酸（H_2SO_4，工业用）		60 ml	100 ml		
磷酸（H_3PO_4）				15% ~25%	25%
铬酐（CrO_3，工业用）				15%	
缓蚀剂	3 ~ 10 g	3 ~ 10 g	3 ~ 10 g		
水	1 L	1 L	1 L	60% ~ 70%	75%
使用温度/℃	室温	70 ~ 80	30 ~ 40	85 ~ 95	60
保持时间/min	8 ~ 10	10 ~ 15	3 ~ 10	30 ~ 60	15
适用范围	适用于表面较粗糙、形状较简单、无小孔窄槽、尺寸要求不严的钢零件			适用于锈蚀程度不太严重而尺寸精度要求较严格的零件（包括铝合金零件）	

（3）电化学法除锈　电化学法除锈又称电解腐蚀，常用的有阳极除锈，即把锈蚀的零件作为阳极；还有阴极除锈，即把锈蚀的零件作为阴极，用铅或铅锑合金作阳极。这两种除锈方法的优点是效率高、质量好。但是，阳极除锈使用电流过高时，易腐蚀过度，破坏零件表面，故适用于外形简单的零件。阴极除锈没有过蚀问题，但易产生氢脆，使零件塑性降低。

3. 清除涂装层

清除零件表面的保护、装饰等涂装层时，可根据涂装层的损坏情况和要求，进行部分或全部清除。涂装层清除后，要冲洗清洁，准备按涂装层工艺喷涂新层。

清除涂装层的一般方法是采用刮刀、砂纸、钢丝刷或手提式电动、风动工具进行刮、磨、刷等，也可采用化学方法，即用配制好的各种退漆剂退漆。退漆剂有碱性溶液退漆剂和有机溶液退漆剂两种。使用碱性溶液退漆剂时，涂刷在零件的涂层上，使之溶解软化，然后要用手工工具进行清除。使用有机溶液退漆剂时，要特别注意安全，操作者要穿戴防护用具，工作地点要防火、通风。

5.1.3　零件的检验

零件检验的内容分修前检验、修后检验和装配检验。修前检验在机械设备拆卸后进行，对已确定需要修复的零件，可根据零件损坏情况及生产条件，确定适当的修复工艺，并提出修理技术要求。对报废的零件，要提出需要补充的备件型号、规格和数量，没有备件的需提出零件工作图或测绘草图。修后检验是指检验零件加工后或修理后的质量是否达到了规定的技术标准，以确定是成品、废品还是返修品。装配检验是指检查待装零件（包括修复的和新的）质量是否合格、能否满足装配的技术要求；在装配过程中，对每道工序或工步进行检验，以免装配过程中产生中间工序不合格，影响装配质量；组装后，检验累积误差是否超过装配的技术要求。

1. 检验方法

机械修理中常见的零件检验方法有以下几种。

（1）目测　用眼睛或借助放大镜对零件进行观察，对零件表面进行宏观检验，看是否有裂纹、断裂、疲劳剥落、磨损、刮伤、蚀损等缺陷。

（2）耳听　通过机械设备运转发出的声音、敲击零件发出的声音来判断其技术状态。

（3）测量　用相应的测量工具和仪器对零件的尺寸、形状及相互位置精度进行检测。

（4）测定　使用专用仪器、设备对零件的力学性能进行测定，如对应力、强度、硬度等进行检验。

（5）试验　对不便检查的部位，通过水压试验、无损检测等试验来确定其状态。

（6）分析　通过金相分析了解零件材料的微观组织；通过射线分析了解零件材料的晶体结构；通过化学分析了解零件材料的合金成分及其组成比例等。

2. 主要零件的检验

（1）床身导轨的检查　机械设备的床身导轨是基础零件，最基本的要求是保持其形态完整。一般情况下，床身导轨本身断面大，不易断裂，但由于铸件本身的缺陷（砂眼、气孔、缩松），加之受力大，切削过程中不断受到振动和冲击，床身导轨也可能破裂，因此应首先对裂纹进行检查。检查方法是，用手锤轻轻敲打床身导轨各非工作面，凭发出的声音进行鉴别，当有破哑声发出时，其部位可能有裂纹。微细的裂纹可用煤油渗透法检查。对导轨面上的凸凹、掉块或碰伤，均应查出，标注记号，以备修理。

（2）主轴的检查　主轴的损坏形式主要是轴颈磨损，外表拉伤，产生圆度误差、同轴度误差和弯曲变形，锥孔碰伤，键槽破裂，螺纹损坏等。

常见的主轴同轴度检查方法，如图 5-14 所示。主轴 1 放置于检验平板 6 上的两个 V 形架 5 上，主轴后端装入堵头 2，堵头 2 中心孔顶一钢球 3，紧靠支承板 4，在主轴各轴颈处用千分表触头与轴颈表面接触，转动主轴，千分表指针的摆动差即同轴度误差。轴肩端面的圆跳动误差也可从端面处的千分表读出。一般应将同轴度误差控制在 0.015 mm 之内，端面圆跳动误差应小于 0.01 mm。

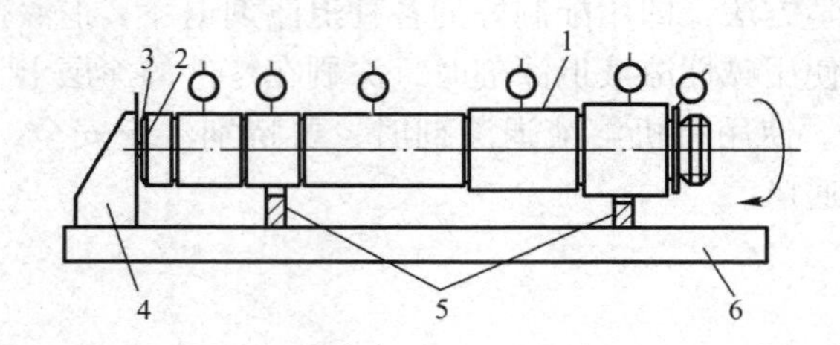

图 5-14　主轴各轴颈同轴度的检查

1—主轴　2—堵头　3—钢球　4—支承板　5—V 形架　6—检验平板

至于主轴锥孔中心线对其轴颈的径向圆跳动误差，可在放置好的主轴锥孔内放入锥柄检验棒。然后将千分表触头分别触及锥柄检验棒靠近主轴端及相距300 mm处的两点，回转主轴，观察千分表指针，即可测得锥孔中心线对主轴轴颈的径向圆跳动误差。

主轴的圆度误差可用千分尺和圆度仪测量。其他损坏、碰伤情况可目测看到。

（3）齿轮的检查　齿轮工作一段时期后，由于齿面磨损，齿形误差增大，将影响齿轮的工作性能。因此，要求齿形完整，不允许有挤压变形、裂纹和断齿现象。齿厚的磨损量应控制在不大于0.15倍模数的范围内。

生产中常用专用齿厚卡尺来检查齿厚偏差，即用齿厚减薄量来控制侧隙。还可用公法线百分尺测量齿轮公法线长度的变动量来控制齿轮的运动准确性，这种方法简单易行，生产中常用。图5-15所示为齿轮公法线长度变动量的测量。

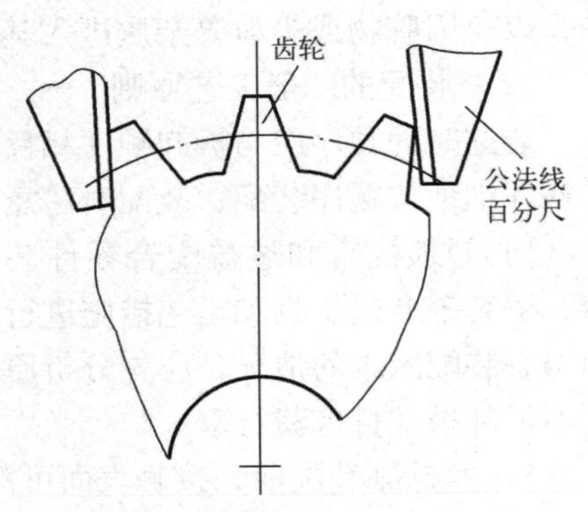

图5-15　公法线长度变动量的测量

测量齿轮公法线长度的变动量，首先要根据被测齿轮的齿数 z 计算跨越齿数 k（k 值也可查阅资料确定）。即

$$k=\frac{z}{9}+0.5 \tag{5-1}$$

式中，k 值要取整数，然后按 k 值用卡尺或公法线百分尺测量一周公法线长度，其中最大值与最小值之差即为公法线长度变动量，如果该变动量小于规定的公差值，则齿轮该项指标合格。

齿轮的内孔、键槽、花键及螺纹都必须符合标准要求，不允许有拉伤和破坏现象。

（4）滚动轴承的检查　对于滚动轴承，应着重检查内圈、外圈滚道，整个工作表面应光滑，不应有裂纹、微孔、凹痕和脱皮等缺陷。滚动体的表面也应光滑，不应有裂纹、微孔和凹痕等缺陷。此外，保持器应完整，铆钉应紧固。如果发现滚动轴承的内、外圈有间隙，不要轻易更换，可通过预加载荷调整，消除因磨损而增大的间隙，提高其旋转精度。

5.1.4　机械装配

1. 机械装配的一般工艺原则和要求

按照规定的技术要求，将若干个零件组合成组件，将若干个组件和零件组合成部件，最后将所有的部件和零件组合成整台机械设备的过程，分别称为组装、部装和总装，统称为装配。

机械设备修理后质量的好坏，与装配精度的高低有密切的关系。机械设备修理后的装配是一项复杂细致的工作，是按技术要求将零部件连接或固定起来，使机械设备的各个零部件保持正确的相对位置和相对关系，以保证机械设备所应具有的各项性能指标。因此，修理后的装配必须根据机械设备的性能指标，严肃认真地按照技术规范进行。做好充分周密的准备工作，正确选择并熟悉和遵从装配工艺是机械设备修理装配的两个基本要求。

（1）装配前的技术准备工作

1）熟悉机械设备及各部件总成装配图，熟悉有关的技术文件和技术资料。了解清楚机械设备及各部件、零件的结构特点、作用、相互连接关系及连接方式。要特别注意有配合要求、运动精度较高或有其他特殊技术要求的零部件。

2）根据零件、部件的结构特点和技术要求，确定合适的装配工艺、方法和程序。同时准备好工、量、夹具等。

3）按明细表检查各备装零件的尺寸精度或修复质量，核查技术要求，凡有不合格者一律不得装配。对于螺柱、键及销等标准件稍有损伤者，应予以更换，不得勉强留用。

4）零件装配前必须进行清洗。对于经过钻孔、铰削、镗削等机械加工的零件，要将金属屑末清除干净；润滑油道要用高压空气或高压油吹洗干净；相对运动的配合表面要保持洁净，以免因脏物或尘粒等杂质进入其间而加速配合件表面的磨损。

（2）装配的一般工艺原则

装配时的顺序应与拆卸顺序相反。要根据零部件的结构特点，采用合适的工具或设备。严格仔细地按顺序装配，装配时注意零部件之间的方位和配合精度要求。

1）过渡配合和过盈配合零件装配时，如滚动轴承的内、外圈等，必须采用相应的铜棒、铜套等专门工具和工艺措施进行手工装配，或按技术条件借助设备进行加温加压装配。如遇有装配困难的情况，应先分析原因，排除故障，提出有效的改进方法，再继续装配，千万不可乱敲乱打鲁莽行事。

2）摩擦副装配前，接触表面可涂上适量的润滑油，以利于装配和减少表面磨损。

3）油封件的装配要使用工具压入。装配前对配合表面要仔细检查和清洁，不能有毛刺。装配后密封件不得覆盖润滑油、水和空气的通道，密封部位不得有渗漏。

4）有平衡要求的旋转零件如飞轮、磨床主轴等，装配前要按要求进行静平衡或动平衡试验，合格后才能装配。

5）装配完毕，必须严格仔细地检查和清理，防止有遗漏或错装的零件。确认没问题后，使设备手动或低速运行。

（3）机械设备的组成及零部件的连接方式

1）机械设备的组成。按装配工艺划分，机械设备可分为零件、合件、组件及部件，在有关的标准文件中将合件、组件也都统称为部件。按其装配的从属关系分：将直接进入总装配的部件称为部件；进入部件装配的部件称为1级部件；进入1级部件装配的部件称为2级部件；2级以下的部件则称为分部件。它们之间的关系如图5-16所示。

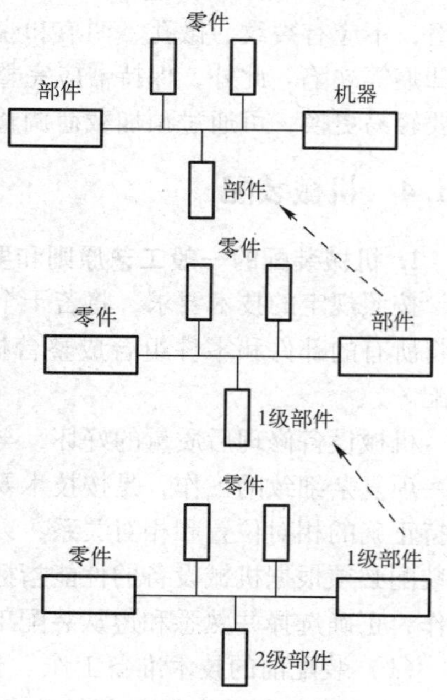

图5-16 机械设备的组成

2）零部件之间的连接方式。零部件之间的连接一般可分为固定连接和活动连接两大类。每类连接又可分为可拆卸和不可拆卸两种。

① 固定连接能保证装配后零部件之间的相互位置关系不变。

固定可拆卸连接在装配后可以很容易拆卸而不致损坏任何零部件，拆卸后仍可以重新装配在一起。常用的固定可拆卸连接有螺纹联接、销联接、键联接等结构形式。固定不可拆卸连接在装配后一般不再拆卸，如果要拆卸，就会破坏其中的某些零部件。常用的固定不可拆卸连接有焊接、铆接、胶接、注塑等工艺方法。

② 活动连接要求装配后零部件之间具有一定的相对运动关系。

活动可拆卸连接常见的有圆（棱）柱面、球面、螺旋副等结构形式。活动不可拆卸连接可用铆接、滚压等工艺方法实现，如滚动轴承、注油塞等的装配就属于这种类型的连接。

（4）装配精度　机械设备的质量是由其工作性能、使用效果、精度和寿命等指标综合评定的，它主要取决于结构设计、零件的制造质量和装配精度。

装配精度一般包括3个方面：

1）各部件的相互位置精度。例如卧式车床，各部件的相互位置精度有主轴轴线对溜板箱移动的平行度、主轴中心与尾座顶尖孔中心的等高度等。

2）各运动部件之间的相对运动精度。各运动部件之间的相对运动精度有直线运动精度、圆周运动精度和传动精度等。

3）零件配合表面之间的配合精度和接触精度。配合精度是指配合表面之间达到规定的配合间隙或过盈的接近程度，它直接影响配合的性质。接触精度是指配合表面之间应达到规定的接触面积大小和分布的标准，它主要影响配合零件之间接触变形的大小，从而影响配合性质的稳定性和寿命。

一般来讲，机械设备的装配精度要求越高，对于零件的制造精度要求也越高。零件的加工偏差越小，装配的设备就越能接近比较理想的装配精度。但是无限制地提高零件制造精度的做法很不经济，甚至有时是不可能达到的。为了既经济又能保证装配精度，可以应用尺寸链原理采用相应的装配方法来保证装配精度和设备的修理质量。

2. 装配工艺过程及装配作业的组织形式

装配工艺过程一般由装配前的准备（包括装配前的检验、清洗等）、装配工作（部件装配和总装配）、校正（或调试）、检验（或试车）、油封、包装6个部分组成。

随着产品生产类型和复杂程度的不同，装配工艺的组织形式也不同，一般分为固定式装配和移动式装配两种。

（1）固定式装配　固定式装配是将产品或部件的全部装配工作都安排在一个固定的工作地点进行。在装配过程中产品的位置不变，装配所需要的零件和部件都汇集在工作地点附近。固定式装配主要应用于单件或小批量生产中。

固定式装配又分为集中装配和分散装配两种形式。集中装配是指由一个工人或一组工人在一个工作地点完成某一机械设备的全部装配工作。在单件和小批量生产或机械设备修理中常采用这种装配作业组织形式。分散装配是指将产品划分为若干个部件，由若干个工人或若干个小组，以平行的作业组织形式装配这些部件，然后把装配好的部件和零件一起总装成产品。这种装配作业组织形式最适合于品种较多、批量较大的产品生产，也适合于较复杂的大型机械设备的装配。

（2）移动式装配　移动式装配是指工作对象（部件或组件）在装配过程中，有顺序地由一个工人转移到另一个工人，即所谓流水装配法。移动装配时，每个工作地点重复地完成固定的工作内容，并且广泛地使用专用设备和专用工具，因此装配质量好，生产效率高，是一种先进的装配组织形式，适用于大批量生产，如汽车装配等。

移动式装配又分为自由移动装配和强制移动装配两种。自由移动装配是指对移动速度无严格限制的移动式装配，它适合于修配工作量较多的装配。强制移动装配是指对移动速度有严格限制的移动式装配，每一道工序完成的时间都有严格要求，否则整个装配将无法进行。强制移动装配又分为间断移动装配和连续移动装配。间断移动装配是指装配对象以一定周期定期移动；而连续移动装配是指装配对象连续不停地移动。

固定式装配一般比较便于管理、装配周期长、需要工具和装备较多、对工人的技术水平要求较高；而移动式装配适合于大批量生产单一产品的装配作业，如汽车制造的装配。移动式装配的特点是生产效率高、对工人的技术水平要求不高、质量容易保证，但工人劳动较紧张。

3. 装配系统图

机械设备的装配顺序可按装配单元以图解法表示，如图 5-17 所示，图中每一个零件、部件或分部件都用方框表示，在方框内表明零件名称、编号及数量。这种图称为机械设备的装配单元系统图，用来表述装配单元之间的连接关系及装配顺序。在装配单元系统图中，以某一个零件或部件作为装配工作的基础，这一零件或部件就称为基准零件或基准部件。

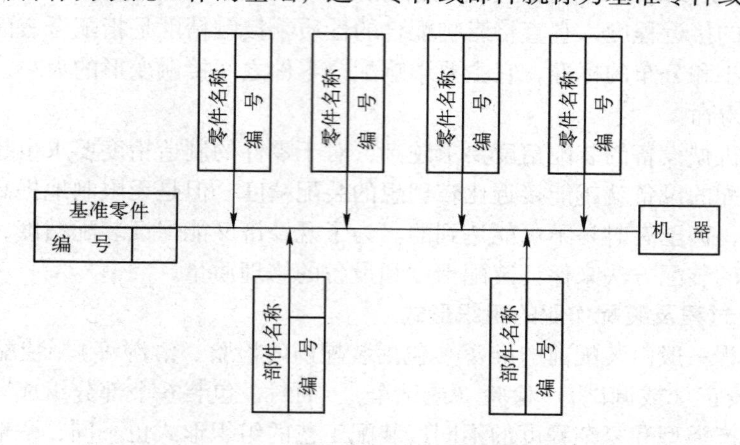

图 5-17　装配单元系统图

装配单元系统图的绘制方法：

1）先画一条横线，在横线左端画出代表该基准件的小长方格，在横线右端画出代表产品的小长方格。

2）按装配顺序从左向右将能直接装到产品上的零件或组件的小长方格从横线引出，零件画在横线上面，组件画在横线下面，长方格内注明零件或组件的名称、编号和件数。

3）同样方法把每一组件及分组件的系统图展开画出。

当机械设备较复杂时，可以绘制成装配单元系统分图，如图 5-18 所示。

4. 装配工艺规程

装配工艺规程是用文字、图形、表格等形式规定装配全部零部件成为整体机械设备的工艺过程及所使用的设备和工具、夹具等内容的技术文件。它是装配工作的指导性技术文件，又是制订装配生产计划、组织并进行装配生产的主要依据，也是设计装配工艺装备和设计装配车间的主要依据。

制订装配工艺规程的目的是为了使装配工艺过程规范化，以保证装配质量，提高装配生产效率，缩短装配周期，减轻装配工作的劳动强度，减少装配车间面积，降低生产成本等。

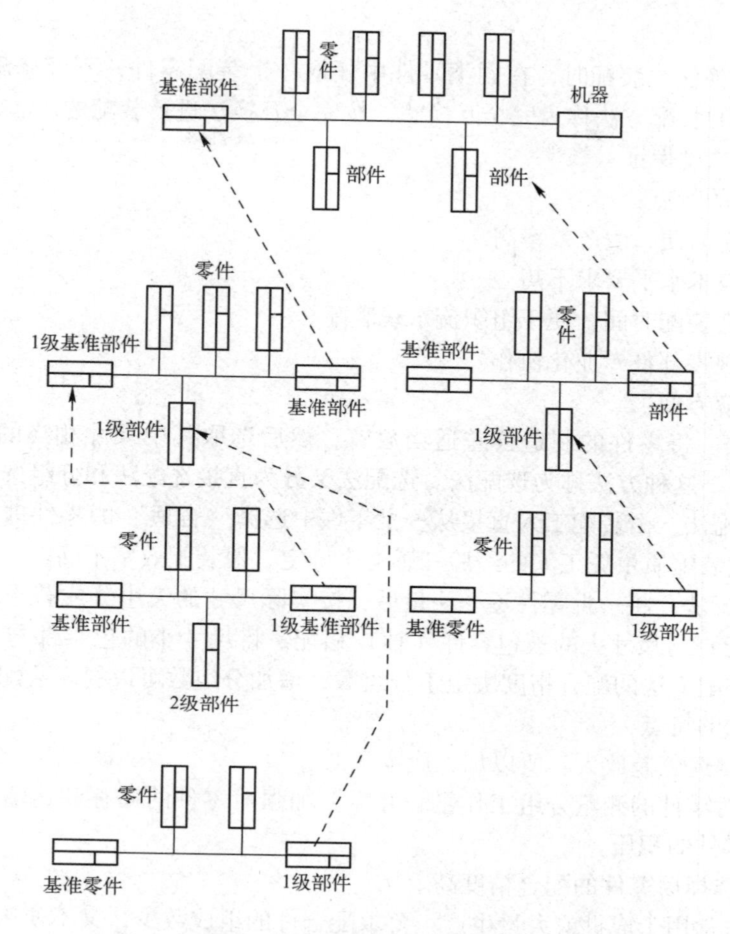

图 5-18　装配单元系统分图

制订装配工艺规程的内容包括：确定装配方法；将产品划分装配单元；拟订装配顺序；划分装配工序；确定装配时间定额；按工序分别规定装配单元和产品的装配技术要求；确定装配质量检查方法和工具；确定装配过程中的装配件和待装配件的输送方式及所需的设备和工具；提出装配所需的专用工具、夹具和非标准设备的设计任务书；制订装配工艺文件等。

制订装配工艺规程时，一般按以下步骤进行：

1）研究产品装配图和零件图以及装配技术要求和验收标准。

2）确定产品和部件的装配方法。

3）绘制装配工艺系统图。

4）划分装配工序。

5）确定工序时间定额。

6）制订装配工艺卡片或装配工序卡片（在单件小批量生产时，通常不制订装配工艺卡片，而用装配工艺系统图来代替）。

5. 装配方法

为了保证机器的工作性能和精度，在装配中必须达到零部件相互配合的规定要求。根据产品的结构、生产条件和生产批量的不同，为保证规定的配合要求，一般可采用如下 4 种装配方法。

（1）完全互换法　装配时，在同类零件中任取一个装配零件，不经修配和调整即能达到装配精度要求的装配方法称为完全互换法。按完全互换法进行装配的产品，其装配精度完全由零件的制造精度保证。

完全互换法的特点：

1）装配操作简便，生产效率高。

2）对工人技术水平要求不高。

3）容易确定装配时间，便于组织流水线装配。

4）便于实现零部件专业化协作。

5）备件供应方便。

（2）选配法　将零件的制造公差适当放宽，然后选取其中尺寸相当的零件进行装配，以达到配合要求，这种方法称为选配法。选配法又分为直接选配法和分组选配法两种。

1）直接选配法。由装配工人直接从一批零件中选择“合适”的零件进行装配。这种方法比较简单，其装配质量凭工人的经验和感觉来确定，但装配效率不高。

2）分组选配法。将一批零件逐一测量后，按实际尺寸的大小分成若干组，然后将尺寸大的包容件（孔）与尺寸大的被包容件（轴）相配，将尺寸小的包容件与尺寸小的被包容件相配。这种装配方法的配合精度决定于分组数，增加分组数可以提高装配精度。

分组选配法的特点：

① 因零件制造公差放大，所以加工成本降低。

② 增加了对零件的测量分组工作量，并需要加强对零件的储存和运输的管理。同时会造成半成品和零件的积压。

③ 经分组选择后零件的配合精度高。

分组选配法常用于成批或大量生产，要求配合件的组成数少，又不便于采用调整装配的情况但装配精度要求高，如柴油机的活塞与缸套、活塞与活塞销等。

（3）修配法　在装配过程中，修去某配合件的预留量，以消除其积累误差，使配合零件达到规定的装配精度，此装配方法称为修配法。

修配法的特点：

1）零件的加工精度要求降低，不需要高精度的加工设备，节省机械加工时间。

2）装配工作复杂化，装配时间增加，适用于单件、小批量生产或成批生产高精度的产品。

（4）调整法　在装配时，调整一个或几个零件的位置，以消除零件间的积累误差，来达到装配的配合要求，这种方法称为调整法。如用不同尺寸的可调节螺母或螺钉、镶条等来调整配合间隙。

调整法的特点：

1）装配时，零件不需要做任何修配加工，只靠调整就能达到装配精度要求。

2）调整法易使配合件的刚度受到影响，有时会影响配合件的位置精度和寿命，所以在调整时要认真仔细，调整后要求固定坚实牢靠。

3）可以定期进行调整，调整后容易恢复配合精度，对于容易磨损而需要改变配合间隙的结构，极为方便有利。

5.2 典型零件的修理

5.2.1 轴类零件的修理

轴是机械设备中常见的典型零件之一。它在机械中主要用于支承齿轮、带轮、凸轮以及连杆等传动件，以传递扭矩。按结构形式不同，轴可以分为阶梯轴、锥度心轴、光轴、空心轴、曲轴、凸轮轴、偏心轴及各种丝杠等多种形式。机械设备在长时间的运行过程中，避免不了要发生各式各样的磨损，如果能及时发现和处理轴磨损故障，就能避免机械故障，从而延长机械设备的使用寿命和经济寿命。

轴在工作过程中，主要承受交变的弯曲应力和扭转应力，有些轴还经常受到冲击载荷的作用。轴常见的失效形式、损伤特征、产生原因及维修方法见表5-3。

表5-3 轴常见的失效形式、损伤特征、产生原因及维修方法

失效形式		损伤特征	产生原因	维修方法
磨损	粘着磨损	两表面的微凸体接触，引起局部粘着、撕裂，有粘贴痕迹	低速重载或高速运动、润滑不良引起胶合	1）修理尺寸 2）电镀 3）金属喷涂 4）镶套 5）堆焊 6）胶接
	磨粒磨损	表层有条形沟槽划痕	较硬杂质介入	
	疲劳磨损	表面疲劳、剥落、压碎、有坑	受变应力作用，润滑不良	
	腐蚀磨损	接触表面滑动方向呈细磨痕，或点状、丝状磨蚀痕迹，或有小凹坑，伴有黑灰色、红褐色氧化物细颗粒、丝状磨损物产生	受氧化性、腐蚀性较强的气、液体作用，受外载荷或振动作用，接触表面间产生微小滑动	
断裂	疲劳断裂	可见到断口表层或深处的裂纹痕迹，并有新的发展迹象	交变应力作用，局部应力集中、微小裂纹扩展	1）焊补 2）焊接断轴 3）断轴接段 4）断轴套接
	脆性断裂	断口由裂纹源处向外呈鱼骨状或人字形花纹状扩散	温度过低、快速加载、电镀等使氢渗入其中	
	韧性断裂	断口有塑性变形和挤压变形痕迹，有颈缩现象或纤维扭曲现象	过载、材料强度不够热处理使韧性降低、低温、高温等	
过量变形	弹性变形	承载时过量变形，卸载后变形消失，运转时噪声大、运动精度低，变形出现在承载区或整轴上	轴的刚度不足、过载或轴系结构不合理	1）冷校 2）热校
	塑性变形	整体出现不可恢复的弯、扭曲，与其他零件的接触部位呈局部塑性变形	强度不足、过量过载，设计结构不合理，高温导致材料强度降低，甚至发生蠕变	

轴具体的修复内容主要有以下几点。

1. 轴颈磨损的修复

轴颈因磨损而失去正确的几何形状和尺寸，变成椭圆形或圆锥形。常用以下方法修复：

（1）按规定尺寸修复　当轴颈磨损量小于0.5 mm时，可用机械加工方法使轴颈恢复正确的几何形状，然后按轴颈的实际尺寸选配新轴衬。这种用镶套进行修复的方法可避免变形，经常使用。

（2）用堆焊法修复　几乎所有的堆焊工艺都能用于轴颈的修复。堆焊后不进行机械加工的，堆焊层厚度应保持在1.5～2 mm；若堆焊后仍需进行机械加工的，堆焊层厚度应比轴颈名义尺寸大2~3 mm。堆焊后应进行热处理退火。

(3) 用电镀或喷涂修复　当轴颈磨损量在0.4 mm以下时，可用镀铬修复，但成本较高，只适用于重要的轴。为降低成本，对于非重要的轴应用镀铁修复，用低温镀铁效果很好，原材料便宜，成本低，污染小，镀层厚度可达1.5 mm，硬度较高。磨损量不大的也可用喷涂修复。

(4) 粘接修复　把磨损的轴颈车小1 mm，然后用玻璃纤维蘸上环氧树脂胶，一层一层地缠在轴颈上，待固化后再加工到规定的尺寸。

2. 中心孔损坏的修复

修复前，首先除去孔内的油污和铁锈，检查损坏情况，如果损坏不严重，用三角刮刀或油石等进行修整；损坏严重时，应将轴安装在车床上用中心钻加工修复，直至符合规定的技术要求。

3. 圆角的修复

圆角对轴的使用性能影响很大，特别是在交变载荷作用下，因轴颈之间突变部分的圆角被破坏或圆角半径减小，易使轴折断。因此，圆角的修复不可忽略。

圆角的磨伤可用细锉或车削、磨削修复。当圆角磨损很大时，需要进行堆焊，然后退火车削到原尺寸。圆角修复后，不允许留有划痕、擦伤或刀迹，圆角半径也不许减小，否则会减弱轴的性能并导致轴的损坏。

4. 螺纹的修复

当轴表面上的螺纹碰伤，螺母不能拧入时，可用圆板牙或车削修整。若螺纹滑牙或掉牙时，可先把螺纹全部车削掉，然后进行堆焊，再车削加工修复。

5. 键槽的修复

当键槽只有小凹痕、毛刺和轻微磨损时，可用细锉、油石或刮刀等进行修整。若键槽磨损较大时，可扩大键槽或重新开槽，并配大尺寸的键或阶梯键；也可在原键槽位置上旋转90°或180°重新按标准开槽，开槽前需先把旧键槽用气焊或电焊填满。

6. 花键轴的修复

(1) 当键齿磨损不大时，先将花键部分退火，进行局部加热，然后用钝錾子对准键齿中间，手锤敲击，并沿键长移动，使键宽增加0.5~1 mm。花键被挤压后，劈成的槽可用电焊焊补，最后进行机械加工和热处理。

(2) 堆焊法。一般采用纵向或横向施焊的自动堆焊。纵向堆焊时，把清洗好的花键轴装到堆焊机床上，机床不转动，将振动堆焊机头旋转90°，并将焊嘴调整到与轴中心线成45°角的键齿侧面。焊丝伸出端与工件表面的接触点应在键齿的节径上，由床头向尾架方向施焊。横向施焊与一般轴类零件修复时的自动堆焊相同。为保证堆焊质量，焊前应将工件预热。堆焊结束时，应在焊丝离开工件后再断电，以免产生端面弧坑。

堆焊后，要重新进行铣削或磨削，以达到规定的技术要求。

(3) 低温镀铁。按照规定的工艺规程进行低温镀铁，镀铁后进行磨削，使之符合技术要求。

7. 裂纹和折断的修复

轴出现裂纹后若不及时修复，就有折断的危险。对受载不大或不重要的轴，当径向裂纹不超过轴直径的10%时，可用焊补修复。焊补前，必须认真做好清洁工作，并在裂纹处开坡口。焊补时，先在坡口周围加热，然后再进行焊补。为消除内应力，焊后需进行回火处理，最后通过机械加工满足尺寸要求。

对于轻微裂纹还可用粘接修复，先在裂纹处开槽，然后用环氧树脂胶填补和粘接，待固化后进行机械加工。

对于轴上有深度超过轴直径10%的裂纹或角度超过10°的扭转变形，且是受载很大或重要的轴，应予以调换。

当承受载荷大或重要的轴出现折断时，应及时调换。一般受力不大或不重要的轴，可用图5-19所示的方法进行修复。

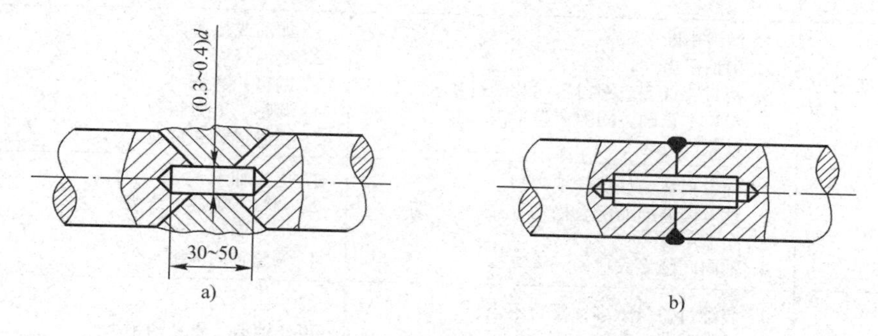

图5-19　断轴修复

图5-19a是用焊接法把断轴两端对接起来。焊接前，先将两轴端面钻好圆柱销孔并插入圆柱销，然后开坡口进行对接。圆柱销直径一般为（0.3~0.4）d，d为断轴外径。图5-19b是用双头螺柱代替前面的圆柱销。

若轴的过渡部位折断，可另车一段新轴代替折断部分，新轴一端车出带有螺纹的尾部，旋入轴端已加工好的螺孔内，然后进行焊接。有时折断的轴其断面经过修整后，使轴的长度缩短了，此时需要采用接段修理法进行修复，即在轴的断口部位再接上一段轴颈。

8. 弯曲变形的修复

对弯曲量较小的轴，一般小于长度的8‰，可用冷校法进行校正。通常对普通的轴可在车床上校正，也可用千斤顶或螺旋压力机进行校正。这些方法的弯曲量能达到1m长是0.05~0.15mm，可满足一般低速运行的机械设备要求。

对要求较高、需精确校正的轴，或弯曲量较大的轴，则用热校法进行校正。通过加热，温度达500~550℃，然后待冷却后进行校正。加热时间根据轴的直径大小、弯曲量和加热设备确定。热校后应使轴的加热处退火，达到原来的力学性能和技术要求。

9. 其他失效形式的修复

外圆锥面和圆锥孔磨损，均可用车削或磨削加工到较小和较大尺寸，达到修配要求，另外配相应的件；轴上销孔磨损了，也可铰大一些，另配销子；轴上的扁头、方头及球面磨损可用堆焊或机械加工修整几何形状；当轴的一端损坏，可切削损坏的一段，再焊上一段新的，并加工到要求的尺寸。

5.2.2　轴承的修理

轴承是主轴部件中最重要的组件，轴承的类型、精度、结构、配置、安装调整、冷却及润滑等状况，都直接影响主轴的工作性能。机床主轴部件上常用的轴承主要有滚动轴承和滑动轴承两种。

1. 滚动轴承的调整、预紧和装配

滚动轴承与滑动轴承相比具有较多的优点，在现代机器中得到广泛的应用。滚动轴承不仅可以提高机器的运行效率，显著减小劳动强度和维修费用，而且可以节约大量的金属。滚动轴承常见的故障特征、产生的原因及维修措施见表5-4。

表5-4 滚动轴承常见的故障特征、产生原因及维修措施

故障特征	产生原因	维修措施
轴承温升过高接近100℃	1. 润滑中断 2. 用油不当 3. 密封装置、垫圈衬套间装配过紧 4. 安装不正确，间隙调整不当 5. 过载、过速	1. 加油或疏通油路 2. 换油 3. 调整并磨合 4. 调整、重新装配 5. 控制过载和过速
轴承声音异常	1. 轴承损坏，如保持架碎裂 2. 轴承因磨损而配合松动 3. 润滑不良 4. 轴向间隙太大	1. 更换轴承 2. 调整、更换、修复 3. 加强润滑 4. 调整轴向间隙
轴承内外圈有裂纹	1. 装配过盈量太多，配合不当 2. 冲击载荷 3. 制造质量不良，内部有缺陷	更换轴承，修复轴颈
轴承金属剥落	1. 冲击力和交变载荷使滚道和滚动体产生疲劳剥落 2. 内外圈安装歪斜造成过载 3. 间隙调整过紧 4. 配合面间有铁屑或硬质杂物 5. 选型不当	1. 找出过载原因予以排除 2. 重新安装 3. 调整间隙 4. 保持洁净，加强密封 5. 按规定选型
轴承表面有点蚀麻坑	1. 油液黏度低，抗极压能力低 2. 超载	1. 更换黏度高的油或极压齿轮油 2. 找出超载原因
轴承咬死、刮伤	严重发热造成局部高温	清洗、修整、找出发热原因并采取相应改善措施
轴承磨损	1. 超载、超速 2. 润滑不良 3. 装配不好，间隙调整过紧 4. 轴承制造质量不好，精度不高	1. 限制速度和载荷 2. 加强润滑 3. 重新装配、调整间隙 4. 更换轴承

（1）滚动轴承的调整和更换　滚动轴承在主轴部件中使用十分广泛。滚动轴承磨损后，精度已丧失，一般采用更换新轴承的方式，不进行修复。对于新轴承或使用过一段时间的轴承，若间隙过大则需调整。

在滚动轴承的装配和调整中，保持合理的轴承间隙或进行适当的预紧（负间隙），对主轴部件的工作性能和轴承寿命有重要的影响。当轴承有较大的径向间隙时，会使主轴发生轴心位移而影响加工精度，并且使轴承所承受的载荷集中于加载方向的一两个滚子上，这就造成内、外圈滚道与该滚子的接触点上产生很大的集中应力，发热量和磨损变大，使用寿命变短，并降低了刚度。图5-20所示为预紧前后的情况。

当滚动轴承正好调整到零间隙时，滚子的受力状况较为均匀。当轴承调整到负间隙（即过盈）时，如在安装轴承时预先在轴向给它一个等于径向工作载荷20%～30%的力，使它不但消除了滚道与滚子之间的间隙，还使滚子与内、外圈滚道产生了一定的弹性变形，接

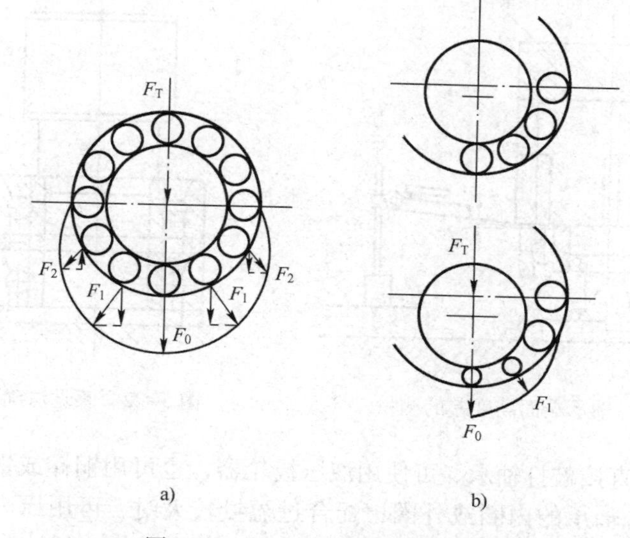

图 5-20　轴承预紧前后受力情况
a）预紧后　b）预紧前

触面积增大，刚度也增大，这就是滚动轴承的预紧或预加载荷。当受到外部载荷时，轴承已具备足够的刚度，不会产生新的间隙，从而保证了主轴部件的回转精度和刚度，提高了轴承的使用寿命。值得注意的是，在一定的预紧范围内，轴承预紧量增加，刚度随之增加，但预加载荷过大对提高刚度的效果不但不显著，反且磨损和发热量还大为增加，这将大大地降低轴承的使用寿命。

滚动轴承的调整和预紧方法，基本上都是使其内、外圈产生相对轴向位移，通常通过拧紧螺母或修磨垫圈来实现。

（2）轴承预紧量的确定方法　轴承预紧量的确定方法有测量法和感觉法两种。

1）测量法。装置如图 5-21 所示。在平板上放置一个专用圆座体，将套筒放在轴承的外圈上，再在套筒上压一重物，其重力为所需的预加负载量。轴承在重物作用下使轴承消除了间隙，并使滚子与滚道产生一定的弹性变形。用百分表测量轴承内、外圈端面轴向位移 Δh 值，即为单个轴承内、外圈厚度差。

2）感觉法。根据修理人员的实际经验来确定内、外隔圈的厚度差。如图 5-22 所示，将成对轴承面对面安放，装好内、外隔圈，外隔圈事先在每隔 120°的 3 个方向上分别钻 3 个 $\phi2 \sim \phi4$ mm 的小孔，用 $\phi1.5$ mm 的测棒依次通过 3 个小孔触动内隔圈，感觉隔圈阻力，通过手感觉内外隔圈阻力相等。若感觉阻力不等，应将阻力大的隔圈的端面通过研磨减小厚度直到感觉一致为止。

（3）滚动轴承的装配　轴承的装配除按上述方法确定好预紧载荷和内外隔圈的厚度外，还要注意以下几点：

1）轴承必须要经过仔细的选配，以保证内圈与主轴、外圈与轴承孔的间隔合适。

2）严格清洗轴承，切勿用压缩空气吹转轴承，否则压缩空气中的硬性微粒会将滚道拉毛。清洗后涂锂基润滑脂，但量不宜过多，以免温升过高。

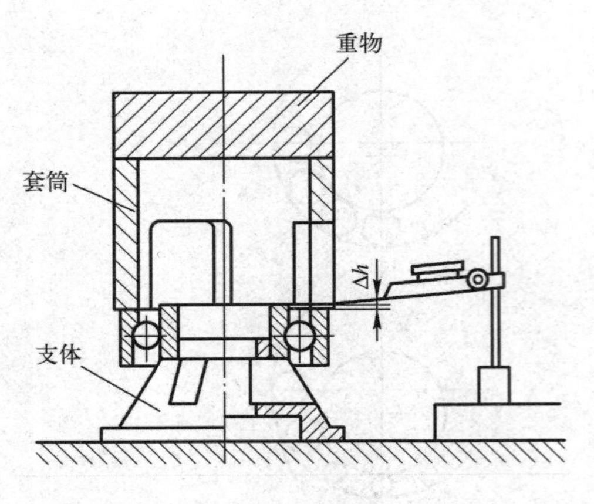

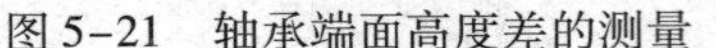

图 5-21　轴承端面高度差的测量

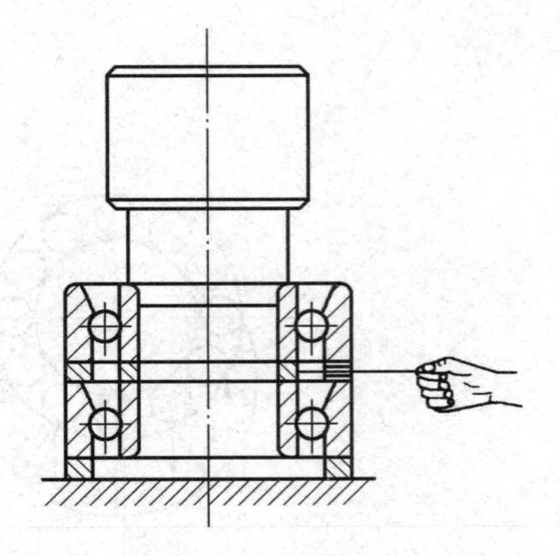

图 5-22　感觉法确定轴承预紧

3）装配时严禁直接敲打轴承。可使用液压拔轮器，也可用铜棒或铜管制成的各种专用套筒或手锤均匀敲击轴承的内圈或外圈；配合过盈量较大时，可用压力机或油压机装压轴承；有些轴承（除内部充满润滑油脂、带防尘盖或密封圈的轴承外）还可采用温差法装配，即将轴承放在油浴中加热 80～100℃，然后进行装配。

4）轴承定向装配可减少轴承内圈偏心对主轴回转精度的影响。其方法是：在装配前先找出前、后滚动轴承（或轴承组）内圈中心对其滚道中心偏心方向的各最高点（即内环径向圆跳动最高点），并做出标记。再找出主轴前端锥孔（或轴颈）轴线偏心方向的最低点，也做出标记。装配时，使这三点位于通过主轴轴线的同一平面内，且在轴线的同一侧。尽管主轴和滚动轴承均存在一定的制造误差，但这样装配的结果使主轴在其检验处的径向圆跳动量可达到最小。

2. 滑动轴承的修理

滑动轴承具有工作平稳和抗振性好的特点，这是滚动轴承所难以替代的。而且各种多油楔的动压轴承及静压轴承的出现，使滑动轴承的应用范围得以扩大，特别是在一些精加工机床上，如外圆磨床、精密车床上均采用了滑动轴承。

滑动轴承在使用过程中，由于设计参数、制造工艺和使用工作条件的千变万化，经常出现各种形式的失效，使滑动轴承过早损坏，需要维修。滑动轴承常见的故障特征、产生原因及维修措施见表 5-5。

表 5-5　滑动轴承常见的故障特征、产生原因及维修措施

故障特征	产生原因	维修措施
磨损及刮伤	润滑油中混有杂质、异物及污垢；检修方法不妥；安装不对中；润滑不良；使用维护不当；质量指标控制不严；轴承或轴变形；轴承与轴颈磨合不良	1）清洗轴颈、油路并换油 2）修刮轴瓦或新配轴瓦 3）安装不当应当及时找正 4）注意检修质量
温度过高	轴承冷却不好；润滑不良；超载、超速；磨合不够；润滑油杂质过多；密封不好	1）加强润滑 2）加强密封 3）防止过载、过速 4）提高安装质量 5）调整间隙并磨合

（续）

故障特征	产生原因	维修措施
胶合	轴承过热；载荷过大；操作不当；控制系统失灵；润滑不良；安装不对中	1）防止过热、加强检查 2）加强润滑、安装对中 3）胶合较轻可刮研修复
疲劳破裂	由于不平衡引起的振动或轴的连续超载等造成轴承合金疲劳破裂；轴承检修和安装质量不高；轴承温度过高	1）提高安装质量、减少振动 2）防止偏载、过载 3）采用适宜的轴承合金和结构 4）严格控制轴承温升
拉毛	大颗粒污垢带入轴承间隙并嵌藏在轴衬上，使轴承与轴颈接触形成硬块，运转时便刮伤轴的表面、拉毛轴承	1）保持润滑油洁净 2）检修时注意清洗，防止污物带入
变形	因超载、超速使轴承局部的应力超过弹性极限而出现塑性变形；轴承装配不好；润滑不良；油膜局部压力过高	1）防止超载、超速 2）加强润滑、安装对中 3）防止发热
穴蚀	轴承结构不合理；轴的振动；油膜中形成紊流使油膜压力变化，形成蒸汽包，蒸汽包破裂，轴瓦局部表面产生真空，引起小块剥落，产生穴蚀破坏	1）增大供油压力 2）改进轴承结构 3）减小轴承间隙 4）更换适宜的轴承材料
电蚀	由于绝缘不好或接地不良、产生静电，使得在轴颈与轴瓦之间形成一定的电压，穿透轴颈与轴瓦之间的油膜而产生火花，把轴瓦打成麻坑状	1）增大供油压力 2）检查绝缘情况，特别是接地情况 3）电蚀损坏不严重时可刮研轴瓦 4）检查轴颈，若不严重可磨削
机械故障	由于相关机械零件发生损坏或有质量问题导致轴承损坏，如轴承座错位、变形、孔歪斜、轴变形等；超载、超速；使用不当。	1）提高相关零件的制造质量 2）保证装配质量 3）避免超载、超速 4）正确使用、加强维护

常见的维修方法主要有以下几种。

（1）整体式轴承的维修

1）当轴套孔磨损时，一般用调换轴套并通过镗削、铰削或刮削的方法修复；也可用塑性变形法，即以减少轴套长度和缩小内径的方法修复。

2）没有轴套的轴承内孔磨损后，可用镶套法修复，即把轴承孔镗大，压入加工好的衬套，然后按轴颈修整，使之达到配合要求。

（2）剖分式轴承的维修

1）更换轴瓦。一般在下述条件下需要更换新瓦：①严重烧损、瓦口烧损面积大、磨损深度大，用刮研与磨合不能挽救；②瓦衬的轴承合金减薄到极限尺寸；③轴瓦发生碎裂或裂纹严重时；④磨损严重，径向间隙过大而不能调整。

2）刮研。轴承在运转中擦伤和严重胶合（烧瓦）的事故是经常见到的。通常的维修方法是清洗后将轴瓦内表面刮研，然后再与轴颈配合刮研，直到重新获得满意的接触精度为止。对于一些较轻的擦伤或某一局部烧伤，可以通过清洗并更换润滑油，然后在运转中磨合的办法来处理，而不必再拆卸刮研。

3）调整径向间隙。轴承因磨损而使径向间隙增大，从而出现漏油、振动、磨损加快等现象。在维修时经常用增减轴承瓦口之间垫片的方法来重新调整径向间隙，改善上述缺陷。

修复时若撤去轴承瓦口之间的垫片，则应按轴颈尺寸进行刮配。如果轴承瓦口之间无调整垫片时，可在轴衬背面镀铜或垫上薄铜皮，但必须垫牢防止窜动。轴衬上合金层过薄时，可重新浇注抗磨合金或更换新轴衬后刮配。

4）减小接触角度、增大油楔尺寸。随着运转时间的增加，轴承磨损逐渐增大，形成轴颈下沉，接触角度增大，使润滑条件恶化，加快磨损。在径向间隙不必调整的情况下，可用刮刀开大瓦口，从而减小接触角度，缩小接触范围，增大油楔尺寸的办法来修复。有时这种修复与调整径向间隙同时进行，将会得到更好的修复效果。

5）补焊和堆焊。对磨损、刮伤、断裂或有其他缺陷的轴承，可用衬焊或堆焊修复。一般用气焊修复轴瓦。对常用的巴氏合金轴承采用补焊修复，主要的修复工艺是：①用扁錾、刮刀等工具对需要补焊的部位进行清理，做到表面无油污、残渣、杂质，并露出金属的光泽；②选择与轴承材质相同的材料作为焊条，用气焊对轴承进行补焊，焊层厚度一般为2～3mm，较深的缺陷可补焊多层；③补焊面积较大时，可将轴承底部浸入水中冷却，或间歇作业，留有冷却时间；④补焊后要再加工，局部补焊可通过手工整修与刮研完成修复，较大面积的补焊可在机床上进行切削加工。

6）重新浇注轴承瓦衬。对于因磨损严重而失效的滑动轴承，补焊或堆焊已不能满足要求，这时需要重新浇注轴承瓦衬，它是非常普遍的修复方法。其主要工艺过程和注意要点如下：

① 做好浇注前的准备工作，包括必要的工具、材料与设备，如固定轴瓦的卡具、平板；符合图纸要求牌号的轴承合金、挂锡用的锡粉和锡棒；熔化轴承合金的加热炉以及盛轴承合金的坩埚等。

② 浇注前应将轴瓦上的旧轴承合金熔掉，可以用喷灯火烤，也可把旧瓦放入熔化合金的坩埚中使合金熔掉。

③ 检查和修正瓦背，使瓦背内表面无氧化物，呈银灰色；使瓦背的几何形状符合技术要求；使瓦背在浇注之前扩张一些，保证浇注后因冷却收缩能和瓦座很好贴合。

④ 清洗、除油、去污、除锈、干燥轴瓦，使它在挂锡前保持清洁。

⑤ 挂锡，包括将锌溶解在盐酸内形成的氯化锌溶液涂刷在瓦衬表面；然后将瓦衬预热到250～270℃；再次均匀地涂上一层氯化锌溶液，撒上一些氯化铵粉末并形成薄薄的一层；将锡条或锡棒用锉刀挫成粉末，均匀地撒在处理好的瓦衬表面上，锡受热即熔化在上面，挂上一层薄而均匀且光亮的锡衣；若出现淡黄色或黑色的斑点，说明质量不好，需重新挂。

⑥ 熔化轴承合金，包括对瓦衬预热；选用和准备轴承合金；将轴承合金熔化，并在合金表面上撒一层碎木炭块，厚度在20mm左右，减少合金表面氧化，注意控制温度，既不要过高，也不能过低，一般锡基轴承合金的浇注温度为400～450℃，铅基轴承合金的浇注温度为460～510℃。

⑦ 浇注轴承合金，浇注前最好将瓦衬预热到150～200℃；浇注的速度不宜过快，不能间断，要连续、均匀地进行；浇注温度不宜过低，避免砂眼的产生；要注意清渣，将浮在表面的木炭、熔渣除掉。

⑧ 质量检查，通过断口来分析判断缺陷，若质量不符合技术要求则不能使用。

对于有条件的单位可采用离心浇注轴承合金。其工艺过程与手工浇注基本相同，只是浇注不用人工而在专用的离心浇注机上进行。由于离心浇注是利用离心力的作用，使轴承合金均匀而紧密地粘合在瓦衬上，从而保证了浇注质量。这种方法生产效率高，改善了工人的劳动条件，对成批生产或维修轴瓦来说比较经济。

7）塑性变形法。对于青铜轴套或轴瓦还可采用塑性变形法进行修复，主要有镦粗、压缩和校正等方法。

① 镦粗法：它是用金属模和芯棒定心，在上模上加压，使轴套内径减小，然后再加工其内径。它适用于轴套的长度与直径之比小于 2 的情况。

② 压缩法：将轴套装入模具中，在压力的作用下使轴套通过模具把其内、外径都减小，减小后的外径可用金属喷涂法恢复原来的尺寸，然后再加工到需要的尺寸。

③ 校正法：将两个半轴瓦合在一起，固定后在压力机上加压成椭圆形，然后将半轴瓦的接合面各切去一定厚度，使轴瓦的内外径均减小，外径可用金属喷涂法修复，最后再加工到所要求的尺寸。

5.2.3 齿轮的修理

齿轮传动广泛地应用在机械动力传递系统中，齿轮的运行质量直接影响机械的运行精度，甚至影响生产。齿轮传动用来传递任意两轴间的运动和动力，其圆周速度可达到 300 m/s，传递功率可达 10^5 kW，齿轮直径可从 5 mm 到 15 m 以上，是现代机械中应用最广的一种机械运动。因而对因磨损或其他故障而失效的齿轮进行修复，在机械设备维修中甚为多见。齿轮的类型很多，用途各异。齿轮常见的失效形式、损坏特征、产生原因和维修方法见表 5-6。

表 5-6　齿轮常见的失效形式、损伤特征、产生原因及维修方法

失效形式	损伤特征	产生原因	维修方法
轮齿折断	整体折断一般发生在齿根，局部折断一般发生在轮齿一端	齿根处弯曲应力最大且集中；载荷过分集中；多次重复作用；短期过载	堆焊；局部更换；栽齿；镶齿
疲劳点蚀	在节线附近的下齿面上出现疲劳点蚀坑并扩展，呈贝壳状，可遍及整个齿面，噪声、磨损、动载加大，在闭式齿轮中经常发生	长期受交变接触应力作用，齿面接触强度和硬度不高；表面粗糙度大一些；润滑不良	堆焊；更换齿轮；变位切削
齿面剥落	脆性材料；硬齿面齿轮在表层或次表层内产生裂纹，然后扩展，材料呈片状剥离齿面，形成剥落坑	齿面受高的交变接触应力，局部过载；材料缺陷；热处理不当；黏度过低；轮齿表面质量差	堆焊；更换齿轮；变位切削
齿面胶合	齿面金属在一定压力下直接接触，发生粘着，并随相对运动从齿面上撕落，按形成条件分为热胶合和冷胶合两种	热胶合产生是因为高速重载，引起局部瞬时高温，导致油膜破裂、使齿面局部粘着；冷胶合发生是因为低速重载，局部压力过高，油膜压溃，产生胶合	更换齿轮；变位切削；加强润滑
齿面磨损	轮齿接触表面沿滑动方向有均匀重叠条痕，多见于开式齿轮，导致失去齿形、齿厚减薄而断齿	铁屑、尘粒等进入轮齿的啮合部位引起磨粒磨损	堆焊；调整换位；更换齿轮；换向；塑性变形；变位切削；加强润滑
塑性变形	齿面产生塑性流动，破坏了正确的齿形曲线	齿轮材料较软，承受载荷较大，齿面间摩擦力较大	更换齿轮；变位切削；加强润滑

具体的修复方法，可分为以下几种：

1. 调整换位法

对于单向运转受力的齿轮，轮齿常为单面损坏，只要结构允许，可直接用调整换位法修复。所谓调整换位就是将已磨损的齿轮变换一个方位，利用齿轮未磨损或磨损轻的部位继续工作。

对于结构对称的齿轮，当单面磨损后可直接翻转180°，重新安装使用，这是齿轮修复的通用办法。但是，对于圆锥齿轮或具有正反转的齿轮不能采用这种方法。

2. 栽齿修复法

对于低速、平稳载荷且要求不高的较大齿轮，单个齿折断后可将断齿根部锉平，根据齿根厚度及齿宽情况，在其上面栽上一排与齿轮材质相似的螺钉，包括钻孔、攻螺纹、拧螺钉，并以堆焊联接各螺钉，然后再按齿形样板加工出齿形。

3. 镶齿修复法

对于受载不大，但要求较高的齿轮单个齿折断后，可用镶单个齿的方法修复。如果齿轮有几个齿连续损坏，可用镶齿轮块的方法修复。若多联齿轮、塔形齿轮中有个别齿轮损坏，用齿圈替代法修复。重型机械的齿轮通常把齿圈以过盈配合装在轮芯上，成为组合式结构。当这种齿轮的轮齿磨损超限时，可把坏齿圈拆下，换新的齿圈。

4. 堆焊修复法

当齿轮的轮齿崩坏，齿端、齿面磨损超限，或存在严重表层剥落时，都可以使用堆焊法进行修复。齿轮堆焊的一般工艺为：焊前退火；焊前清洗；施焊；焊缝检查；焊后机械加工与热处理；精加工；最终检查及修整。

（1）轮齿局部堆焊　当齿轮的个别轮齿断齿、崩牙，遭到严重损坏时，可以用电弧堆焊法进行局部堆焊。为防止齿轮过热、避免热影响，可把齿轮浸入水中，只将被焊轮齿露于水面，在水中进行堆焊。轮齿端面磨损超限，可用熔剂层下粉末焊丝自动堆焊。

（2）齿面多层堆焊　当齿轮少数齿面磨损严重时，可用齿面多层堆焊的方法修复。施焊时，从齿根逐步焊到齿顶，每层重叠量为2/5到1/2，焊一层经稍冷后再焊下一层。如果有几个齿面需堆焊，应间隔进行。

对于堆焊后的齿轮，要经过加工处理以后才能使用。最常用的加工方法有两种：

1）磨合法。按应有的齿形进行堆焊，以齿形样板随时检验堆焊层厚度，基本上不堆焊出加工余量，然后通过手工修磨处理，除去大的凸出点，最后在运转中依靠磨合磨出光洁表面。

2）切削加工法。齿轮在堆焊时留有一定的加工余量，然后在机床上进行切削加工。此种方法能获得较高的精度，生产效率也较高。

5. 塑性变形法

塑性变形法是用一定的模具和装置并以挤压或液压的方法将齿轮轮缘部分的金属向齿的方向挤压，使磨损的齿加厚，如图5-23所示。

将齿轮加热到800～900℃，放入图5-23所示下模3中，然后将上模2沿导向杆5装入，用手锤在上模四周均匀敲打，使上下模具互相靠紧。将销1对准齿轮中心以防止轮缘金属经挤压进入齿轮轴孔的内部。在上模2上加压力，齿轮轮缘金属即被挤压流向齿的部分，使齿厚增大。齿轮经过模压后，再通过机械加工铣齿，最后按规定进行热处理。图中4为被修复的齿轮，尺寸线以上的数字为修复后的尺寸，尺寸线以下的数字为修复前的尺寸。

6. 热锻堆焊结合修复法

磨损严重的大型钢齿轮，用热锻与堆焊相结合的方法进行修复比较适宜。其工艺过程

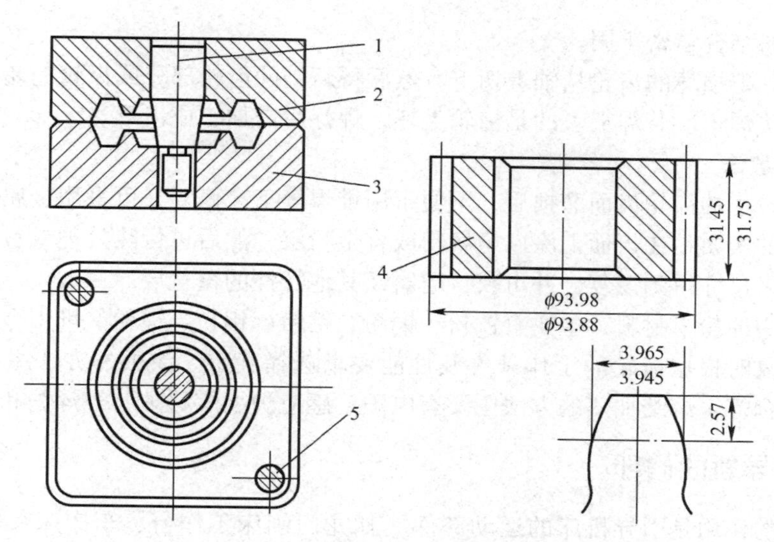

图 5-23 用塑性变形法修复齿轮

1—销 2—上模 3—下模 4—被修复的齿轮 5—导向杆

是：①将齿轮外圆车掉 1 ~ 1.5 mm，除去渗碳层；②将齿轮加热至 800 ~ 900℃，置于压模中进行锻压镦粗，用热锻将齿顶非工作部分金属挤压到工作部分，恢复轮齿齿厚；③在轮齿顶部进行堆焊，满足齿高要求；④机械加工；⑤热处理；⑥检验。这种修复工艺较之不经热锻的堆焊修复，金属熔合性好，能保证修复质量。

7. 变位切削法

齿轮磨损后可利用负变位切削，将大齿轮的磨损部分切去，另外配换一个新的小齿轮与大齿轮相配，齿轮传动即能恢复。大齿轮经负变位切削后，它的齿根强度虽然降低了，但是仍比小齿轮高，只要验算轮齿的弯曲强度在允许的范围内便可使用。

若两齿轮的中心距不能改变时，与经过负变位切削后的大齿轮相啮合的新小齿轮必须采用正变位切削。它们的变位系数大小相等，符号相反，形成高度变位，使中心距与变位前的中心距相等。如果两传动轴的位置可调整，新的小齿轮可不用变位，仍采用原来的标准齿轮。若小齿轮装在电动机轴上，可移动电动机来调整中心距。

采用变位切削法修复齿轮，必须进行有关方面的验算，包括：①根据大齿轮的磨损程度，确定变位量，即大齿轮切削最小的径向深度；②当大齿轮齿数小于 40 时，需验算是否会有根切现象；若大于 40，一般不会发生根切，可不验算；③当小齿轮齿数小于 25 时，需验算齿顶是否变尖；若大于 25，一般很少使齿顶变尖，故不需验算；④必须验算齿轮齿形有无干涉现象；⑤对闭式传动的大齿轮经负变位切削后，应验算轮齿表面的接触疲劳强度，而开式传动可不验算；⑥当大齿轮的齿数小于 40 时，需验算弯曲强度；而大于或等于 40 时，因强度减少不大，可不验算。

8. 真空扩散焊修法

对齿轮和轴做成一体的齿轮轴，若因其齿轮部分损坏而将整个齿轮轴都报废是比较可惜的，这样既浪费了材料，又增加了维修工时。遇到这种情况，可采用真空扩散焊修法进行修复。

这种方法是在真空下使两结合表面的原子经较长时间的高温和显著的塑性变形作用而相

互扩散，使材料结合紧密牢固。

修复时，先把损坏的齿轮从轴上切下，然后将新制的齿轮部分或齿轮毛坯与原来的轴在真空中用扩散法焊牢。若焊上去的是齿轮毛坯，焊好后需加工成齿形。

9. 金属涂敷法

对于模数较小的齿轮齿面磨损后，不便于用堆焊等工艺修复，可采用金属涂敷法。

这种方法的实质是在齿面上涂以金属粉或合金粉层，然后进行热处理或者机械加工，从而使零件的原来尺寸得到恢复，并可获得耐磨及其他特性的覆盖层。

涂敷时所用的粉末材料，主要有铁粉、铜粉、钴粉、钼粉、镍粉、堆焊合金粉和镍－硼合金粉等，修复时根据齿轮的工作条件及性能要求选择确定。涂敷的方法主要有喷涂、压制、沉积和复合等。熔结加热的方法主要有电炉、感应炉、燃料炉、气焊炉和超声波等。

5.2.4　机床导轨的修理

机床导轨的作用是引导机床的运动部件（如龙门刨床工作台、车床床鞍等）沿确定轨迹做准确的相对运动，或使机床部件（如车床的主轴箱、尾座等）在确定的位置上正确定位，同时对机床的运动部件起支承作用。

运动部件沿导轨运动，长期使用会产生非均匀磨损；另外由于导轨表面的不清洁和润滑不足等原因也会引起局部磨损和研伤，结果会使导轨的精度下降。如果直线运动导轨的几何精度（导轨在竖直和水平平面的直线度、平面度和导轨面之间的平行度）超过有关机床精度标准的规定，将会影响机床的工作精度，使加工质量下降，必须修理。目前机床导轨的修理方法有以下几种。

1. 导轨的刮研修理

导轨的刮研修理是指通过导轨与标准检具（或与其相配的件）配研和刮削，使导轨精度达到要求的修复方法。刮研修理具有精度高、表面美观、存油情况良好和耐磨性好等优点，但劳动强度大、生产效率低，一般适用于高精度机床，或者条件较差的工厂和车间的设备修理。

机床导轨一般都是成组导轨，刮研时，首先按导轨修理原则确定出作为基准的导轨面，并利用标准检具对研点进行刮研，使其平面度达到技术要求，然后再以它为基准，刮研其他导轨面，完成整个机床导轨的刮削并达到技术要求。

（1）导轨刮研的基本要求

1）要求有良好的工作环境。导轨刮研要求工作地清洁，周围没有严重振源的干扰，环境温度变化不大。特别是对于较长的床身导轨和精密机床导轨，最好在恒温车间内进行刮研。

2）刮研前安装好机床床身。在导轨刮研前要用可调机床垫铁将床身垫平，垫铁位置与实际安装位置一致，避免变形，减少误差。

3）导轨磨损严重，刮前要预加工。对于损伤严重（深度超过0.5mm）的机床导轨，应先对导轨表面进行刨削或车削加工后再进行刮研。另外，有些机床，如龙门刨、大立车和龙门铣等，应在机床拆修前将损伤较多的工作台面自车或刨削，去除其工作台表面的冷作硬化层。如果在导轨精刮总装后再去掉冷作硬化层，由于应力作用会影响已修复的导轨接触点。

4）要重视机床部件对导轨精度的影响。由于机床各个部件的几何精度决定了机床总装后的精度，因此拆卸前应对有关导轨精度进行测量，记录数据；拆卸后再测量，比较前后两次数据，作为刮研各部件和导轨的参考修正值。尤其是大型机床，各部件重量较大，装上或卸下对床身导轨精度都会产生一定的影响。因此应在部件拆卸前后，对导轨有关精度进行测量、记录，找出变化规律，供刮研时参考。

此外，精刮精密机床床身导轨时，应把影响导轨精度的部件预先装上，或用相当的等重物代替。例如，精刮精密外圆磨床床身导轨时，液压操纵箱应预先装上。

（2）导轨的刮研顺序和基准选择

1）导轨的刮研顺序。机床导轨是由各运动部件构成的几副相互关联的导轨副，它们之间的相互位置各有要求，修理时要按正确的刮研顺序，才能保证位置要求。

一般按下列原则安排：

① 先刮研与传动部件有关联的导轨，后刮研无关联的导轨。

② 先刮研形状复杂（控制自由度多）或施工困难的导轨，后刮研简单的、容易施工的导轨。如V形与平面组合导轨，应先刮研V形导轨，再刮研平面导轨。

③ 先刮研长的或面积大的导轨，后刮研短的或面积小的导轨。

④ 双V形、双平面或矩形等相同形式的组合导轨，应先刮研磨损量小的导轨。

⑤ 导轨副配刮时，一般先刮研大工件（如床身导轨），再配刮小工件（如工作台导轨）；先刮研刚度大的，再配刮刚度小的；先刮研长导轨，再配刮短导轨。

2）导轨的修理基准。机床导轨是机床移动零部件的基准，其精度（如水平面内和垂直平面内的垂直度）直接影响加工件的精度，同时这些移动零部件的驱动装置（如丝杠螺母、齿轮齿条、液压缸活塞等）在床身上的安装平面或轴孔中心线与导轨也应保证相互平行、垂直或成某种角度，如图5-24所示，这就涉及合理地选择刮研修理基准的问题了。

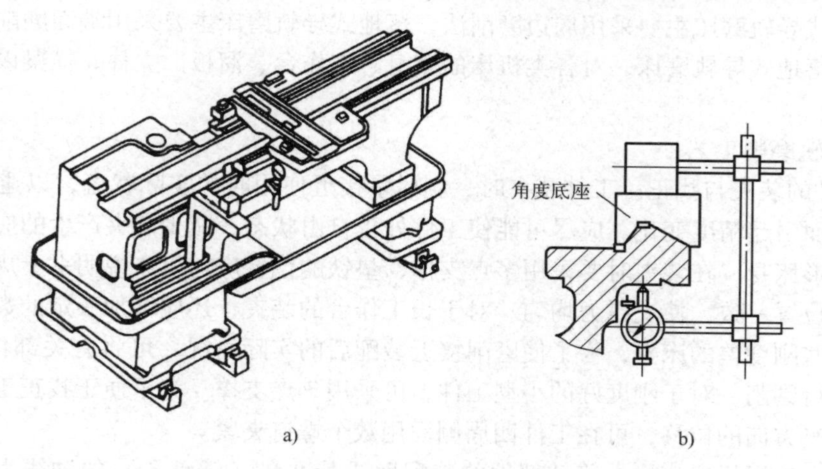

图5-24 测量基准的选择

a）测量溜板结合面对进给箱安装面的垂直度 b）测量V形导轨对齿条安装面的平行度

一般选择机床制造时的原始基准，如选不需修理的固定结合面或轴孔作为机床导轨的修理基准。对于常见的直线移动导轨，可在其直线度测量的垂直平面和水平平面内各取一个。如卧式车床床身导轨的修理基准在垂直平面内可选择主轴箱安装平面和纵向齿条安装平面，在水平平面内可选择进给箱安装平面和光杆、丝杆、操纵杆托架安装平面。

有时也可选择修刮工作量大、刮研困难的表面作为修理基准，将其修复后，再以它作为基准，刮研修理其他导轨和表面。

2. 机床导轨的精刨（或精车）修理

用人工刮研修理机床导轨，劳动强度大，生产效率低。可采用精刨、精车、精磨等机床加工方式代替刮研。用精刨可修理未经淬硬的直导轨，精车可修理未经淬硬的圆导轨。精刨（车）修理机床导轨去除的金属层比刮研法和精磨要多，精度也低于刮研法和精磨法。

精刨代刮是指刨削时，用刃口平直的宽刃刨刀，以很低的切削速度和较小的背吃刀量，不进给或者采用很小的进给，切去工件表面一层极薄的金属。精刨以后，导轨直线度误差可达0.2‰，表面粗糙度 Ra 值下降至1.6～0.4 μm，加工铸铁导轨时，还可以更小。这一加工精度，已能满足一般机床导轨的技术要求，不再需要进行手工刮研。

3. 机床导轨的精磨修理

在机床导轨的修理中常使用“以磨代刨”的工艺方法，特别是硬度高的导轨面的修复加工，一般均使用导轨磨床进行磨削。

（1）导轨的磨削方法

1）端面磨削。砂轮端面磨削的设备、磨头结构较简单，万能性较强，目前在机修上应用较广泛。但其缺点是生产效率和加工表面粗糙度都不如周边磨削，且难于实现用切削液作湿磨，需要采取其他冷却措施来防止工件的发热变形。

2）周边磨削。周边磨削的生产效率和精度虽然比较高，但磨头结构复杂，要求机床刚度好，且万能性不如端面磨削，因此目前在机修中应用较少。

（2）导轨磨床

导轨磨床有双柱龙门式、单柱工作台移动式和单柱落地式3种，还有数控导轨磨床等。其中，龙门式导轨磨床主要采用周边磨削法，落地式导轨磨床主要采用端面磨削法。维修企业大多采用落地式导轨磨床，对各类机床的床身、工作台、溜板、立柱、横梁以及滑枕等导轨进行修理。

（3）导轨磨削工艺

1）工件的装夹与找正。工件装夹时，应尽量接近使用时的实际状态，以避免因为工件自身的重量而引起精度变化。应尽可能使工件处于自由状态，减少装夹产生的应力。对于刚度差的细长形床身，在装夹时要采用多点支撑，垫铁的位置应与机床说明书上规定的安装用的机床垫铁位置一致，使支撑力均匀。对于长工作台的装夹，还应增加一定的数量的辅助支撑。对于一些刚度差的床身，为了使磨削接近装配后的实际情况，可将有关部件（或配重）装上后再进行磨削。对于刚度好的小型工件，可采用3点支撑。为了便于找正工件及防止磨削时发生水平方向的位移，可在工件四周侧面用数个螺钉夹紧。

找正时，应以机床床身上移动部件的装配面或基准孔（轴承孔）的轴线为基准，在水平和垂直方向分别找正。

2）防止磨削时的热变形。各类磨床在磨削工件时，都要向砂轮切削工件处喷射切削液，以带走切削热，冲刷砂轮和带走切屑，即“湿磨法”。但对于一般企业来说，常用的落地式导轨磨床难以实现。若采用“干磨法”，工件磨削发热后中间凸起，被多磨去一些，冷却后就变成中凹。针对这种情况，可在磨削中采用风扇吹风，使零件冷却；或者在磨削一段时间后，停机等待自然冷却或吹冷后再进行磨削。

3）砂轮的选择与修整。磨削导轨对砂轮的要求是：发热少，自砺性好，具有较高的切削性和获得较低的表面粗糙度值。

4. 导轨的镶装、粘接等方法修理

在机床导轨的修复中还经常采用在导轨上镶装、粘接、涂敷各种耐磨塑料或夹布胶木或金属塑料复合板的修理办法。这种修理办法不仅可以补偿导轨磨损尺寸，恢复机床原尺寸链，而且还因这些材料摩擦因数小，耐磨性好，改善了导轨的运动特性，特别是低速运动的平稳性。如龙门刨床和立式车床的工作台导轨，通常采用镶装、粘接夹布胶木板和铜锌合金板的方法修复；普通车床溜板导轨通常采用涂敷 HNT 耐磨涂料的方法修复。

5. 导轨面局部损伤的修复

导轨面常见的局部损伤有碰伤、擦伤、拉毛以及小面积咬伤等，有些伤痕较深。此外，有时还存在砂眼、气孔等铸造缺陷。可采用焊接、粘接、刷镀等方法及时进行修复，防止其恶化。

5.3 本章小结

本章主要介绍了机械设备的拆卸、零件的清洗、检验及装配，并重点分析了轴类零件、轴承、齿轮、机床导轨等几种典型零部件的修理过程。通过本章的学习，希望学生能够掌握一般机械零部件的修理过程及方法等。

5.4 思考与练习题

1. 机械设备拆卸前要做哪些准备工作？拆卸的一般原则是什么？拆卸时的注意事项有哪些？
2. 简述常用零部件的拆卸方法。
3. 零件清洗包括哪些内容？试述其清洗方法。
4. 机械修理中常见的零件检验方法有哪些？
5. 针对主轴部件如何进行同轴度检查？
6. 齿轮齿厚偏差如何检查？
7. 修理装配的一般工艺原则是什么？
8. 机械设备的装配精度一般包括哪些方面？
9. 何为机械设备的装配单元系统图？如何绘制？
10. 制订装配工艺规程时，一般遵循什么步骤？
11. 根据产品的结构、生产条件和生产批量的不同，装配方法有哪几种？
12. 轴类零件具体的修复内容有哪些？
13. 为什么要在滚动轴承上施加预加载荷？如何确定轴承预紧量？
14. 滑动轴承常见的维修方法有哪几种？
15. 齿轮失效的具体修复方法有哪些？
16. 机床导轨的修复有哪些主要方法？各适用于什么情况？
17. 刮研修复机床导轨的修复基准应怎样选择？刮研的顺序怎么安排？

第 6 章　数控机床的故障诊断与维修

【导学】

🕮 你知道数控机床的常见故障有哪些吗？故障发生时，我们应怎样诊断故障发生的部位、原因？又是如何维修的呢？

数控机床的产生与发展是机械制造业领域里的一次革命，它是一种典型的机电一体化产品，集机械制造技术、自动化技术、计算机技术、传感器检测技术、信息处理技术及光电液一体化技术于一身，这就要求它在实时控制的每一时刻都应该准确无误地工作。任何部分的故障与失效，都会使机床停机，从而造成生产停顿。

本章从数控机床的机构出发，把数控机床的故障分为机械部分故障、伺服部分故障和数控系统部分故障，并分别从这三个角度去维修。

【学习目标】

1. 熟悉常见数控机床故障的分类。
2. 掌握数控机床机械部分故障诊断及维修的方法。
3. 掌握伺服系统的常见故障及诊断方法。
4. 掌握数控系统的常见故障及诊断方法。

目前，数控机床已广泛应用于国内外的机械制造业中，完成各种零件的自动化加工，实现了机械加工的高效率、高精度、高适应性和高度自动化。但由于数控机床的先进性、复杂性和智能化的特点，给数控机床的管理、使用和维修等工作提出了新的要求。一般用户无法对数控机床的常见故障做出正确的判断和排除，而企业中又缺乏掌握机电一体化技术的维修人员，这就造成了数控机床维护和修理能力普遍低的局面，进而影响了数控机床的开动率，降低了它的使用效率。随着现代 CNC 系统可靠性以及机床自诊断能力的不断提高，特别是人类对数控机床故障诊断与维修方法、特点认识的不断加深，这一局面将得到改观。

6.1　数控机床故障诊断与维修的基础知识

数控机床的种类很多，可以从不同的角度按照多种原则进行分类。如按加工工艺方法不同，可将数控机床分为金属切削类数控机床、金属成形类数控机床、特种加工类数控机床及测量和绘图类数控机床 4 种。金属切削类数控机床包括数控车床、数控铣床、数控钻床、数控磨床、数控冲床及加工中心等；金属成形类数控机床包括数控弯管机、数控压力机及数控旋压机等；特种加工类数控机床包括数控线切割、电火花、激光切割及火焰切割机床等；测量和绘图类数控机床包括三坐标测量仪和数控绘图仪等。

6.1.1 数控机床的基本结构

数控机床的基本结构通常由机床主体、控制部分、伺服系统和辅助装置4部分组成，如图6-1所示。

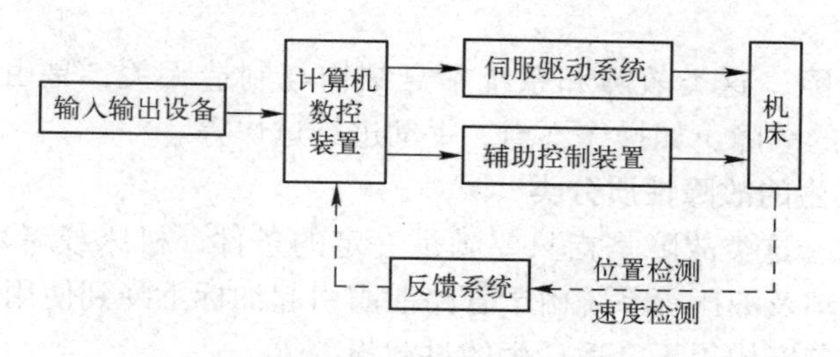

图6-1 数控机床基本结构

1. 机床主体

机床主体是指数控机床的机械结构实体，包括床身、导轨、主轴箱、工作台和进给机构等。它是在数控机床上自动地完成各种切削加工的机械部分。

2. 数控装置

数控装置是数控机床的控制核心。现代数控装置均采用CNC（Computer Numerical Control）形式，这种CNC装置一般使用多个微处理器，以程序化的软件形式实现数控功能，因此又称软件数控（Software NC）。CNC系统是一种位置控制系统，它是根据输入数据插补出理想的运动轨迹，然后输出到执行部件，加工出所需要的零件。因此，数控装置主要由输入、处理和输出3个基本部分构成。而所有这些工作都由计算机的系统程序进行合理地组织，使整个系统协调地进行工作。

3. 伺服系统

伺服系统是数控机床的重要组成部分，用于实现数控机床的进给伺服控制和主轴伺服控制。伺服系统的作用是把接收来自数控装置的指令信息，经功率放大、整形处理后，转换成机床执行部件的直线位移或角位移运动。由于伺服系统是数控机床的最后环节，其性能将直接影响数控机床的精度和速度等技术指标，因此，数控机床的伺服驱动装置要求具有良好的快速反应性能，准确而灵敏地跟踪数控装置发出的数字指令信号，并能忠实地执行来自数控装置的指令，提高系统的动态跟随特性和静态跟踪精度。

伺服系统包括驱动装置和执行机构两大部分。驱动装置由主轴驱动单元、进给驱动单元和主轴伺服电动机、进给伺服电动机组成。步进电动机、直流伺服电动机和交流伺服电动机是常用的驱动装置。

4. 辅助装置

辅助装置是保证充分发挥数控机床功能所必需的配套装置，常用的辅助装置包括：气动、液压装置，排屑装置，冷却、润滑装置，回转工作台，数控分度头，防护装置以及照明等各种辅助装置。

6.1.2 数控机床常见故障的分类

数控设备的故障多种多样，可以从多个角度进行分类。

1. 按故障发生的原因分类

（1）关联性故障　由于与系统的设计、结构或性能等缺陷有关而造成的故障，与外部使用环境条件无关。

（2）非关联性故障　这类故障和系统本身结构与制造无关，是由于外部原因造成的。例如人为因素所造成的故障，如操作不当、手动进给过快等。

2. 按数控机床发生的故障性质分类

（1）系统性故障　这类故障是指只要满足一定的条件，机床或者数控系统就必然出现的故障。如润滑、冷却及液压等系统由于管路泄露引起油标下降到使用限值，引起的液位报警使机床停机；切削量安排得不合适产生的过载报警等。

（2）随机故障　这类故障是指在同样条件下，只偶尔出现一次或者两次的故障。这种故障的发生通常与安装质量、组件排列、参数设定、元器件品质、操作失误与维护不当及工作环境影响等因素有关。如印制电路板上的元器件松动变形或焊点虚脱；工作环境温度过高或过低；有害粉尘与气体污染等。

3. 按数控机床发生故障后有无报警显示分类

（1）有报警显示故障　这类故障是指数控系统显示器和各单元装置的指示灯上显示出的报警号和报警信息。现在的数控系统都具有丰富的自诊断功能，可显示出百余种报警信号。这类故障又可分为硬件报警显示与软件报警显示两种。

1）硬件报警显示故障。这类故障是指各单元装置上的警示灯（一般由 LED 发光管或小型指示灯等组成）有指示。在数控系统中有许多用以指示故障部位的警示灯，如控制操作面板、位置控制印制电路板、伺服控制单元、主轴单元、电源单元等部位以及光电阅读机、穿孔机等外设装置上常设有这类警示灯。一旦数控系统发生故障，借助相应部位上的警示灯可大致分析判断出故障发生的部位与性质，维修人员可以很快做出判断。

2）软件报警显示故障。这类故障是指 CRT 显示屏上显示出来的报警信息。由于数控系统具有自诊断功能，因此，它一旦检测到故障，即按故障的级别进行处理，同时在 CRT 上以报警信号形式显示该故障信息。这类报警显示常见的有存储器警示、过热警示、伺服系统警示、轴超程警示、程序出错警示、主轴警示、过载警示以及短路警示等。

（2）无报警显示的故障　这类故障发生时没有任何硬件及软件报警显示，因此分析诊断起来比较困难。通常这类故障的产生可分为两种原因。一种是计算机处于中断状态，设备呈“死机”现象，而系统无任何报警显示。这种故障常见的原因是程序或参数错误。如某机床一遇到 G00 就停机，不再继续执行下面的程序，经故障诊断后确定是参数中关于 G00 的速度给定没有了，当把参数重新输入后，这个现象就消除了。另一种是数控机床出现爬行、异响等故障。这种故障通常要根据故障发生前后的状态变化进行分析判断。如 X 轴在运行中出现爬行现象时，需要判断其是数控部分故障还是伺服部分故障。具体做法是：在手摇脉冲进给方式中，可均匀地旋转手摇脉冲发生器，同时分别观察比较 CRT 显示器上 X 轴、Y 轴、Z 轴进给数字的变化速率。若三个轴进给数字的变化速度基本相同，则说明数控部分正常，从而可确定爬行故障是由 X 轴的伺服部分造成的。

4. 按故障发生的破坏程度分类

（1）破坏性故障　这类故障出现会对操作者或设备造成伤害或损害，如超程运行、飞车、部件碰撞等。这种故障的排除技术难度较大且有一定风险，故维修人员应非常慎重。

（2）非破坏性故障　数控机床的绝大多数故障属于这类故障，出现故障时对机床和操作者不会造成任何伤害，所以诊断这类故障时，可以再现故障，并可以仔细观察故障现象，通过故障现象对故障进行分析和诊断。

6.1.3　数控机床的故障规律

数控机床除了具有高精度、高效率和高技术的要求外，还应该具有高可靠性。

1. 数控设备的可靠性

（1）平均无故障时间 MTBF　平均无故障时间是指一台数控设备在使用中两次故障间隔的平均时间，即数控设备在寿命范围内总工作时间和总故障次数之比，即

$$\mathrm{MTBF}=\frac{\text{总工作时间}}{\text{总故障次数}}$$

在总工作时间一定的前提下，总故障次数越少，平均无故障时间 MTBF 就越长。

（2）平均修复时间 MTTR　平均修复时间是指数控设备从出现故障至恢复使用所用的平均修复时间。这段时间越短越好。

（3）有效度 A　有效度是指一台可维修的机床，在某一段时间内，维持其性能的概率。

$$A=\frac{\mathrm{MTBF}}{\mathrm{MTBF}+\mathrm{MTTR}}$$

因此，提高平均无故障时间和减少平均修复时间就可以提高设备的有效度。显然，有效度是一个小于 1 的数，这个数越接近 1，说明其有效度就越高。

提高平均无故障时间，就是要考虑改进设备零件的可靠性设计，延长设备零件的寿命。减少平均修复时间，就是要提高有关工程技术人员的管理水平和技术水平，减少故障的发生，而且在故障发生后，能组织及时有效的处理。

2. 浴盆曲线

数控设备在整个使用寿命期内，按照故障频率大致可分为 3 个阶段，即使用初期、稳定运行期和寿命终了期，如图 6-2 所示。

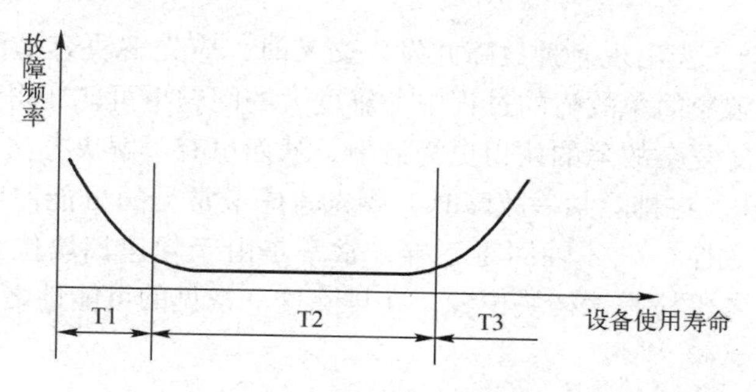

图 6-2　浴盆曲线

使用初期 T1：一般是开始运行半年至一年间，故障频率较高，但会随着使用时间的增加而迅速下降。主要的原因是磨合状态，接合面有几何形状偏差，有些参数设置也非最佳状

态。因此，这段时间内，应该让机床满负荷运行，尽量让早期故障暴露出来，进行保修。此外，操作人员也应该进行机床相关培训，尽快掌握操作与维修的基本技能 。

稳定运行期 T2：经过早期的磨合，这段时间内的故障率低且稳定。一方面是因为使用和管理水平的提高，另一方面是进行了良好的运行和保养，避免了大故障的发生，延长了机床的使用寿命。

寿命终了期 T3：随着机械零件的加速磨损、密封件的老化、限位开关接触不良、电子元器件品质下降等原因，使得故障率增加，机床的寿命也将用尽。

6.1.4 数控机床常见故障的诊断方法

故障诊断是指在数控机床运行中，根据设备的故障现象，在掌握了数控系统各部分工作原理的前提下，对现行的状态进行分析，并辅以必要的检测手段，查明故障的部位和原因，提出有效的维修对策，消除故障隐患，防止事故的发生。

1. 故障诊断的一般步骤

当数控机床发生故障时，要沉着冷静，根据故障情况进行全面分析，确定查找故障源的方法和手段，然后有计划、有目的的一步步仔细检查，故障诊断一般按照检查、分析排除的步骤来进行。

（1）检查　当机床发生故障时，往往从以下几个方面进行检查：机床的运行状态、加工程序、操作情况、外部因素、机床状况和接口情况及故障的出现率和重复性等。

（2）分析排除　根据故障现象仔细分析，弄清与故障有关的各种因素，确定故障源查找的方向和手段。在检测排除故障中还应掌握以下一些原则。

1）先外部后内部。数控机床是机械、液压、电气一体化的机床，故其故障的发生必然要从机械、液压、电气这三者综合反映出来。故障发生后，维修人员应由外（如外部的行程开关、液压气动元件、环境温度、油污或粉尘和机械振动等）向内逐一进行检查，尽量避免不必要的拆卸，防止扩大故障，使机床丧失精度，降低性能。

2）先机械后电气。数控机床的故障中有很大一部分是由机械动作失灵引起的，通常机械故障较易查出，而数控系统故障的诊断则难度要大些。先机械后电气就是在数控机床的检修中，从排除机械故障入手，先检查机械部分是否正常，行程开关是否灵活，气动、液压部分是否正常等。

3）先简单后复杂。当出现多种故障并发、交叉时，应先解决容易的问题，后解决难度较大的问题。常常在解决简单故障的过程中，难度大的问题也可能变得容易；或者在排除简易故障时受到启发，对复杂故障的认识更为清晰，从而也有了解决办法。

4）先一般后特殊。在排除某一故障时，要先考虑最常见的可能原因，然后再分析很少发生的特殊原因。如数控车床 Z 轴回零不准，常常是由于降速挡块位置走动所造成的。出现这种故障时，应先考虑检查该挡块位置，在排除这一常见的可能性之后，再检查脉冲编码器、位置控制等环节。

2. 故障诊断的方法

（1）直观法　维修人员通过对故障发生时的各种光、声、味等异常现象的观察，认真查看系统的各个部分，将故障范围缩小到一个模块或一块印制电路板。

（2）替换法　替换法就是在分析出故障大致起因的情况下，利用备用的印制电路板、模板、集成电路芯片或元件替换有疑点的部分，从而把故障范围缩小到印制电路板或芯片一级。

但在用备用电路板替换之前，应仔细检查备用电路板是否完好，并检查备用电路板的设定状态与原电路板的状态是否一致；在置换 CNC 装置的存储器板时，要对系统做存储器的初始化操作，重新设定好各种数控数据。总之，一定要严格地按照系统的有关操作、维修说明书的要求进行操作。

（3）自诊断功能法　数控系统的自诊断功能已经成为衡量数控系统性能的重要指标，数控系统的自诊断功能随时监视数控系统的工作状态。一旦发生异常情况，立即在 CRT 上显示报警信息或用发光二极管指示故障的大致起因，这是维修中最有效的一种方法。

（4）功能程序测试法　功能程序测试法就是将数控系统的常用功能和特殊功能用手工编程或自动编程的方法，编制成一个功能测试程序，送入数控系统，然后让数控系统运行这个测试程序，借以检查机床执行这些功能的准确性和可靠性，进而判断出故障发生的可能原因。本方法适用于长期闲置的数控设备第一次开机时的检查。

（5）原理分析法　根据 CNC 组成原理，从逻辑上分析各点的逻辑电平和特征参数，从系统各部件的工作原理着手进行分析和判断，进而确定故障部位的维修方法。这种方法的运用，要求维修人员对整个系统或每个部件的工作原理都要有清楚的、较深的了解，才可能对故障部位进行定位。

（6）参数检查法　数控系统发现故障时应及时核对系统参数，因为系统参数的变化会直接影响到机床的性能，甚至使机床不能正常工作。出现故障时参数通常存放在磁泡存储器或由电池保持的 CMOS 的 RAM 中，一旦外界干扰或电池电压不足，会使系统参数丢失或发生变化而引起混乱现象，通过核对、修正参数，就能排除故障。

6.2　数控机床机械故障诊断与维修

数控机床的机械故障就是指机械系统（零件、组件、部件或整台设备乃至一系列的设备组合）因偏离其设计状态而丧失部分或全部功能的现象。如机床运转不平稳、轴承噪声过大、机械手夹持刀柄不稳定等现象都是机械故障的表现形式。

6.2.1　主轴部件的故障诊断

数控机床的主轴部件一般是由主轴、主轴支承、卡盘及主轴准停机构等组成。数控机床主轴部件是影响机床加工精度的主要部件，它的回转精度影响工件的加工精度；它的功率大小与回转速度影响加工效率；它的自动变速、准停和换刀等影响机床的自动化程度。

1. 主轴的结构

（1）主轴的支承结构　数控机床主轴的支承可以有多种配置形式。

1）前支承采用双列短圆柱滚子轴承和角接触双列向心推力球轴承组合，后支承采用向心推力球轴承的结构，如图 6-3a 所示。此种配置形式使主轴的综合刚度提升，既可以满足强力切削的要求，又可以满足较高的加工精度，因此普遍应用于各种数控机床的主轴中。

2）前、后支承均采用高精度双列向心推力球轴承，如图 6-3b 所示。此种配置形式适用于高速、轻载和精密的数控机床的主轴中。

3）前、后支承分别采用双列和单列圆锥滚子轴承，如图 6-3c 所示。这种轴承能承受较大的径向和轴向力，能承受重载荷，且安装与调整性能好。

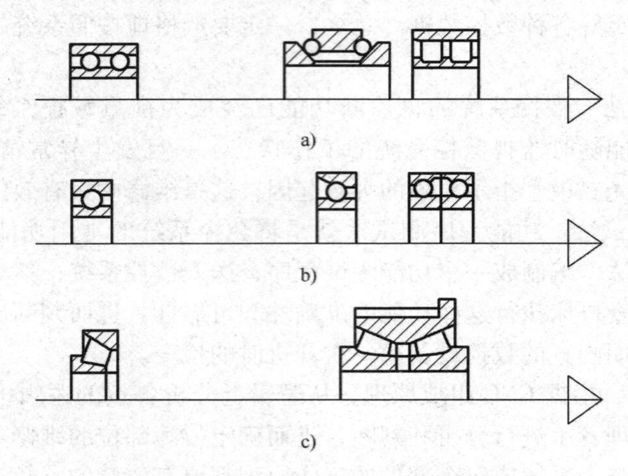

图 6-3　数控机床主轴轴承结构形式

（2）主轴卡盘　为了减少辅助时间和劳动强度，并适应自动化和半自动化加工的需要，数控机床多采用动力卡盘装夹工件。目前使用较多的是自动定心液压动力卡盘，如图 6-4 所示，该卡盘主要由引油导套、液压缸和卡盘三部分组成 。

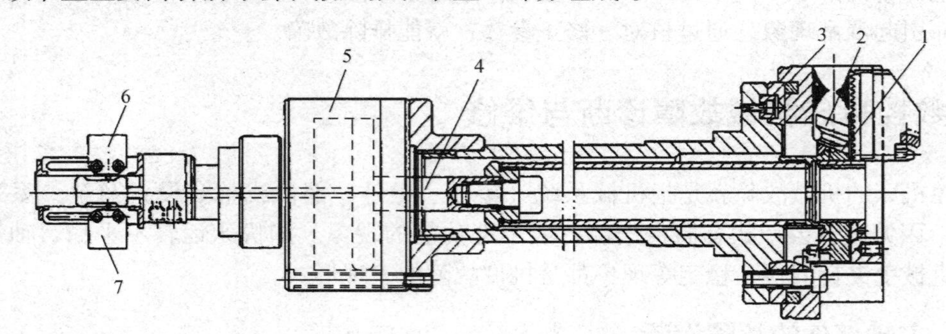

图 6-4　液压驱动动力的自动定心卡盘

1—驱动爪　2—卡爪　3—卡盘　4—活塞杆　5—液压缸　6、7—行程开关

（3）主轴准停装置　自动换刀数控机床主轴部件设有准停装置，其作用是使主轴每次都准确地停止在固定不变的周向位置上，以保证换刀时主轴上的端面键能对准刀具上的键槽，同时使每次装刀时刀具与主轴的相对位置不变，以提高刀具的重复安装精度。如图 6-5 所示的主轴准停装置，在传动主轴旋转的多楔带轮 1 的端面上装有一个厚垫片 4，垫片上装有一个体积很小的永久磁铁 3，在主轴箱箱体的对应主轴准停的位置上，装有磁传感器 2。当机床需要停车换刀时，数控装置发出主轴停转的指令，主轴电动机立即降速，主轴以最低转速慢转很少几转后，永久磁铁 3 对准磁传感器 2，磁传感器感受永久磁铁 3 的磁场，并发出准停信号。

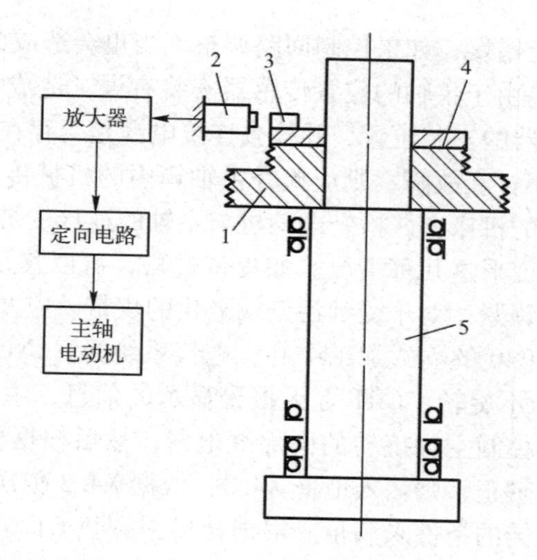

图 6-5　主轴准停装置

1—多楔带轮　2—磁传感器　3—永久磁铁　4—垫片　5—主轴

2. 主轴部件的故障分析与排除

（1）主轴定位故障　主轴在定位过程中经常会出现抖动及定位不准的现象，其主要原因来自 3 个方面：

1）主轴停止回路的调整不当，会使主轴在定位点附近摆动。

2）主轴定位检测传感器的安装不正确，无法检测到主轴的状态，造成定位时主轴经常来回摆动。

3）主轴速度控制元件的参数有时设置有误，使主轴定位产生误差或抖动。

对于第一类原因引起的故障，调整主轴回转定位的电位器即可消除；对于第二、第三类原因引起的故障，可以通过调整定位传感器的安装位置或修改控制单元有关参数来消除。

【例 6-1】一台 JCS—018 的立式加工中心，其电气系统为 FANUC－6ME 的机床在执行自动换刀动作时，主轴突然无法定向，时而正转，时而反转，不久后 CRT 上出现 ORIENTA－TION（主轴定向错误）报警，随后主轴便停止转动。若将方式选择开关置于手动位置，按下主轴定向的按钮，出现了与自动运转时相同的故障现象。本台加工中心采用的是磁传感器定位，根据 CRT 显示，可知是主轴定向的故障，通过故障现象判断，可能是传感头找不到磁性元件中心位置，通常产生这一故障的主要原因有 3 种：

1）传感头与磁性元件之间距离大于 2 mm。

2）传感头与磁性元件位置发生改变。

3）传感头与磁性元件表面可能有油污。

打开主轴箱发现固定在主轴上的磁性元件很牢固，而传感头的固定螺钉可能出现松动，调整位置后试车，故障消失。

（2）主轴停转或转速不稳的故障　数控机床在切削加工时，有时会出现转速不稳或突然停转的现象，一般可从以下几方面入手。

1）观察主轴伺服系统是否会有报警显示。若有，可按报警提示的内容采取相应的措施。若无，则检查相应速度指令信号是否正常，若不正常，则为系统的输出有问题或数模转换器存在着故障。

2）印制电路板的设定错误，如果控制回路调整不当也会造成此类故障。

3）主轴不转还可能是由于主轴的位置传感器安装有误，造成传感器无法发出检测信号而引起，此时应调整传感器的安装位置，并检查连接电缆是否存在接触不良等故障。

4）若主轴的电动机不存在故障，则应检查主轴箱内的机械传动部件。此类故障经常发生在主轴箱内使用带传动的机床上，检查电动机与主轴的连接皮带是否过松，皮带的表面是否有油污，皮带是否老化变形这几种情况。如皮带过松，可以移动电动机座，使皮带张紧，然后将电动机座重新进行锁紧；对于受到污染或老化的皮带，应及时清洗油污或更换皮带。

【例 6-2】 一台 JIVMC40 的立式加工中心，电气系统为 FANUC－OMD 的机床，机床主轴在自动及 MDI 方式下均不旋转，CRT 上无报警显示的信息，主轴伺服单元也无报警。遇到这些故障，应首先查找控制主轴旋转的内部继电器，然后根据机床 CRT 上的梯形图并参照相应的使用说明书，主轴正转则输入地址 X4.3，依据 X4.3 依次查找，根据对故障现象的判断与分析，应是主轴旋转的条件未满足。根据梯形图查找 G120.5 无输入，定位销插入信号 X22.4 有输入，该机床采用的定位销进行主轴定向，再用手旋转主轴，如果可以转动，表明定位销并未插入。如果拆开主轴箱发现，定位销上的挡块松动，在进行主轴定向时定位销拔出信号接通后消失，挡块滑到插入的位置，因此机床未出现报警，但如果定位销插入时主轴无法旋转，调整挡块位置并固定后，机床故障消失。

（3）主轴出现异常噪声或振动　在主轴等速旋转过程中，经常会出现异常噪声或振动，这种情况可能来自于主轴电动机或是机械系统的原因。检查时，可先使电动机与主轴间的联轴器断开使电动机空载运行，若仍有噪声，则估计原因出在主轴电动机，否则为机械系统中主轴箱内机械部件故障。

1）机械系统产生的噪声可从以下几个方面进行检查。

① 检查主轴轴承润滑情况，看是否缺少润滑脂。如果检查发现缺少应按量补充。

② 检查主轴驱动带轮是否存在转动不平衡状况；检查动平衡块是否松动。如果脱落、松动，应将平衡块进行适当调整。

2）对于交流主轴电动机旋转时出现的异常噪声和振动，维修时可从以下几个方面进行处理。

① 首先确定异常噪声或振动是在什么状态下发生的，如果在减速过程中发生，则是再生回路的故障，此时应重点检查再生回路的晶体管模块是否损坏，熔体是否熔断。

② 若在等速旋转时产生噪声或振动，先检查反馈电压是否正常，然后在突然切断指令的情况下，观察电动机自由停车过程中是否有异常的噪声或振动。如果有，则故障出现在机械部分，否则故障出现在印制电路板上。

③ 如果反馈电压不正常，则进一步检查振动周期是否与速度有关。如果有关，应检查主轴与主轴之间电动机连接是否完好，电动机轴承或主轴电动机与主轴联轴器是否正常，主轴箱内驱动齿轮的啮合是否良好，以及安装在交流主轴电动机尾部的脉冲发生器是否正常工作。如果无关，故障多数是由于速度控制回路调整不当引起的，或者连接器接触不良，或者电动机内部存在机械故障。

（4）主轴异常发热　机床运行中主轴发热主要是由于其转速较高且连续工作，故摩擦热和切削热是主要热源。若不尽快散热进行强制冷却，控制其温升，会使主轴发生热变形，影响加工精度。一般有以下几种处理方法。

1）先检查前、后轴承润滑脂是否耗尽或涂抹过量，应按量注入润滑脂。

2）再检查前、后轴承是否有损伤或混入异物，如轴承有破损应更换新轴承；或者清除脏物，更换润滑脂。

6.2.2 进给传动机构的故障诊断

进给运动是数控机床运动的一个重要部分，其传动质量直接关系到机床的加工性能。

1. 进给传动结构

（1）滚珠丝杠螺母副　滚珠丝杠螺母副（简称滚珠丝杠副）是一种在丝杠与螺母间装有滚珠作为中间传动元件的丝杠副，是直线运动与回转运动能相互转换的传动装置，如图6-6所示。当丝杠旋转时，滚珠在滚道内既自转又沿滚道循环转动，因而迫使螺母（或丝杠）轴向移动。

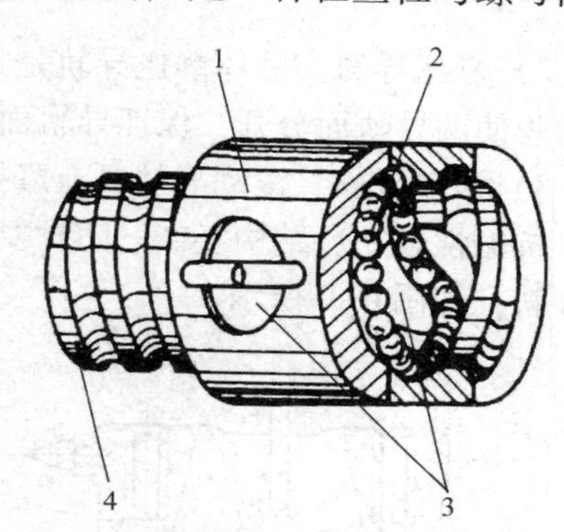

图6-6　滚珠丝杠螺母机构
1—螺母　2—滚珠　3—滚珠回程引导装置　4—丝杠

与传统丝杠相比，滚珠丝杠螺母副具有高传动精度、高效率、高刚度、可预紧、运动平稳、寿命长及低噪声等优点。

滚珠丝杠副预紧的目的是为了消除丝杠与螺母之间的间隙和施加预紧力，以保证滚珠丝杠反向传动精度和轴向刚度。

在数控机床进给系统中使用的滚珠丝杠螺母副的预紧方法有修磨垫片厚度、锁紧双螺母消隙、齿差式调整方法等，其中广泛采用的是双螺母结构消隙。

1）双螺母齿差调隙式结构

图6-7所示为双螺母齿差调隙式结构，调整时先将内齿圈取出，根据间隙的大小使两个螺母分别在相同方向转过一个齿或几个齿，当两个螺母向相同方向都转过一个齿时，其轴向位移量为

$$S=(1/Z_1-1/Z_2)L \tag{6-1}$$

式中　L——滚珠丝杠的导程，单位为mm；

S——轴向位移量，单位为mm；

Z_1——齿轮1的齿数；

Z_2——齿轮2的齿数。

当两齿轮的齿数较大时，调隙量可达0.001mm，它是目前应用较广的一种结构。

2）如图6-8所示为双螺母垫片调隙式结构，其螺母本身与单螺母相同，它通过修磨垫片的厚度来调整轴向间隙。这种调整方法具有结构简单、刚性好、拆装方便等优点，但它很难在一次修磨中调整完毕，调整的精度也不如齿差调隙式好。

（2）导轨　支承和引导运动构件沿着一定轨迹运动的零件称为导轨副，也常简称为导轨。导轨副按接触面的摩擦性质可以分为滑动导轨、静压导轨和滚动导轨3种。

1）滑动导轨。滑动导轨的特点：摩擦特性好、耐磨性好、运动平稳、工艺性好以及速度较低。滑动导轨分为金属对金属的一般类型的导轨和金属对塑料的塑料导轨两类。

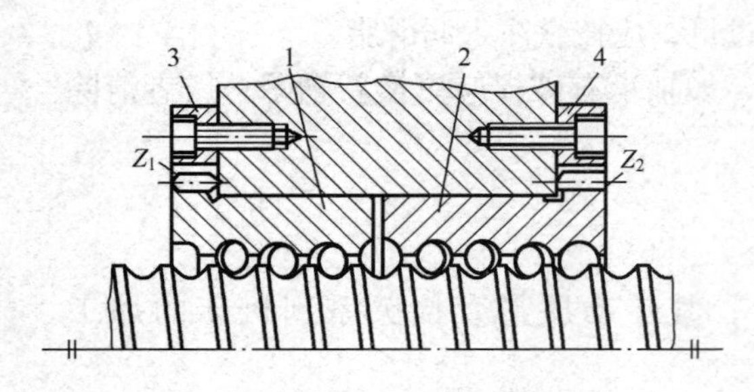

图 6-7　双螺母齿差调隙式结构

1、2—单螺母　3、4—内齿轮

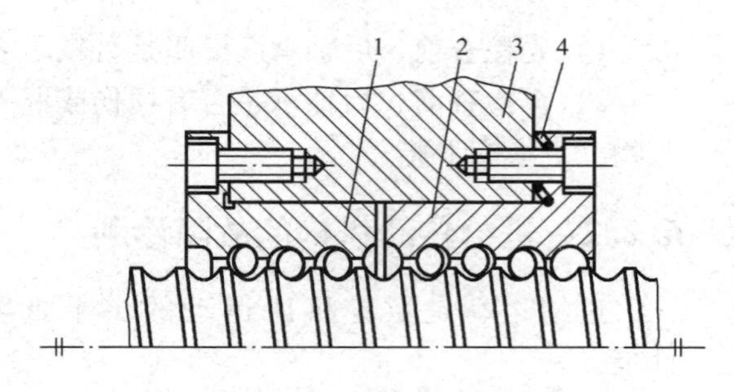

图 6-8　双螺母垫片调隙式结构

1，2—单螺母　3—螺母座　4—调整垫片

2）静压导轨。液体静压导轨是指压力油通过节流器进入两相对运动的导轨面，所形成的油膜使两导轨面分开，保证导轨面在液体摩擦状态下工作。

3）滚动导轨。滚动导轨具有摩擦系数小、运动轻便、位移精度和定位精度高、耐磨性好、抗振性较差、结构复杂、防护要求较高等特点。目前数控机床常用的滚动导轨为直线滚动导轨，如图 6-9 所示。

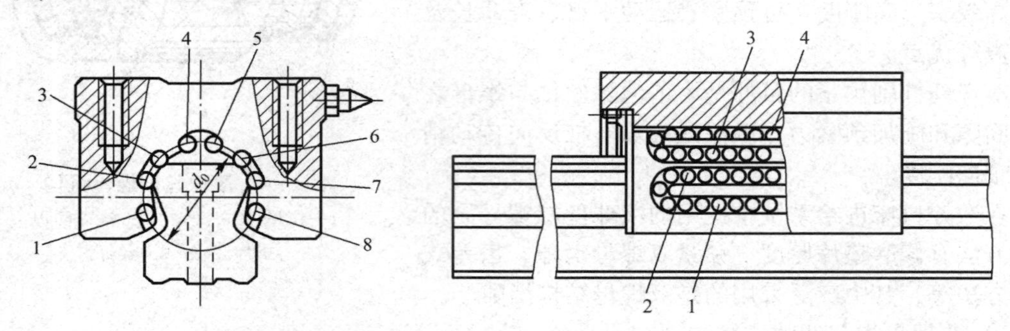

图 6-9　直线滚动导轨

1、4、5、8—循环滚动体　2、3、6、7—负载滚动体

2. 进给传动机构的故障分析与排除

滚珠丝杠常见故障现象、故障原因及维修方法见表 6-1。

表 6-1　滚珠丝杠常见故障现象、故障原因及维修方法

故障现象	故障原因	维修方法
滚珠丝杠副噪声	丝杠支撑轴承的盖板压合情况不好	调整轴承盖板，使其压紧轴承端面
	丝杠支撑轴承可能破裂	如轴承破损，更换新轴承
	电动机与丝杠联动器松动	拧紧联轴器，锁紧螺钉
	丝杠润滑不良	改善润滑条件，使润滑油油量充足
	滚珠丝杠副滚珠有破损	更换新滚珠
滚珠丝杠运动不灵活	轴向预加载荷过大	调整轴向间隙和预加载荷
	丝杠与导轨不平行	调整丝杠支座位置，使丝杠与导轨平行
	螺母轴线与导轨不平行	调整螺母座位置
	丝杠弯曲变形	调整丝杠

导轨常见故障现象、故障原因及维修方法见表6-2。

表6-2 导轨常见故障现象、故障原因及维修方法

故障现象	故障原因	维修方法
导轨研伤	机床经长时间使用，地基与床身水平度有变化，使导轨局部单位面积负载过大	定期进行机床导轨水平度调整，或修复导轨精度
	长期加工短工件或承受过分集中的负载，使导轨局部磨损严重	注意合理分布短工件的安装位置，避免负载过分集中
	导轨润滑不良	调整导轨润滑油油量，保证润滑油压力
	导轨材质不佳	采用电镀加热自淬火对导轨进行处理，导轨上增加锌铝铜合金板，以改善摩擦情况
	刮研质量不符合要求	提高刮研修复的质量
	机床维护不当，导轨里落入脏物	加强机床保养，保护好导轨防护装置
导轨上移动部件运动不良或不能移动	导轨面研伤	用180#纱布修磨机与导轨面刮研
	导轨压板研伤	卸下压板，调整压板与导轨间隙
	导轨镶条与导轨间隙太小，调得太紧	松开镶条防松螺钉，调整镶条螺栓，使运动部件运动灵活，保证0.03 mm的塞尺不得塞入，然后锁紧防松螺钉

【例6-3】配套了西门子公司生产的SINUMERIK 8MC数控装置的数控镗铣床，机床Z轴运行（方滑枕为Z轴）抖动，瞬间即出现123号报警，机床停止运行。

分析及处理过程：出现123号报警的原因是跟踪误差超出了机床数据TEN345/N346中所规定的值。导致出现此种现象有3种可能：

1）位置测量系统的检测器件与机械位移部分连接不良。

2）传动部分出现间隙。

3）位置闭环放大系数K不匹配。

通过详细检查和分析，初步断定是后两个原因使方滑枕（Z轴）运行过程中产生负载扰动而造成位置闭环振荡。基于这个判断首先修改设定Z轴K系数的机床数据TEN152，将原值S1333改成S800，即降低了放大系数，有助于位置闭环稳定，经试运行发现虽然振动现象明显减弱，但未彻底消除。这说明机械传动出现间隙的可能性增大，可能是滑枕镶条松动、滚珠丝杠或螺母窜动。对机床各部位采用先易后难、先外后内逐一否定的方法，最后查出故障源：滚珠丝杠螺母背帽松动，使传动出现间隙，当Z轴运动时由于间隙造成的负载扰动导致位置闭环振荡而出现抖动现象。紧固好松动的背帽，调整好间隙，并将机床数据TEN152恢复到原值后，故障排除。

6.2.3 换刀装置、刀库的故障诊断

自动换刀装置（ATC）和工作台自动交换装置（APC）是数控机床加工中心的重要执行机构，可以使工件一次装夹后能进行多工序加工，从而避免多次定位带来的误差，减少因多次安装造成的非故障停机时间，提高了生产效率和机床利用率。因此，其可靠性如何将直接影响机床的加工质量和生产率。

大部分数控机床的自动换刀装置是由带刀库的自动换刀系统，依靠机械手（见图6-10）在机床主轴与刀库之间自动交换刀具；也有少数数控机床是通过主轴与刀库的相对运动而直

接交换刀具。刀库的结构类型很多，大都采用链式（见图6-11）、盘式结构。换刀系统的动力一般采用电动机、液动机、减速器及气动缸等。

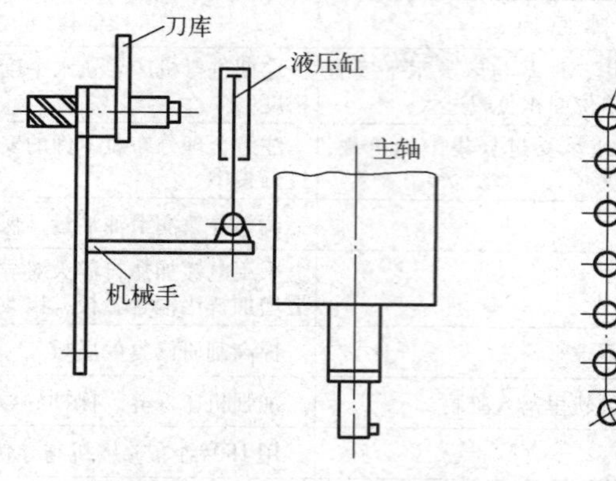

图6-10　机械手换刀

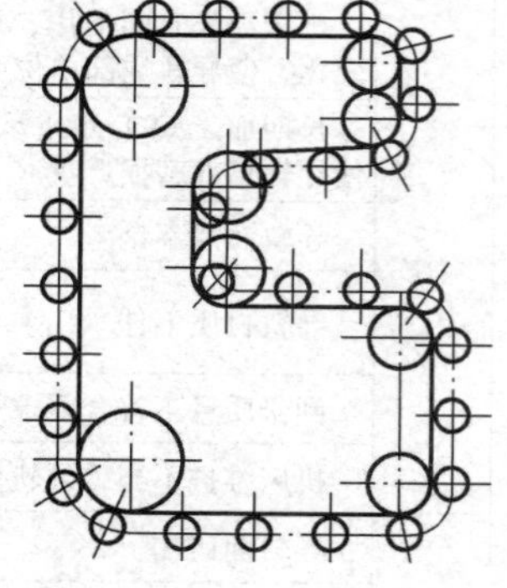
图6-11　链式刀库

1. 刀库与换刀装置的维护要点

（1）为了防止在机械手换刀时掉刀或刀具与工件、夹具等发生碰撞，严禁把超重、超长的刀具装入刀库。

（2）为了防止换错刀具导致事故发生，顺序选刀方式必须注意刀具放置在刀库上的顺序要正确，其他选刀方式也要注意所换刀具号是否与所需刀具一致。

（3）用手动方式往刀库上装刀时，要确保装到位、装牢靠，检查刀座上的锁紧装置是否可靠。

（4）经常检查刀库的回零位置是否正确，检查机床主轴回换刀点位置是否到位，并及时调整，否则不能完成换刀动作。

（5）开机时，应先使刀库和机械手空运行，检查各部分工作是否正常，特别是各行程开关和电磁阀能否正常动作。检查机械手液压系统的压力是否正常，刀具在机械手上锁紧是否可靠，发现不正常要及时处理。

2. 刀库的故障诊断与维修

刀库的主要故障有：刀库不能转动或转动不到位；刀库的刀套不能夹紧刀具；刀套上、下不到位等。

（1）刀库不能转动　刀库不能转动的可能原因有：①连接电动机轴与蜗杆轴的联轴器松动；②变频器有故障，应检查变频器的输入、输出电压是否正常；③PLC无控制输出，可能是接口板中的继电器失效；④机械连接过紧或黄油粘涩；⑤电网电压过低（低于370 V）。

刀库转动不到位的可能原因有：电动机转动故障；传动机构误差等。

（2）刀套不能夹紧刀具　这种故障的可能原因是刀套上的调整螺母松动或弹簧太松，造成卡紧力不足；刀具超重等。

（3）刀套上、下不到位　这种故障的可能原因是装置调整不当或加工误差过大而造成拔叉位置不正确；因限位开关安装不准或调整不当而造成反馈信号错误等。

（4）刀套不能拆卸或停留一段时间才能拆卸　应检查操纵刀套90°拆卸的气阀是否松动，气压足不足，刀套的转动轴是否锈蚀等。

3. 换刀装置的故障诊断与维修

（1）刀具夹不紧　这种故障的可能原因有风泵气压不足；增压漏气；刀具卡紧气压漏气；刀具松开弹簧的螺帽松动等。

（2）刀具夹紧后松不开　这种故障的可能原因是松锁刀具的弹簧压合过紧，应逆时针旋松卡刀簧上的螺帽，使最大载荷不超过额定数值。

（3）刀具从机械手中脱落　应检查刀具是否超重，机械手锁紧卡是否损坏或没有弹出来。

（4）刀具交换时掉刀　换刀时主轴箱没有回到换刀点或换刀点漂移，机械手转刀时没有到位就开始拔刀，都会导致换刀时掉刀。这时应重新操作主轴箱运动，使其回到换刀点位置，重新设定换刀点。

（5）机械手换刀速度过快或过慢　可能是因为气压太高或太低、换刀气阀节流开口太大或太小。应调整气压大小或节流阀开口的大小。

（6）机械手在主轴上装不进刀　这时应考虑主轴准停装置失灵或装刀位置不对，应检查主轴的准停装置，并校准检测元件。

【例 6-4】 JCS－018 立式加工中心采用 FANUC－BESK7CM 系统。自动换刀时机械手不换刀。

故障检查与分析：故障发生后检查机械手的情况，机械手在自动换刀时不能换刀，而在手动时又能换刀，且刀库也能转位。同时，机床机械手在自动换刀时，除不换刀这一故障外，其他全部动作均正常，无任何报警。检查机床控制电路无故障；机床参数无故障；硬件上也无任何警示。考虑到刀库电动机旋转及机械手动作均由富士变频器所控制，故将检查点放在变频器上。观察机械手在手动换刀时的状态，刀库旋转及换刀动作均无误；观察机械手在自动换刀时的状态，刀库旋转时，变频器工作正常，而机械手换刀时，变频器不正常，其工作频率由 35 变为了 2。检查数控程序中的换刀指令信号已经发出，且变频器上的交流接触器也吸合，测量输入接线端上 X1、X2 的电压，在手动和自动时均相同，并且，机械手在手动时，其控制信号与变频无关。因此，考虑是变频器设定错误。从变频器使用说明书上可知：该变频器的输出频率有 3 种设定方式，即 01、02 和 03 方式 3 种。对 X1、X2 输入端而言，01 方式为 X1ON，X2OFF；02 方式为 X1OFF，X2ON；03 方式 X1ON，X2ON。检查 01 方式下，其设定值为 0102，故在机械手动作时输出频率只有 2 Hz，液晶显示屏上也显示为 02。

故障原因：操作者误将变频器设定值修改，致使输出频率太低，而不能驱动机械手工作。

故障处理：将其按说明书重新设定为 0135 后，机械手动作恢复正常。

6.3　伺服系统的故障诊断与维修

在自动控制系统中，能够把输出量以一定准确度跟随输入量的变化而变化的系统称为伺服系统。伺服系统主要是控制机床的进给运动和主轴转速，其工作原理如图 6-12 所示。数控机床的伺服系统一般由驱动单元、机械传动部件、执行件和检测反馈环节等组成。伺服系统是一种反馈控制系统，它以指令脉冲为输入给定值，与输出量进行比较，利用比较后产生的偏差值对系统进行自动调节，以消除误差，使被调量跟踪给定值。

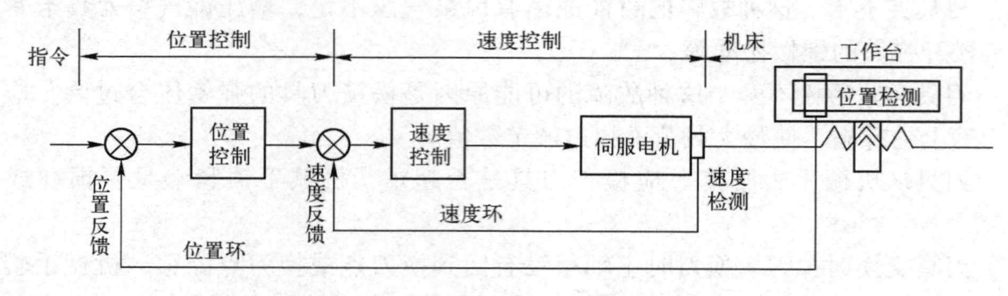

图 6-12　伺服系统工作原理图

6.3.1　主轴伺服系统的故障诊断

数控机床要求主轴在很宽范围内转速连续可调，恒功率范围宽。当要求机床有螺纹加工功能、准停功能和恒线速加工等功能时，就要对主轴提出相应的进给控制和位置控制要求，因此主轴驱动系统也可称为主轴伺服系统。

1. 常用主轴伺服系统

主轴伺服驱动系统硬件配置一般有 3 种。

（1）由通用变频器和通用三相异步电动机构成的主轴变频调速驱动系统，这种实现方式结构简单，成本较低，多用于经济型数控机床（包括机床改造）的主轴调速之用。变频器的作用是将 50 Hz 的交流电源整流成直流电源，然后通过 PWM 技术，逆变成频率可变的交流电源，驱动普通三相异步电动机变速旋转。

（2）由直流主轴速度控制单元和他励式直流电动机组成的直流主轴驱动系统。直流主轴电动机结构与永磁式电动机不同，由于要输出较大的功率且要求正、反转及停止迅速，所以一般采用他励式。为了防止直流主轴电动机在工作中过热，常采用轴向强迫风冷却或采用热管冷却技术。直流主轴速度控制单元是由速度环和电流环构成的双闭环速度控制系统，用于控制主轴电动机的电枢电压，进行恒转矩调速；控制系统的主回路采用反并联可逆整流电路，因为主轴电动机的容量大，所以主回路的功率开关元件大都采用晶闸管元件。主轴直流电动机调速还包括恒功率调速，由励磁控制回路完成。

（3）由交流主轴速度控制单元和交流主轴伺服电动机组成的交流主轴伺服系统。交流主轴伺服系统又分模拟式和数字式两种，现主流产品大多是数字式控制形式，由微处理器担任的转差频率矢量控制器和晶体管逆变器控制感应电动机速度，速度传感器一般采用脉冲编码器或旋转变压器。

2. 主轴伺服系统的故障形式

当主轴伺服系统发生故障时，通常有 3 种表现形式：一是在 CRT 或操作面板上显示报警信息或报警内容；二是在主轴驱动装置上用警报灯或数码管显示主轴驱动装置的故障；三是主轴工作不正常，但无任何报警信息。

3. 主轴伺服系统的故障诊断

（1）外界干扰　由于受电磁干扰，屏蔽和接地措施不良，使得主轴转速指令信号或反馈信号受到干扰，从而使主轴驱动出现随机和无规律性的波动。判别有无干扰的方法是：当主轴转速指令为零时，主轴仍往复转动，调整零速平衡和漂移补偿也不能消除。

（2）过载　切削用量过大，频繁正、反转等均可引起过载报警。具体表现为主轴电动机过热、主轴驱动装置显示过电流报警等。

（3）主轴定位抖动　造成主轴定位故障的原因主要来自于下面3个方面。

1）主轴定位检测传感器位置安装不正确，无法检测到主轴状态，造成定位时主轴来回摆动。

2）主轴速度控制单元参数设置有误，使主轴定位产生误差或抖动。

3）主轴停止回路调整不当，使主轴在定位点附近摆动。

（4）主轴转速与进给不匹配　当进行螺纹切削或用每转进给指令切削时，会出现停止进给，主轴仍继续运转的故障。要执行每转进给的指令，主轴必须有每转一个脉冲的反馈信号，一般情况下为主轴编码器有问题。可以用下列方法来判定：①CRT画面有报警显示；②通过CRT调用机床数据或I/O状态，观察编码器的信号状态；③用每分钟进给指令代替每转进给指令来执行程序，观察故障是否消失。

（5）转速偏离指令值　当主轴转速超过技术要求所规定的范围时，要考虑：①电动机过载；②CNC系统输出的主轴转速模拟量（通常为0～±10V）没有达到与转速指令对应的值；③测速装置有故障或速度反馈信号断线；④主轴驱动装置故障。

（6）主轴异常噪声及振动　首先要区别异常噪声及确定振动发生在主轴机械部分还是在电气驱动部分：①在减速过程中发生噪声及振动一般是驱动装置造成的，如交流驱动中的再生回路故障；②在恒转速时发生噪声及振动，可通过观察主轴电动机自由停车过程中是否有噪声和振动来区别，如存在，则主轴机械部分有问题；③检查振动周期是否与转速有关，如无关，一般是主轴驱动装置未调整好；如有关，应检查主轴机械部分是否良好，测速装置是否良好。

（7）主轴电动机不转　CNC系统至主轴驱动装置除了转速模拟量控制信号外，还有使能控制信号，一般为DC 24V继电器线圈电压。①检查CNC系统是否有速度控制信号输出；②检查能源信号是否接通。通过CRT观察I/O状态，分析机床PLC图形（或流程图），以确定主轴的启动条件，如润滑、冷却等是否满足；③主轴驱动装置故障；④主轴电动机故障。

【例6-5】故障现象：1.8m卧式车床在点动时，花盘来回摆动。

故障检查：测量驱动控制系统中的±20V直流稳压电源的波纹峰值为4V，大大超过了规定的范围。

故障分析：在控制系统的放大电路中，高、低通滤波器可以滤掉，如测速电动机反馈、电流反馈、电压反馈中的各次谐波干扰信号，但无法滤除系统本身直流电源电路中的谐波分量，因为它存在于整个系统中，这些谐波进入放大器就会使放大器阻塞，使系统产生各种不正常的现象。在点动状态下，因电动机的转速较低，这些谐波已超过了点动时的电压值，造成了系统的振荡，使主轴花盘来回摆动，所以一旦去除谐波信号，故障马上消失。

故障处理：将电压板中的100mF和1000mF滤波电容换下，焊上新电容，并测量纹波只有几个毫伏后将电源板安装好，开机试运行，故障消除。

6.3.2 进给伺服系统的故障诊断

数控机床进给伺服系统的作用是：根据 CNC 发出的动作命令，迅速、准确地完成在各坐标轴方向的进给，与主轴驱动相配合，实现对工件的高精度加工。因此，进给伺服系统的性能是影响数控机床整体性能的重要因素，做好进给伺服系统的维护保养，及时发现故障、排除故障是十分必要的。

1. 进给伺服系统的故障形式

进给伺服系统出现故障有 3 种表现形式：一是在 CRT 或操作面板上显示报警内容或报警信息；二是进给伺服驱动单元上用报警灯或数码管显示驱动单元的故障；三是运动不正常，但无任何报警信息。

2. 进给伺服系统的故障诊断

常见的进给伺服控制方式主要有直流进给伺服驱动、交流进给伺服驱动以及步进电动机进给伺服驱动等。其中，交流进给伺服系统是最常用的一种方式，其常见故障见表 6-3。

表 6-3 交流进给伺服系统常见的故障及诊断

序 号	故障现象	主要原因
1	电动机不转	① 控制模式选择不当 ② 信号源选择不当 ③ 转矩限制禁止设定不当 ④ 转矩限制被设置成 0 ⑤ 限位开关短路，驱动禁止 ⑥ 没有伺服 ON 信号 ⑦ 指令脉冲禁止有效 ⑧ 轴承锁死
2	转速不均匀	① 增益时间常数选择不当 ② 速度或位置指令不稳定 ③ 伺服 ON、转矩限制、指令脉冲禁止信号有抖动 ④ 信号线接触不良
3	定位精度不好	① 指令脉冲波形不好，变形或太窄 ② 指令脉冲上有噪声干扰 ③ 位置环增益太小 ④ 指令脉冲频率过高
4	初始位置变动	① Z 相脉冲丢失 ② 原点接近开关，输出抖动 ③ 编码器信号有噪声
5	电动机异常响声、振动	① 速度指令包含噪声 ② 增益太高 ③ 机械共振 ④ 电动机机械故障
6	电动机过热	① 负载过大 ② 驱动器与电动机配合不当 ③ 电动机轴承故障 ④ 编码器内的热保护器故障

【例 6-6】 三菱 HA 系列交流伺服电动机的数控设备，工作时出现振动，并伴有伺服报警。

故障诊断：该电动机采用光电脉冲编码器作为位置检测装置。在排除机床机械装置可能产生的故障因素后，拆开电动机检查光码盘，发现光码盘上有尘粒，从而造成脉冲丢失引起机床报警。

6.3.3 位置检测装置的故障诊断

位置检测装置是数控系统的重要组成部分，在闭环或半闭环控制的数控机床中，必须利用位置检测装置把机床运动部件的实际位移量随时检测出来，与给定的控制值（指令信号）进行比较，从而控制驱动元件正确运转，使工作台（或刀具）按规定的轨迹和坐标移动。

1. 数控机床对检测装置的基本要求及分类

数控机床的加工精度在很大程度上取决于数控机床位置检测装置的精度，因此，位置检测装置是数控机床的关键部件之一，它对于提高数控机床的加工精度有决定性的作用。

数控机床对位置检测装置的基本要求如下。

1）稳定可靠、抗干扰能力强。数控机床的工作环境存在油污、潮湿、灰尘、冲击及振动等，位置检测装置要能够在这样的恶劣环境下工作稳定，并且受环境温度影响小，能够抵抗较强的电磁干扰。

2）满足精度和速度的要求。为保证数控机床的精度和效率，位置检测装置必须具有足够的精度和检测速度，位置检测装置的分辨率应高于数控机床的分辨率一个数量级。

3）安装维护方便、成本低廉。受机床结构和应用环境的限制，要求位置检测装置体积小巧，便于安装调试。尽量选用价格低廉、性价比高的检测装置。

数控机床中常用位置检测装置的分类，见表6-4。

表6-4 常用位置检测装置的分类

回转型检测装置		直线型检测装置	
数字式检测装置	模拟式检测装置	数字式检测装置	模拟式检测装置
光电盘	同步分解器	直线光栅	直线感应同步器
数码盘	圆形感应同步器	多通道透射光栅	直磁尺
圆光栅	圆形磁尺	计量光栅	绝对值式磁尺

2. 位置检测装置的故障诊断

当位置出现故障时，往往在CRT上显示报警号及报警信息。大多数情况下，若正在运动着的轴实际位置超过机床参数所设定的允差值，则产生轮廓误差监视报警；若机床坐标轴定位时的实际位置与给定位置之差超过机床参数设定的允差值，则产生静态误差监视报警；若位置测量硬件有故障，则产生测量装置监控报警等。

位置检测装置的维护包括以下几个方面内容：

（1）光栅的维护

1）防污。光栅尺由于直接安装在工作台和机床床身上，极易受到冷却液的污染，从而造成信号丢失，影响位置控制精度，因而在使用中应注意以下几点：尽量选用结晶少的冷却液；加工过程中，冷却液的压力不要太大，流量不要过大；光栅最好通入净化的低压压缩空气；污物可用脱脂棉蘸无水酒精轻轻擦除。

2）防振。光栅拆装时要用静力，不能用硬物敲击，以免引起光学元件的损坏。

（2）光电脉冲编码器的维护

1）防振和防污。由于编码器是精密测量元件，在拆装时要与光栅一样注意防振和防污问题，同时，对它的使用环境也有防振和防污的要求。污染容易造成信号丢失，振动容易使编码器内的紧固件松动脱落，造成内部电源短路。

2）防止连接松动。脉冲编码器用于位置检测时有两种安装形式，一种是与伺服电动机同轴安装，称为内装式编码器；另一种是编码器安装于传动链末端，称为外装式编码器，当传动链较长时，这种安装方式可以减小传动链累积误差对位置检测精度的影响。不管是哪种安装方式，都要注意编码器连接松动的问题，因为连接松动往往会影响位置控制精度，还会引起进给运动的不稳定，影响交流伺服电动机的换向控制，从而引起机床的振动。

（3）旋转变压器的维护　旋转变压器输出电压与转子的角位移有固定的函数关系，可用做角度检测元件，一般用于精度要求不高或大型机床的粗测及中测系统。旋转变压器的维护应注意以下几点：旋转变压器与伺服电动机同轴连接时，要保证同轴连接的精度，对传动链中所有零件必须消除传动间隙；碳刷磨损到一定程度后要更换。

【例6-7】有一台德国SHIESS KOPP公司的FSK32. 3凸轮磨床出现V轴失控，定位不准故障。

故障诊断：该类故障是由于机床在加工中砂轮高速旋转，使切削液成雾状，进入Heidenhain光栅尺内，使光栅污染，形成盲点造成的。经过对光栅动尺和静尺进行清洗，故障一般可排除。但此次清洗后故障不能排除，故怀疑是光栅尺或脉冲整形电路的问题。

如图6-13所示，由光栅尺来的正弦信号经过脉冲整形放大电路后，形成方波，经J_3送入NC控制系统。机床运行时，在J_3插件处测其输出的方波，发现有一路输出电压偏低，说明故障在前。再测J_1处输入的正弦信号I_1和I_2，发现I_2输出有时很杂乱。检查光栅J_1的连线正常，初步判断是光栅尺有问题。对测量结果进行分析发现，I_2信号不正常，经测量光电池两端的电压，有一组只有1 V左右。更换电池，故障排除。

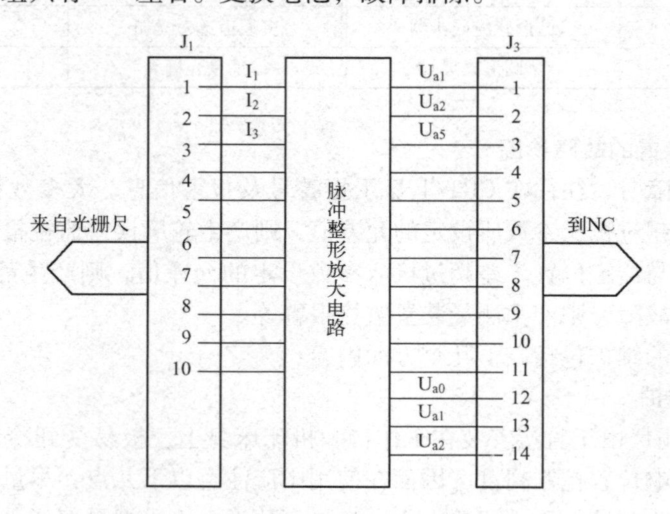

图6-13　光栅及控制部分的连接

6.4 数控系统的故障诊断与维修

计算机数控系统（Computerized Numerical Control System，简称 CNC 系统）是一种包含计算机在内的数字控制系统，其原理是根据计算机存储的控制程序执行数字控制功能。在数控机床的各种系统中，数控系统是最重要的系统，它集微电子、计算机、信息处理、自动检测、自动控制等高新技术于一体，又有高效率、智能化、柔性化等特点，对数控机床实现柔性自动化、集成化、智能化加工起着举足轻重的作用。

6.4.1 数控系统硬件故障的诊断

数控系统中的硬件故障是指所有的电子器件故障、接插件故障、线路板（模块）故障与线缆故障，其常见故障现象见表6–5。

表 6–5 与硬件故障相关的常见故障现象

无 输 出			输出不正常		
不能启动	不动作	无反应	失控	异常	原因
显示器不显示 数控系统不能启动 不能运行	轴不动 程序中断 故障停机 刀架不转 刀架不回落 工作台不回落 机械手不能抓刀	键盘输入后无相应动作	飞车 超程 超差 不能回零 刀架转而不停	显示器混乱/不稳 轴运行不稳 频繁停机 偶尔停机 振动与噪声 加工质量差（如表面振纹）	欠压 过压 过流 过热 过载

具体检查与分析方法有以下几种。

（1）常规检查法

1）系统发生故障后，首先根据故障发生前后的过程和现象，有针对性地观察开关设置、元器件外观、线路端子连接等可疑部分；聆听电动机、变压器、机电传动机构及其他运动部件的声响有无异常；触摸电子器件、管壳、机壳等发热部件温升是否正常；嗅闻有无异常的漆塑焦煳气息，即所谓“问、看、听、摸、嗅”观察。

2）针对故障有关部分，检查连接电缆、连接线束、接线端子、插头插座等接触是否良好，有无虚连、断线、松动、发热、锈蚀、氧化和绝缘破坏等接触不良现象。还要针对工作环境恶劣以及应定期保养的部件、元器件，看是否按规定进行了检查和保养。

3）检查电源环节，电源电压不正常会引起莫名其妙的故障现象。要查清是电源本身还是负载引起的，进而消除。

（2）故障现象分析法　以现象为依据，功能为线索，找出故障的规律和产生的原因，在不扩大故障的前提下，或许要重复故障现象，求得足够的线索。

（3）显示监察法　通过面板显示与灯光显示，可把大部分被监视的故障识别结果以报警的方式给出。充分利用装置、面板的指示灯分析，常能较快地找到故障。

（4）系统分析法

1）首先应弄清楚整个系统的方框图，理解工作原理。然后根据故障现象，判断问题可能出在哪个功能单元。可以不必解析单元内部的工作原理，而是根据系统方框图，将该单元的输入/输出信号以及它们之间的关系搞清楚。测试其输入、输出，判断是否正常。

2）将该单元隔离，提供必要的输入信号，观察其输出结果。若问题确实缩小到某一单元，则可针对该单元进一步采取措施，如用替代法、换件法、测绘排查法等排除故障。

（5）信号追踪法

1）按照系统图或框图，从前往后或从后往前，追踪有关信号的有无、性质、大小及不同运行方式下的状态表现，与正常的比较分析、辨证思考。

2）对于较长的通路，可采用分割法，从中间向两边查；甚至用“黄金分割法”，即抓住一个关键点，将该通路分成泾渭分明的两边。

3）多法变通使用：用电笔、万用表、示波器的硬接线系统信号追踪法；NC、PLC系统状态显示法；信号线激励追踪法；NC、PLC控制变量追踪法等。

（6）静态测量法　用万用表、测试仪对元件进行在线测量、离线测量，或借用“完好板”比较测量。

（7）动态测量法　可制作一个加长板，将被测板接出来以后，开机通电测量。再用逻辑推理的方法判断出故障点。

【例6-8】 FANUC－OTE系统的CK3225数控车床加工程序中断，CRT出现瞬间的X轴超程报警显示（XOVL）。

修前技术分析准备：超程是位置环问题，这是PLC报警，应该与PLC环节相关。查资料，得硬超程报警机理是由超程报警继电器动作后，由CNC在线寻检而发出的报警。

修前调查：机床处于正常使用期。机床在退回换刀时，时有程序中断，瞬间出现XOVL报警，随即消失。电源正常，环境、外观正常。实际未撞到行程（位置）开关。由此判定为非真正意义上的“失控”超程。

据理析象：故障特征确定为假超程。X轴在退回换刀过程中报警，表明与轴运动有关。在排除偶然的干扰后，判断可能是硬接线接触性或非稳定性故障。故障定位为PLC与X轴硬超程报警系统。

罗列成因：排除位置开关外，可能为PLC装置性能故障、I/O板相关接口电路故障或电缆线连接接触性故障，或线缆本身断线故障、超程报警继电器故障。最可能的故障成因是移动电缆断线。

故障定位：X正向行程开关连接电缆或接头故障。拧下电缆，用万用表进行故障点测试，确定为电缆断线故障。

故障排除：更换电缆，并清洁接头后，故障排除。

6.4.2　数控系统软件故障的诊断

数控机床运行的过程是在数控软件的控制下机床的动作过程，所以软件系统也会出现问题。软件故障是由数控软件变化或丢失形成的。

1. 数控系统软件故障的分类及原因

数控系统软件故障的3种类型如下。

1）多种报警共存的软件成因是：电磁干扰性参数混乱，或人为性参数混乱。

2）突然停电后以及长期闲置机床停机故障的软件成因，多与失电性参数混乱相关。

3）调试后的机床出现“该报警而不报警”的停机故障的软件成因，往往是新情况下的参数失匹，需要修整参数设置。

造成数控系统软件故障的原因有以下几种。

1）误操作。用户在对机床进行调试的过程中，删除或更改了软件的内容，从而形成了软件故障。

2）供电电池电压不足。由于软件是存储于RAM中的，因此当为RAM供电的电池电压降到了额定值以下，或在机床停电状态下拔下RAM供电的电池，或电池电路短路、断路时，RAM因得不到维持电压而使系统丢失软件或参数，形成软件故障。

3）干扰信号。有时电源的波动及干扰脉冲会窜入数控系统总线，引起时序错误或程控装置运行停止。

4）软件死循环。运行复杂程序或进行大量计算时，有时会导致计算机进入死循环或系统运算中断，从而破坏了预先写入RAM区的标准控制数据。

5）操作不规范。由于没有严格按操作规程进行操作，从而造成机床报警或停机。

6）用户程序出错。用户编制的程序中出现了语法错误、非法数据等。

2. 数控系统软件故障的分析与排除

在故障发生后，可以采用以下方法进行故障的分析和排除。

1）对于软件丢失或参数变化造成的运行异常、程序中断或停机故障，可采取对数据、程序进行更改或清除后再重新输入的方法来恢复系统的正常工作。

2）对于程序运行或数据处理中发生中断而造成的停机故障，可采取硬件复位法或关掉数控机床总电源开关，然后再重新开机的方法排除故障。

【例6-9】有一台TC1000型加工中心，故障现象是CRT显示混乱，重新输入机床数据，机床恢复正常，但停机断电后数小时再启动时，故障现象再一次出现。

分析与处理过程：经检查时MS140电源板上的电池电压降到下限以下，换电池重新输入数据后，故障消失。

6.5 本章小结

本章从数控机床的结构出发，把数控机床的故障分为机械部分、伺服部分、数控系统部分的故障，并分别从这三个角度去维修。通过本章的学习，希望学生能够掌握数控系统故障诊断的方法等。

6.6 思考与练习题

1. 填空题

（1）数控机床的核心是（　　）。

（2）衡量数控机床可靠性的指标有（　　）、（　　）及（　　）。

（3）数控机床上常用的刀库形式有（　　）、（　　）和（　　）。

（4）刀具常用交换方式有（　　）和（　　）两类。

（5）数控机床的故障按照故障的起因分类可分为（　　）和（　　）故障。

（6）数控机床机械系统故障的诊断方法可以分为（　　）和（　　）。

2. 单选题

（1）数控机床有报警显示的故障，这类故障又可分为（　　）。

A　硬件报警显示　B　软件报警显示　C　硬件报警显示与软件报警显示两种

（2）数控机床自动选择刀具中任选刀具的方法是采用（　　）来选刀换刀。

A　刀具编码　　B　刀座编码　　C　计算机跟踪

（3）诊断程序一般分为（　）。

A　启动诊断、在线诊断

B　启动诊断、在线诊断和离线诊断

C　在线诊断

（4）外观检查是指依靠（　　）来寻找机床故障的原因。这种方法在维修中是常用的，也是首先采用的。

A　人的五官等感觉

B　借助于一些简单的仪器

C　人的五官等感觉并借助于一些简单的仪器

（5）数控机床按故障发生有无报警显示分为有报警显示故障和（　　）故障。

A　硬件报警显示　　B　软件报警显示　　C　无报警显示

（6）参数设置不当引起的故障属于（　　）。

A　强电故障　　B　软件故障　　C　硬件故障

3. 简答题

（1）数控机床的基本结构通常由哪几部分组成？

（2）简述数控机床故障诊断的一般步骤。

（3）简述数控机床主轴准停装置的工作过程。

（4）数控机床进给系统中滚珠丝杠螺母副的预紧方法有哪几种？

（5）数控机床中刀库的故障形式主要有哪几种？

（6）造成数控系统软件故障的原因有哪些？如何排除软件故障？

（7）进给伺服系统有哪些故障形式？

（8）诊断：进给伺服系统主电路检测部分异常，在接通控制电源时或者运行过程中发生报警。

（9）诊断：一普通数控车床，NC 启动就断电，且 CRT 无显示。

第7章　液压系统故障诊断与维修

【导学】

📖 你知道液压传动系统出现故障后，如何诊断吗？常见液压元件的故障有哪些？各种典型设备液压系统故障是如何诊断和处理的？

液压系统的故障多种多样，不同的液压设备，由于组成液压系统的基本回路不同，组成各个基本回路的元件也不同，所以出现的故障也就不同。液压系统大部分故障并不是突然发生的，常常伴随着一些征兆，如噪声、振动、冲击等，如果能及时发现、控制并修理，系统故障就可以消除或减少。

本章主要介绍液压传动系统的组成、故障原因、诊断方法及特征，还分析了液压泵、液压阀、液压缸及液压马达等液压元件的常见故障与维修，以及内圆磨床、折弯机等设备液压系统常见故障的诊断与维修。

【学习目标】

1. 掌握液压传动系统的组成、故障原因、诊断方法及特征。
2. 理解液压泵、液压阀、液压缸及液压马达的常见故障与维修。
3. 了解内圆磨床、折弯机等设备液压系统常见故障的诊断与维修。

7.1　液压系统的故障诊断

液压传动设备在现代工程领域中应用非常广泛，涉及各行各业，其与机械传动系统相比，由于具备功率密度高、结构小巧、配置灵活、组装方便、可靠耐用等独到的特点，因此在国民经济的各个行业中得到了广泛采用。当前很多机电产品都是机械、液压、电子电气一体化产品，因而，液压系统故障诊断与维修的作用就变得尤为重要。

7.1.1　液压系统的工作原理、组成及特点

1. 液压传动的工作原理

液压传动是以液体作为工作介质来传递能量和进行控制的传动方式。它通过能量转换装置（液压泵），将原动机（发动机或电动机）的机械能转换为液体的压力能，又通过密闭管道、控制元件等，经另一能量转换装置（液压缸、液压马达）将液体的压力能转换为机械能，以驱动负载执行直线运动或旋转机构所需要的运动。

以如图7-1所示的液压千斤顶为例可以说明液压传动的工作原理。液压千斤顶在工作过程中进行了两次能量转换，小液压缸将杠杆的机械能转换为油液的压力能输出，称为动力元件；大液压缸将油液的压力能转换为机械能输出，顶起重物，称为执行元件。在这里大、

小液压缸及单向阀和油管等组成了最简单的液压传动系统，实现了运动和动力的传递。

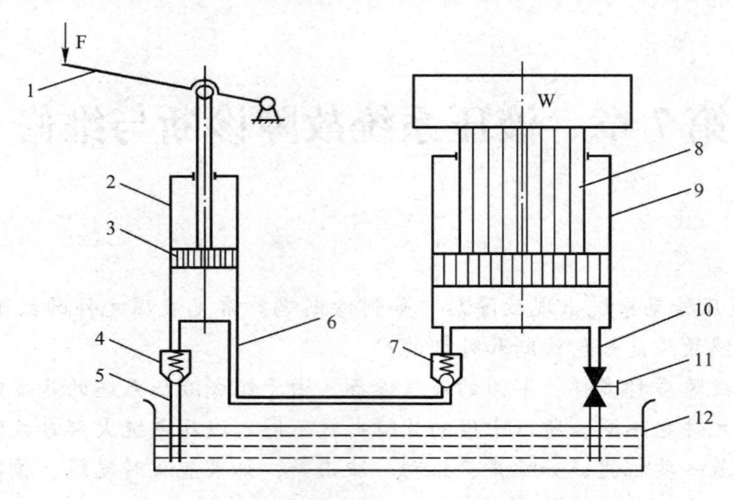

图 7-1　液压千斤顶工作原理示意图

1—杠杆手柄　2—小缸体　3—小活塞　4、7—单向阀　5—吸油管
6—排油管　8—大活塞　9—大缸体　10—管道　11—截止阀　12—油箱

2. 液压传动系统的组成

从上述实例所示的液压系统组成部分可以看出，在液压传动中有两次能量转换过程，即液压泵将机械能转换为液压能；而液压缸或液压马达又将液压能转换为机械能。

（1）动力元件　动力元件主要是各种液压泵，它把机械能转变为液压能，向液压系统提供压力油液，是液压系统的能源装置。

（2）执行元件　执行元件的作用是把液压能转变为机械能，输出到工作机构进行做功。执行元件包括液压缸和液压马达，液压缸是一种实现直线运动的液动机，它输出力和速度；液压马达是实现旋转运动的液动机，它输出力矩和转速。

（3）控制元件　控制元件是液压系统中的各种控制阀。其中包括改变液流方向的方向控制阀、调节运动速度的流量控制阀和调节压力的压力控制阀 3 大类。这些阀在液压系统中占有很重要的地位，系统的各种功能都是借助于这些阀而获得的。

（4）辅助元件　为保证系统正常工作所需的上述 3 类元件以外的其他元件或装置，在系统中起到输送、储存、加热、冷却、过滤及测量等作用。辅助元件包括油箱、管件、蓄能器、过滤器、热交换器以及各种控制仪表等。虽然称之为辅助元件，但在系统中却是必不可少的。

（5）工作介质　工作介质主要包括各种液压油、乳化液和合成液压液。液压系统利用工作介质进行能量和信号的传递。

3. 液压传动的特点

一般液压传动系统应当具备以下特点。

1）功率密度（即单位体积所具有的功率）大，结构紧凑，重量轻。

2）传动平稳，能实现无级调速，且调速范围大。

3）液压元件质量轻，惯性矩小，变速性能好。

4）传动介质为油液，液压元件具有自润滑作用，有利于延长液压元件的使用寿命。同时液压传动系统也易于实现自动过载保护。

5）液压元件易于实现标准化、系列化和通用化，有利于组织生产和设计。

7.1.2 液压系统故障的原因

（1）内在原因

1）液压元件结构设计存在潜在缺陷，或液压元件结构特性不佳，如滑阀在往复运动中易发生泄漏的液压系统故障等。

2）液压元件材质不佳，制造质量低，留下隐患，易导致液压系统故障。

3）液压系统设计不合理或不完善，使用时由于液压功能不全，导致液压系统故障。

4）液压设备运输、系统安装调试不当或错误，导致液压系统故障等。

（2）外在原因

1）液压系统的运行条件：即环境条件与使用条件，如温度过高、水和灰尘的污染等，易导致液压故障。

2）液压系统的维护保养不当和管理不善：如未能按时保养、未能按期换油、未能按时向蓄能器补充氮气等，易导致液压系统故障。

3）自然因素和人为因素的突变：如密封圈老化失效、运行规范不合理、操作失误等，易出现液压设备事故及液压系统故障。

7.1.3 液压系统常见故障的诊断方法

液压系统的故障分析诊断是一个复杂的问题。分析诊断之前应弄清楚液压系统的功能、传动原理和结构特点，然后再根据故障现象进行判断，逐渐深入，逐步缩小可疑范围，确定区域、部位，直到某个液压元件。

1. 液压系统故障诊断方法

液压系统故障诊断方法可分为简易诊断和精密诊断两种。

（1）简易诊断技术

1）主观诊断法。它是维修人员利用简单的诊断仪器和凭个人的实际经验对液压系统出现的故障进行诊断，判别产生故障的原因和部位，这是普遍采用的方法。主观诊断法又称“四觉诊断法”，即运用视觉、听觉、触觉和嗅觉来分析判断液压系统故障的诊断方法。

视觉诊断法也称观察法，就是用肉眼直接观察液压系统工作的真实现象。如观察执行机构的运动速度和动作有无变化和异常；观察液压系统中各测压点的压力值及波动大小；观察油温、油量是否满足要求；观察油液是否清洁，是否变质，油的黏度是否符合要求，油的表面是否有泡沫；观察系统总回油管的回油情况；观察液压管道各接头处、阀板结合处、液压缸端盖处、液压泵轴伸出处是否有渗漏、滴漏和出现油垢现象；观察液压缸活塞杆或工作台等运动部件工作时有无跳动或爬行现象；观察电磁铁的吸合情况并以此判断电磁铁的工作状态和换向阀各油口的通断情况；也可通过观察设备加工出来的产品的质量来判断运动机构的工作状态、系统工作压力和流量的稳定性等。

听觉诊断法也称探听法，就是用耳听来判别液压系统或液压元件的工作是否正常。如听液压泵和液压系统工作时的噪声是否过大；听溢流阀等元件是否有尖叫声；听换向时冲击声是否过大；听液压缸是否有活塞撞击端盖的声音；听油路板内部是否有微细而连续不断的泄漏声音；听液压泵或液压马达在运转时是否有敲打声；听液压系统各部位的所有异常声音。通过探听，可直接找出异常声音产生的部位，为确定故障部位提供有价值的参考信息。探听时可采用一根细长铜管之类的物体当作“简易听诊器”。

触觉诊断法也称手摸法，就是用手摸正在工作的部件表面，以此感觉系统的工作状态是否正常：如摸液压泵泵体外壳、油箱外壁和阀体外壳表面的温度，若接触 2 s 就感到烫手不能忍耐，说明此时油温就已超过 60℃，应立即查找原因；用手摸运动部件和管子，可以感觉到有无振动，若有高频振动，就应检查产生原因；当液压缸在低速运动时，用手摸液压缸活塞杆，可判断其有无爬行现象；用手拧一下挡铁、微动开关、紧固螺钉等，可检验其松紧程度。对于系统的发热和振动故障，用手摸法可以很容易找出故障部位。

嗅觉诊断法就是用鼻闻工作介质是否已发臭变质或工作环境中是否有异常气味，并以此判断工作介质是否需要更换或者是否有液压元件、电气元件被烧坏等。

在四觉诊断的基础上，查阅设备技术档案中有关故障分析与修理的记录、点检记录、交接班记录和维护保养情况的记录等，以及询问现场操作者关于设备出现故障前后的工作状况及异常现象。总之，要清楚地掌握所有的客观情况。但是，由于个人的感觉不同、判断能力的差异和实际经验的不同，其诊断的结果也会有差别。所以主观诊断只是一个简单的定性诊断，还做不到定量分析。为了弄清楚液压系统产生故障的原因，有时就要停机拆卸某个液压元件，把它放到试验台上做定量的性能测试。

2）分段检查试验法。对某些压力故障和动作故障，可采用分段检查试验法。分段法并不着重于深入的理性分析，而是对系统进行由外到内、由头到尾以及各个回路的分段检查。通过分段检查排除疑点，找出真正的故障部位。分段检查应首先检查系统外的各种因素，外部因素排除后再对系统本身进行检查。对系统进行检查，一般应按照电动机—联轴器—液压泵—回路的顺序，依次对每个有关环节进行检查，对多回路系统应依次对各有关回路分别进行检查。

3）浇油法。对怀疑与进气有关的故障，可采用浇油法找出进气部位。找进气部位时，可用工作油液浇淋怀疑部位，如果浇到某处时，故障现象消失，证明找到了故障的根源。浇油法对查找液压泵和系统吸油部位进气造成的故障特别有效。

4）元件替换法。对怀疑有故障的元件，特别是较容易更换的液压阀类元件，可用新件替换下嫌疑件，若故障消失，就说明该件就是故障件；若故障依然存在，可再对下一个嫌疑件进行替换，直至找到故障部位。

（2）精密诊断技术　精密诊断技术即客观诊断法，它是在简易诊断法的基础上对有疑问的异常现象，采用各种监（检）测仪器对其进行定量分析，从而找出故障原因。对自动线之类的液压设备，可以在有关部位和各执行机构中装设监测仪器（如压力、流量、位置、速度、液位、温度等传感器），在自动线运行过程中，某个部位产生异常现象时，监测仪器均可检测到异常技术状况，并在屏幕上自动显示出来。

状态监测用的仪器种类很多，通常有压力传感器、流量传感器、速度传感器、位移传感器、油温监测仪、位置传感器、液位监测仪以及振动监测仪等。把监测仪器测量到的数据输入电子计算机系统，计算机根据输入的信号提供各种信息和各项技术参数，由此可判别出某个执行机构的工作状况，并可在电视屏幕上自动显示出来。这样在出现危险之前可自动报警或自动停机或不能启动另外一个执行机构等。状态监测技术可解决凭人的感官无法解决的疑难故障。

2. 查定故障部位的方法

为了迅速有效地完成修理工作，查定故障部位和做出正确诊断是非常重要的。对故障原因进行分析，排除与此无关的区域和因素，逐步把范围缩小到某个基本回路或元件，是行之有效的方法。查定故障部位的方法通常有方框图法、因果图法、液压系统图法和逻辑流程图法等。

（1）方框图法　方框图法即将液压系统图分成几个小部分，每个小部分就是一个方框，按系统原理循环查找，这是查找液压故障的最基本的方法。

（2）因果图法　根据过去的修理经验，将所经历过的故障原因一一列表，一旦设备出现类似故障，可按表查找原因及部位。但是，液压设备的故障总是在变化的，难以依据列表准确查定原因和部位。

（3）液压系统图法　根据工作原理，将压力油的工作过程按箭头顺序指出，哪个环节出现问题，则下一个工作就无法完成，依据工作能否完成来查找故障原因和部位。

（4）逻辑流程图法　逻辑流程图法是根据液压系统的基本原理进行逻辑分析，减少怀疑对象，最终找出故障发生的部位，检测分析故障原因的一种方法。应用逻辑流程图法可以查定较复杂液压系统的故障部位。

由专家设计逻辑流程图，并把故障逻辑流程经过程序设计输入到计算机中储存。当某个部位出现不正常技术状态时，计算机可帮助人们快速找到产生故障的部位和原因，使故障得到及时处理。

如图 7–2 所示是液压缸不动作故障的逻辑流程图，对这一故障可以从该逻辑流程图中一步一步查找下去，最后找到产生故障的真正原因。

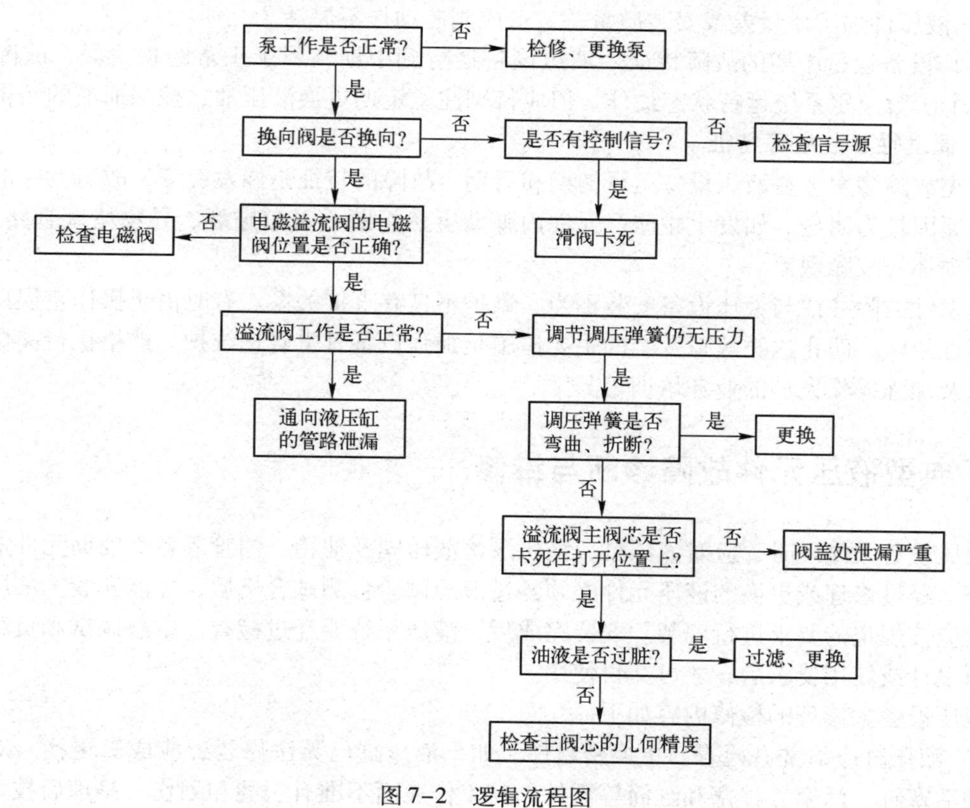

图 7–2　逻辑流程图

7.1.4 液压系统常见故障的特征

1. 不同运行阶段的故障特征

（1）新试制设备调试阶段的故障特征　液压设备调试阶段的故障率较高，存在问题较为复杂，其特征是设计、制造、安装等质量问题交叉在一起。除了机械、电气的问题以外，一般液压系统常发生的故障有如下几种。

1）外泄漏严重，主要发生在接头和有关元件的端盖连接处。

2）执行元件运动速度不稳定。

3）由于脏物使液压阀的阀芯卡死或运动不灵活，导致执行元件动作失灵。

4）压力控制元件的阻尼小孔堵塞，造成压力不稳定。

5）某些阀类元件漏装了弹簧、密封件，造成控制失灵，甚至管路接错而使系统动作错乱。

6）液压系统设计不完善，液压元件选择不当，造成系统发热、执行元件同步精度低等故障现象。

（2）定型设备调试阶段故障特征　定型设备调试时的故障率较低，其特征是由于搬运中损坏或安装时失误而造成的一般容易排除的小故障，其表现如下。

1）外部有泄漏。

2）压力不稳定或动作不灵活。

3）液压件及管道内部进入脏物。

4）液压元件内部漏装或错装弹簧或其他零件。

5）液压件加工质量差或安装质量差，造成阀芯动作不灵活。

（3）设备运行中期的故障特征　液压设备运行到中期，属于正常磨损阶段，故障率最低，这个阶段液压系统运行状态最佳。但应特别注意定期更换液压油、控制油液的污染。

2. 偶发性事故故障特征

这类故障多发生在液压设备运行初期和后期。故障的特征是偶发突变，故障发生的区域及产生原因较为明显。如发生碰撞、元件内弹簧突然折断、管道破裂、异物堵塞管路通道、密封件损坏等故障现象。

偶发性故障往往与液压设备安装不当、维护不良有直接关系。有时由于操作错误也会发生破坏性故障。防止这类故障发生的主要措施是加强设备日常管理维护，严格执行岗位责任制，以及加强操作人员的业务培训等。

7.2 典型液压元件故障诊断与维修

液压设备大修理时，应对液压缸、液压泵、液压阀及油箱、油管等各类辅助元件进行全面检修。经过修理或更换的液压元件必须经过液压试验台测试合格后，才能安装。液压元件与管道应按规定的要求进行安装。安装完成后，液压系统要经过检查、空载调试和负载调试达到原设计或使用要求后，才可交付使用。

液压设备大修理的检修内容如下。

1）液压缸应清洗、检查、更换密封件。如果液压缸已无法修复，应成套更换。对还能修复的活塞缸、活塞、柱塞和缸筒等零件，其工作表面不准有裂缝和划伤。修理后技术性能要满足使用要求。

2）所有液压阀均应清洗，更换密封件、弹簧等易损件。对磨损严重、技术性能已不能满足使用要求的元件，应检修或更换。

3）液压泵应检修，经过修理和试验，泵的主要技术性能指标达到要求，才能继续使用。

4）对旧的压力表要进行性能测定和校正，若不符合质量指标要求，应更换质量合格的新压力表。

5）各油管要清洗干净。更换被压扁、有明显敲击斑点的油管。管道排列要整齐，并配齐管夹。

6）油箱内部、空气滤清器等均要清洗干净。对已经损坏的滤油器应更换。

7）液压系统在规定的工作速度和工作压力范围内运动时，不应发生振动、噪声以及显著冲击等现象。

8）系统工作时，油箱内不应当产生气泡。油箱内油温不应超过55℃，当环境温度高于35℃时，系统连续工作4 h，其油温不得超过65℃。

7.2.1 液压泵常见的故障分析与诊断

在液压传动系统中，能源装置是为整个液压系统提供能量的，就如同人的心脏为人体各部分输送血液一样，在整个液压系统中起着极其重要的作用。液压泵就是一种能量转换装置，它将驱动电动机的机械能转换为油液的压力能，以满足执行机构驱动外负载的需要。

目前，液压系统中使用到的液压泵，其工作原理大致相同，都是靠液压密封的工作腔的容积变化来实现吸油和压油的，因此称为容积式液压泵。

按照结构不同，液压泵可分为齿轮泵（内啮合齿轮泵和外啮合齿轮泵）、叶片泵（单作用式叶片泵和双作用式叶片泵）和柱塞泵（径向柱塞泵和轴向柱塞泵）3 种。

1. 齿轮泵的故障与修理

齿轮泵是当前工程中应用最为广泛的一种液压泵。外啮合齿轮泵结构如图 7-3 所示。

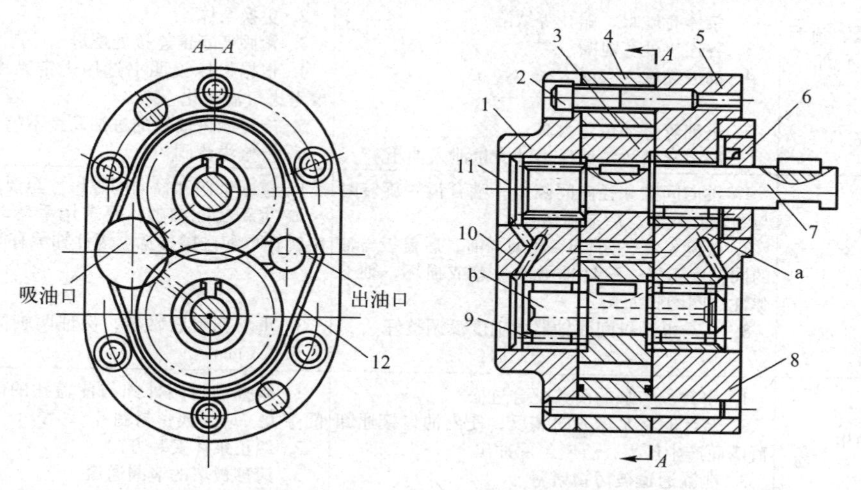

图 7-3　CB-B 型外啮合齿轮泵的结构

1—前泵盖　2—泵体　3—后泵盖　4—螺钉　5—压环　6—密封圈

7—主动轴　8—主动齿轮　9—从动轴　10—从动齿轮　11—定位销　12—滚针轴承

（1）齿轮泵的常见故障及排除方法

齿轮泵的常见故障及排除方法见表7-1。

表7-1　齿轮泵的常见故障及其排除方法

故障征兆	故障原因分析	故障排除与检修
齿轮泵密封性能差，产生漏气	1. CB-B型齿轮泵的泵体与前、后端盖是硬性接触（不用纸垫），若其接触面平面度差，则在齿轮高速旋转时会进入空气 2. 长轴左端和短轴两端密封压盖，过去采用铸铁制造，不能保证可靠密封。现采用塑料压盖，虽改善其密封性，但因热胀冷缩或损坏，也会进入空气 3. 吸油口管道密封不严，密封件损坏等也会混入空气 4. 油池的油面过低，吸油管吸入空气	1. 检查泵体与前、后端盖接触面。若平面度差，可在平板上用金刚砂研磨或在平面磨床上修磨 2. 压盖密封处产生的泄漏，可用丙酮或无水酒精将其清洗干净，再用环氧树脂胶粘剂涂敷 3. 紧固吸油口管道密封螺母。检查密封圈是否损坏，若损坏则更换 4. 加油至标线。若进油管短则更换较长的进油管，要求管浸入油池2/3高度处
噪声大	1. 齿轮的齿形精度不高或接触不良 2. 齿轮泵进入空气 3. 前后端盖端面经修磨后，两卸荷槽距离增大，产生困油现象 4. 齿轮与端盖端面间的轴向间隙过小 5. 泵内滚针轴承或其他零件损坏 6. 装配质量低，用手转动轴时感到有轻重现象 7. 齿轮泵与电动机连接的联轴器碰擦	1. 重新选择齿形精度较高的齿轮，或对研修整 2. 按前述齿轮泵密封性差产生漏气的故障进行检修 3. 修整卸荷槽间距尺寸，使之符合设计要求（两卸荷槽间距为2.78倍齿轮模数） 4. 将齿轮拆下放在平面磨床上磨去少许，应使齿轮厚度比泵体薄0.02～0.04 mm 5. 更换损坏的滚针轴承或其他零件 6. 拆检后重新装配调整，合适后重新铰削定位孔 7. 泵与电动机应采用柔性连接，并调整其相互位置。若联轴器零件损坏，应更换，且安装时保持两者同轴度误差在0.1 mm之内
容积效率低、流量不足、压力提不高	1. 由于磨损使齿轮啮合间隙增大，或轴向间隙与径向间隙太大，内泄漏严重 2. 泵体有砂眼、缩孔等缺陷 3. 各连接处有泄漏 4. 油液黏度太大或太小 5. 进油管进油位置太高 6. 因溢流阀故障使压力油大量泄入油箱	1. 更换啮合齿轮，或重新选择泵体，保证轴向间隙在0.02～0.04 mm之间，径向间隙在0.13～0.16 mm之间 2. 更换泵体 3. 紧固各管道连接处螺母 4. 根据机床说明书选用规定黏度的油液，还要考虑气温变化 5. 应控制进油管的进油高度不超过500 mm 6. 检修溢流阀
机械效率低	1. 轴向间隙和径向间隙小，啮合齿轮旋转时与泵体孔或前、后端盖碰擦 2. 装配不良，如CB-B型泵前、后盖板与轴的同轴度不好，滚针轴承质量差或损坏，轴上弹性挡圈圈脚太长 3. 泵与电动机间联轴器同轴度没调整好	1. 重配轴向和径向间隙尺寸至要求的范围内 2. 重新装配调整，要求用手转动主动轴时无旋转轻重和碰擦感觉。滚针轴承有问题应更换 3. 重新调整联轴器，保证两轴同轴度误差不大于0.1 mm
密封圈被冲出	1. 密封圈与泵的前盖配合过松 2. 装配时将泵体方向装反，使出油口接通卸荷槽而产生压力，将密封圈冲出 3. 泄漏通道被污物堵塞	1. 检查密封圈外圆与前盖孔的配合间隙，若间隙大，应更换密封圈 2. 纠正泵体安装方向 3. 清理被堵的泄漏通道
压盖在运转时经常被冲出	1. 压盖堵塞了前、后盖板的回油通道，造成回油不畅而产生很大压力，将压盖冲出 2. 泄漏通道被污物堵塞，时间长了产生压力，将压盖冲出	1. 将压盖取出重新压进，注意不要堵回油通道，且不出现漏气现象 2. 清理被堵的泄漏通道

（2）齿轮泵主要零件的修理方法

1）齿轮的修理。齿轮外圆因受不平衡径向液压力的作用，与泵体内孔摩擦而产生磨损及刮伤，导致径向间隙增大。轻者可不必进行修整，对使用无明显影响；严重者需要更换齿轮。齿轮两侧端面与前、后盖之间因有相对运动而磨损，轻者有刮伤痕迹，可用研磨方法将痕迹研去并抛光，即可重新使用；而磨损严重者，应将齿轮放在平面磨床上修磨端面，把磨损和刮伤痕迹磨去。

在齿轮泵重新进行装配时，如果无结构上的限制，可将两只齿轮反转180°安装，利用其原来非啮合的齿面进行工作，这样既不影响泵的工作性能又可以延长齿轮泵的使用寿命。

2）泵体的修理。由于修磨两齿轮端面，使齿轮厚度变薄，这时应根据齿轮实际厚度，配磨泵体端面，以保证齿轮的轴向间隙在规定的范围内。

泵体内孔与齿轮外圆有较大间隙，一般磨损不大，若发生轻微磨损或刮伤时，只需用金相砂纸修复即可使用。若由于启动时压力冲击而使齿轮外圆与泵体内孔摩擦而导致内孔产生较大磨损时，需更换新的泵体。

由于齿轮和轴承受到高压油单方向作用，而使泵体内壁的磨损多发生在吸油腔的一侧，磨损量不应大于0.05 μm。磨损后可用刷镀修复，修复后其圆度、圆柱度误差应小于0.01 mm，表面粗糙度 *Ra* 值应达0.8 μm。

3）端盖的修理。端盖与齿轮端面相对应的表面会产生磨损和擦伤，形成圆形磨痕。端盖磨损后，应采用磨削或研磨方法磨平整，加工后表面粗糙度 *Ra* 值为1.25 μm。端面和轴孔中心线的垂直度应给予保证。

4）油泵轴与轴承的修理。当轴承径向间隙大于0.01 mm时应更换新件。齿轮泵长、短轴与轴承配合部分会产生磨损，当磨损较严重时，可用电镀或刷镀技术修复。

2. 叶片泵的故障与修理

YB型双作用叶片泵结构 如图7-4所示。

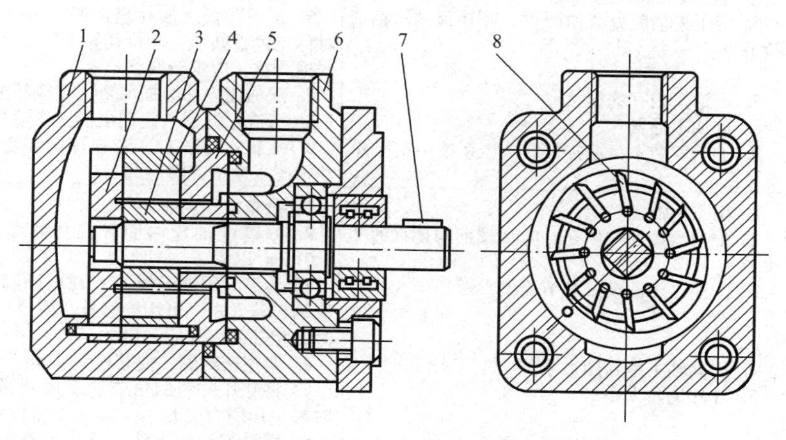

图7-4　YB型双作用叶片泵结构

1—左壳体　2、5—配油盘　3—转子　4—定子　6—右壳体　7—键轴　8—叶片

（1）叶片泵的常见故障及排除方法

叶片泵的常见故障及排除方法见表7-2。

表 7–2　叶片泵的常见故障及排除方法

故障征兆	故障原因分析	故障排除与检修
泵不出油，压力表显示没有压力	1. 泵旋转方向反了 2. 吸油管及过滤器被污物堵塞 3. 油箱内油面过低，吸不上油 4. 油液黏度过大，使叶片移动不灵活 5. 吸油管过长 6. 吸油腔部分（油封、泵体、管接头）漏气 7. 叶片在转子槽内被卡住 8. 配油盘和盘体接触不良，高低压油互通 9. 泵体有砂眼、气孔、疏松等铸造缺陷，造成高、低压油互通 10. 未装配联接键，或花键断裂	1. 调整叶片泵转子转向 2. 清洗吸油管及过滤器 3. 加油至规定油面 4. 更换黏度较低的油液 5. 应使油泵靠近油箱 6. 检查泵体吸油腔是否有砂眼、气孔等缺陷，若有应更换泵体。检查吸油管有无裂纹，管接头及油封密封性能，防止泄气 7. 修去毛刺或单配叶片，使每片叶片在槽内移动灵活 8. 配油盘在压力油作用下有变形、应修整配油盘接触面 9. 更换泵体 10. 安装连接键
油量不足	1. 径向间隙太大 2. 轴向间隙太大 3. 叶片与转子槽配合间隙太大 4. 定子内腔曲面有凹凸或起线，使叶片与定子内腔曲面接触不良 5. 进油不通畅	1. 配油盘内孔或花键轴磨损比较严重时，应更换 2. 修配定子、转子和叶片，轴向间隙控制在 0.04～0.07 mm 范围内 3. 根据转子叶片槽单配叶片，间隙控制在 0.013～0.018 mm 范围内 4. 在专用磨床上修磨定子曲线表面，若无法修磨，则需调换定子 5. 清洗过滤器，定期更换工作油液，并保持清洁
容积效率低，压力提不高	1. 叶片或转子装反 2. 个别叶片在转子槽内移动不灵活，甚至被卡住 3. 轴向间隙太大，内泄漏严重 4. 叶片与转子槽的配合间隙太大 5. 定子内曲线表面有刮伤痕迹，致使叶片与定子内曲线表面接触不良 6. 定子进油腔处磨损严重。叶片顶端缺损或拉毛等 7. 配油盘内孔磨损 8. 进油不通畅 9. 油封安装不良或损坏，液压系统中有泄漏	1. 纠正装配方向，使叶片倾角方向与转子旋转方向一致 2. 检查配合间隙，若配合间隙过小应单槽配研 3. 修配定子、转子和叶片，控制轴向间隙在 0.04～0.07 mm 范围内 4. 根据转子叶片槽单配叶片 5. 放在装有特种凸轮工具的内圆磨床上进行修磨 6. 定子磨损一般在进油腔，可翻转 180°装上，在对称位置重新加工定位孔并定位。叶片顶端有缺陷或磨损严重，应重新修磨 7. 配油盘内孔磨损严重，需换新配油盘 8. 清洗过滤器，定期更换工作油液并保持清洁 9. 重新安装油封，若损坏则需更换。检查各处漏油情况采取措施防泄漏
噪声大	1. 定子内曲面拉毛 2. 配油盘端面与内孔、叶片端面与侧面垂直度差 3. 配油盘压油窗口的节流槽太短 4. 传动轴上密封圈过紧 5. 叶片倒角太小 6. 进油口密封不严，混入空气 7. 进油不通畅，泵吸油不足 8. 泵轴与电动机轴不同轴 9. 泵在超过规定压力下工作 10. 电动机振动或其他机械振动引起泵振动	1. 抛光定子内曲面 2. 修磨配油盘端面和叶片侧面，使其垂直度在 0.01 mm 以内 3. 为清除困油及噪声，在配油盘压油腔处开有节流槽，若太短，可用锉修长，使得一片叶片过节流槽时，相邻的一片应开启 4. 调整密封圈，使其松紧适当 5. 将叶片一侧倒角或加工成圆弧形，使叶片运动时减少作用力突变 6. 用涂黄油的方法，逐个检查吸油管接头处，若噪声减小应紧固接头 7. 清除过滤器污物，加足油液，加大进油管道面积，调换适当黏度的油液 8. 校正两轴同轴度，使其同轴度误差小于 0.1 mm 9. 降低泵工作压力，须低于额定工作压力 10. 泵和电动机与安装板连接时应安装一定厚度的橡胶垫

（2）叶片泵主要零件的修理方法

1）定子的修理。当叶片泵工作时，叶片在压力油和离心力作用下，紧靠在定子内表面上。叶片与定子内表面因表面接触压力大而产生磨损。特别是吸油腔部分，叶片根部有较高的压力油顶住，其内曲面最容易磨损。

定子内曲线表面磨损出现沟痕时，可先用粗砂纸磨平消除沟痕，再用细砂纸抛光。若磨损严重或表面呈锯齿状时，可放在数控或专用的内圆磨床上修复，定子修理后，内表面与端面垂直度为 0.008 mm，表面粗糙度 *Ra* 值为 0.4 μm。

2）转子的修理。转子的两个端面最易磨损。端面磨损后间隙增大，内部泄漏增加。磨损轻微时可在平板上研磨、平整至满足表面粗糙度要求或用油石将毛刺和拉毛处修光、研磨；磨损严重时应将转子在平面磨床上磨平，直至消除磨损痕迹，达到表面粗糙度 *Ra* 值为 0.2 μm。当转子面磨削加工后，为保证转子与配油盘之间的正常间隙（0.04 ~ 0.07 mm），也应对定子端面进行磨削加工，其磨削量等于转子端面的磨削量加上原端面的磨损量。

转子的叶片槽因叶片在槽内频繁的往复运动，磨损量较大引起油液内泄。叶片槽磨损后，可在工具磨床上用超薄砂轮修磨，两侧面平行度误差为 0.01 mm，粗糙度 *Ra* 值应达 0.1 μm，再单配叶片，以保证其配合间隙在 0.013 ~ 0.018 mm 的范围内。

3）叶片的修理。叶片易磨损的部位是与定子内环表面接触的顶端和与配油盘相对运动的两侧，而叶片两侧大平面的磨损较缓慢。叶片磨损后，可用专用夹具修复其顶部的倒角及两侧。叶片大平面的磨损可放在平面磨床上修磨，但应保证叶片与槽的配合间隙在 0.013 ~ 0.018 mm 以内。

4）配油盘的修理。配油盘的端面与内孔最易磨损。端面磨损轻微时，可在平板上研磨平整；当磨损较为严重时，可采取切削加工的方法修复，应保证端面与内孔的垂直度为 0.01 mm，与转子接触平面的平面度在 0.005 ~ 0.01 mm 范围内，端面粗糙度 *Ra* 值为 0.2 μm。配油盘内孔磨损不多时，用金相砂纸磨光；磨损严重时可采用扩孔镶套再加工到规定尺寸的方法，也可调换新的配油盘。

7.2.2 液压缸常见的故障分析与诊断

液压缸是把液压能转换为机械能的执行元件。液压缸分为活塞缸和柱塞缸两种类型。液压缸使用一段时间后，由于零件磨损、密封件老化失效等原因而常发生故障，即使是新制造的液压缸，由于加工质量和装配质量不符合技术要求，也容易出现故障。

1. 活塞缸的故障与修理

（1）活塞缸的常见故障及排除方法　活塞缸的常见故障及排除方法见表 7-3。

表 7-3　活塞缸的常见故障及排除方法

故障征兆	故障原因分析	故障排除与检修
活塞杆（或液压缸）不能运动	1. 液压缸长期不用，产生锈蚀 2. 活塞上装的 O 型密封圈老化、失效、内泄漏严重 3. 液压缸两端密封圈损坏 4. 脏物进入滑动部位 5. 液压缸内孔精度差、表面粗糙度值大或磨损，使内泄漏增大 6. 液压缸装配质量差	1. 清洗液压缸 2. 更换活塞上的密封圈，并正确安装 3. 更换液压缸两端密封圈 4. 更换油液 5. 镗磨修复缸体内孔，新配活塞 6. 重新装配和安装，更换不合格零件

（续）

故障征兆	故障原因分析	故障排除与检修
推力不足，工作速度太慢	1. 液压系统压力调整较低 2. 缸体孔与活塞外圆配合间隙太大，造成活塞两端高、低压油互通 3. 液压系统泄漏，造成压力和流量不足 4. 两端盖内的密封圈压得太紧 5. 缸体孔与活塞外圆配合间隙太小，或开槽太浅，装上O型密封圈后阻力太大 6. 活塞杆弯曲 7. 液压缸两端油管因装配不良被压扁 8. 导轨润滑不良	1. 调整溢流阀，使液压系统压力保持在规定范围内 2. 根据缸体孔的尺寸重新配活塞 3. 检查系统内泄漏部位，紧固各管接头螺母，或更换纸垫、密封圈 4. 适当放松压紧螺钉，以端盖封油圈不泄漏为限 5. 重配缸体与活塞的配合间隙，车深活塞上的槽 6. 校正活塞杆，全长误差在0.2mm以内 7. 更换油管，装配位置要合适，避免被压扁 8. 适当增加导轨润滑油的压力或油量
爬行或局部速度不均匀	1. 导轨的润滑不良 2. 液压缸内混入空气，未能将空气排除干净 3. 活塞杆全长或局部产生变形 4. 活塞杆与活塞的同轴度差，液压缸安装精度低 5. 缸内壁腐蚀、局部磨损严重、拉毛 6. 密封得过紧或过松	1. 适当增加导轨润滑油的压力或油量 2. 打开排气阀，将工作部件在全程内快速运动、强迫排除空气。若无排气装置应装排气阀 3. 校正变形的活塞杆，或调整两端盖螺钉，不使活塞杆变形 4. 重新校正装配活塞杆与活塞，使其同轴度误差在0.04mm以内 5. 轻微者除去锈斑、毛刺，严重的要重新磨内孔、重配活塞 6. 调整密封圈，使其松紧合适
外泄漏	1. 活塞杆表面损伤，密封件损坏。装配不当，密封唇口装反、被损 2. 缸盖处密封不良 3. 管接头密封不严或油管挤裂	1. 如活塞杆损伤则加以修复，若密封圈损伤，则更换相应的密封圈 2. 检查密封表面的加工精度及密封圈的老化情况，做相应修整或更换 3. 定期紧固管接头
快速进退液压缸缓冲装置产生故障	1. 活塞上的缓冲节流槽太短、太浅 2. 活塞上的缓冲节流槽过深、过长，不起节流阻尼作用 3. 污物堆积，使活塞上缓冲节流槽被阻塞 4. 快速进退液压缸的定位装置未调整好，使活塞行程不足，缓冲节流开口失去阻尼作用 5. 单向阀处于全开状态或钢球与阀座封闭不严，回油不经缓冲节流口而从单向阀直接回油 6. 活塞外圆与缸体孔配合间隙太大或太小 7. 缸内的活塞锁紧螺母松动	1. 用60°的三角形整形锉修整三角节流槽的长度和深度 2. 将原三角节流槽用锡或铜焊平，再用60°三角整形锉重新修整节流槽 3. 更换油液，清洗活塞 4. 重新调整定位装置，将活塞与前端盖之间的间隙控制在0.02～0.04mm范围内，使活塞上的缓冲节流槽充分起到阻尼作用 5. 更换钢球或修复单向阀阀座，使之封油良好 6. 活塞外圆与缸体孔配合间隙应控制在0.02～0.04mm范围内。若两者间隙小，则修磨活塞外圆；若间隙大，重配活塞 7. 拆下后端盖，拧紧锁紧螺母

（2）活塞缸主要零件的修理方法

1）缸体的修理。活塞缸内孔产生锈蚀、拉毛或因磨损成腰鼓形时，一般采用镗磨或研磨的方法进行修复。修理之前应使用内径千分表或光学平直仪检查内孔的磨损情况。测量时，沿缸体孔的轴线方向，每隔 100 mm 左右测量一次，再转动缸体 90°测量孔的圆柱度，并且做好记录。

经镗磨或研磨修复后的内孔应达到圆度误差为 0.01 ~ 0.02 mm，直线度 100：0.01，表面粗糙度 Ra 值达 0.16 μm 等要求。

2）活塞的修理。缸体孔修复后孔径变大，可根据缸体孔径重配活塞，或对活塞外圆进行刷镀修复。

2. 柱塞缸的故障与修理

柱塞缸依靠油液的压力推动柱塞向一个方向运动，称之为单作用液压缸。其反向运动由弹簧、自重或反向柱塞缸来实现。

柱塞缸的常见故障及排除方法见表 7-4。

表 7-4　柱塞缸的常见故障及排除方法

故障征兆	故障原因分析	故障排除与检修
推力不足	1. 液压系统压力不足 2. 柱塞和导套磨损后，间隙增大，漏油严重 3. 进油口管接头损坏或螺母未拧紧，产生漏油	1. 适当提高系统工作压力 2. 更换导套，其内孔与柱塞外圆配合间隙在 0.02 ~ 0.03 mm 范围内 3. 更换管接头或螺母
推不动	柱塞严重划伤	小型柱塞更换新件。大型柱塞用堆焊修复柱塞表面深坑，采用刷镀修复大面积划伤的工作表面。更换或修复配合件
泄漏	柱塞与缸筒间隙过大	对柱塞进行刷镀可以减小间隙；也可以采用增加一道 O 型密封圈并修改密封圈沟槽尺寸，使 O 型密封圈有足够的压缩量

7.2.3　液压控制阀常见的故障分析与诊断

液压控制阀的作用是控制和调节液压系统中油液的方向、压力和流量，以满足各种工作要求。根据其用途和特点的不同，可分为方向控制阀（如单向阀、换向阀等）、压力控制阀（如溢流阀、减压阀、顺序阀等）和流量控制阀（如节流阀、调速阀等）3 种。

1. 换向阀的故障与修理

换向阀的作用是利用阀芯和阀体的相对运动，变换油液流动的方向，接通或关闭油路。

（1）换向阀的常见故障及排除方法　换向阀的常见故障及排除方法见表 7-5。

表 7–5　换向阀的常见故障及排除方法

故障征兆	故障原因分析	故障排除与检修
阀芯不动或不到位	1. 滑阀卡住	1. 检修滑阀
	① 滑阀（阀芯）与阀体配合间隙过小，阀芯在孔中容易卡住不能动作或动作不灵	① 检查间隙情况，研修或更换阀芯
	② 阀芯（或阀体）碰伤，油液被污染	② 检查、修磨或重配阀芯，必要时，更换新油
	③ 阀芯几何形状超差。阀芯与阀孔装配不同心，产生轴向液压卡紧现象	③ 检查、修正几何偏差及同轴度，检查液压卡紧情况，修复
	2. 液动换向阀控制油路有故障	2. 检查控制油路
	① 油液控制压力不够，滑阀不动，不能换向或换向不到位	① 提高控制油压，检查弹簧是否过硬，以便更换
	② 节流阀关闭或堵塞	② 检查、清洗节流口
	③ 滑阀两端泄油口没有接回油箱或泄油管堵塞	③ 检查并接通回油箱。清洗回油管，使之畅通
	3. 电磁铁故障	3. 检查并修复
	① 交流电磁铁，因滑阀卡住，铁心吸不到底面烧毁	① 检查滑阀卡住故障，并更换电磁铁
	② 漏磁、吸力不足	② 检查漏磁原因，更换电磁铁
	③ 电磁铁接线焊接不良，接触不好	③ 检查并重新焊接
	4. 弹簧折断、漏装、太软，都不能使滑阀恢复中位，因而不能换向	4. 检查、更换或补装弹簧
	5. 电磁换向阀的推杆磨损后长度不够或行程不对，使阀芯移动过小或过大，都会引起换向不灵或不到位	5. 检查并修复推杆，必要时，可换推杆
换向冲击或噪声	1. 控制流量过大，滑阀移动速度太快，产生冲击声	1. 调小单向节流阀节流口，减慢滑阀移动速度
	2. 单向节流阀阀芯与阀孔配合间隙过大，单向阀弹簧漏装，阻尼失效，产生冲击声	2. 检查、修整（修复）到合理间隙，补装弹簧
	3. 电磁铁的铁心接触面不平或接触不良	3. 清除异物，并修整电磁铁的铁心
	4. 滑阀时卡时动或局部摩擦力过大	4. 研磨修整或更换滑阀
	5. 固定电磁铁的螺栓松动而产生振动	5. 紧固螺栓，并加防松垫

（2）换向阀主要零件的修理　换向阀长期使用后，阀体内孔和阀芯表面会产生磨损，间隙增大。一般采用珩磨或研磨的方法修复。修理后配合圆柱面的圆度和圆柱度均为 0.005 mm，表面粗糙度 Ra 值不大于 0.2 μm，间隙不得超过 0.015 mm。

2. 压力控制阀的故障与修理

压力控制阀的作用是控制和调节液压系统中工作油液的压力，其基本工作原理是借助于节流口的降压作用，使油液压力和弹簧张力相平衡。

（1）压力控制阀的常见故障及排除方法　压力控制阀的常见故障及排除方法见表 7–6。

表 7–6　压力控制阀的常见故障及排除方法

故障征兆	故障原因分析	故障排除与检修
无压力	1. 主阀芯阻尼孔堵塞	1. 清洗阻尼孔、过滤或换油
	2. 主阀芯在开启位置卡死	2. 检修，重新装配（阀盖螺钉紧固力要均匀），过滤或换油
	3. 主阀平衡弹簧折断或完全使主阀芯不能复位	3. 换弹簧
	4. 调压弹簧弯曲或漏装	4. 更换或补装弹簧
	5. 锥阀（或钢球）漏装或破碎	5. 补装或更换锥阀
	6. 先导阀阀座破碎	6. 更换阀座
	7. 远程控制口通油箱	7. 检查电磁换向阀工作状态或远程控制口通断状态

（续）

故障征兆	故障原因分析	故障排除与检修
推不动	1. 主阀芯动作不灵活，时有卡住现象 2. 主阀芯和先导阀阀座阻尼孔时堵时通 3. 弹簧弯曲或弹簧度太小 4. 阻尼孔太大，消振效果差 5. 调压弹簧未锁紧	1. 修换阀芯，重新装配（阀盖螺钉紧固力应均匀），过滤或换油 2. 清洗缩小的阻尼孔，过滤或换油 3. 更换弹簧 4. 适当缩小阻尼孔（更换阀芯） 5. 调压后锁紧调压螺母
泄漏	1. 主阀芯在工作时径向力不平衡，导致溢流阀性能不稳定 2. 锥阀和阀座接触不好（圆度误差太大），导致锥阀受力不平衡，引起锥阀振动 3. 调压弹簧弯曲（或其轴线与端面不垂直），导致锥阀受力不平衡，引起锥阀振动 4. 通过流量超过公称流量，在溢流阀口处引起空穴现象 5. 通过溢流阀的溢流量太小，使溢流阀处于启闭临界状态而引起液压冲击	1. 检查阀体孔和主阀芯的精度，修换零件，过滤或换油 2. 封油面圆度误差控制在 0.005 ~ 0.01 mm 范围以内 3. 更换弹簧或修磨弹簧端面 4. 限在公称流量范围内使用 5. 控制正常工作的最小溢流量

（2）压力控制阀主要零件的修理　压力控制阀的主要磨损件是滑阀或锥阀、阀体孔及阀座。当阀体孔磨损后，可采用珩磨或研磨修复。修复后内孔的圆度、圆柱度均不超过 0.005 mm。由于阀体孔修理后尺寸变大，需更换滑阀，以保持配合间隙在 0.015 ~ 0.025 mm 范围内。

7.3　液压系统故障诊断与维修实例

7.3.1　内圆磨床液压系统常见故障的诊断与维修

M2110A 型内圆磨床的磨削内孔直径为 $\phi 6 \sim \phi 100$ mm，磨削孔深度为 6 ~ 150 mm，工作台最高速度为 8 m/min。

1. M2110A 型内圆磨床液压传动系统

该机床的液压传动系统用于完成工作台的往复运动、工作台的快速退离与趋近、砂轮修整器的运动和床身导轨的润滑等。其液压传动原理如图 7-5 所示。

2. M2110A 液压系统常见故障与维修方法

（1）工作台运动速度不稳定，低速时有爬行

1）液压系统中存在过量空气。

在工作台液压缸左端有一节流小孔，当发现液压系统内有大量空气时，应启动工作台，使液压缸内活塞快速全程往复运动，使液压缸左右两腔与节流小孔接通，在压力油的作用下，将液压缸内空气排出。

2）工作台各部分运动摩擦阻力太大。

若工作台导轨润滑不良，应调整节流阀 L_6、L_7，增加润滑油量；若液压缸两端密封圈压得过紧时，应重新调整其松紧程度；若发现活塞杆弯曲，或与工作台连接松动时，应校直活塞杆，使其弯曲量在全长上不超过 0.15 mm，并调整紧固活塞杆与工作台连接处。

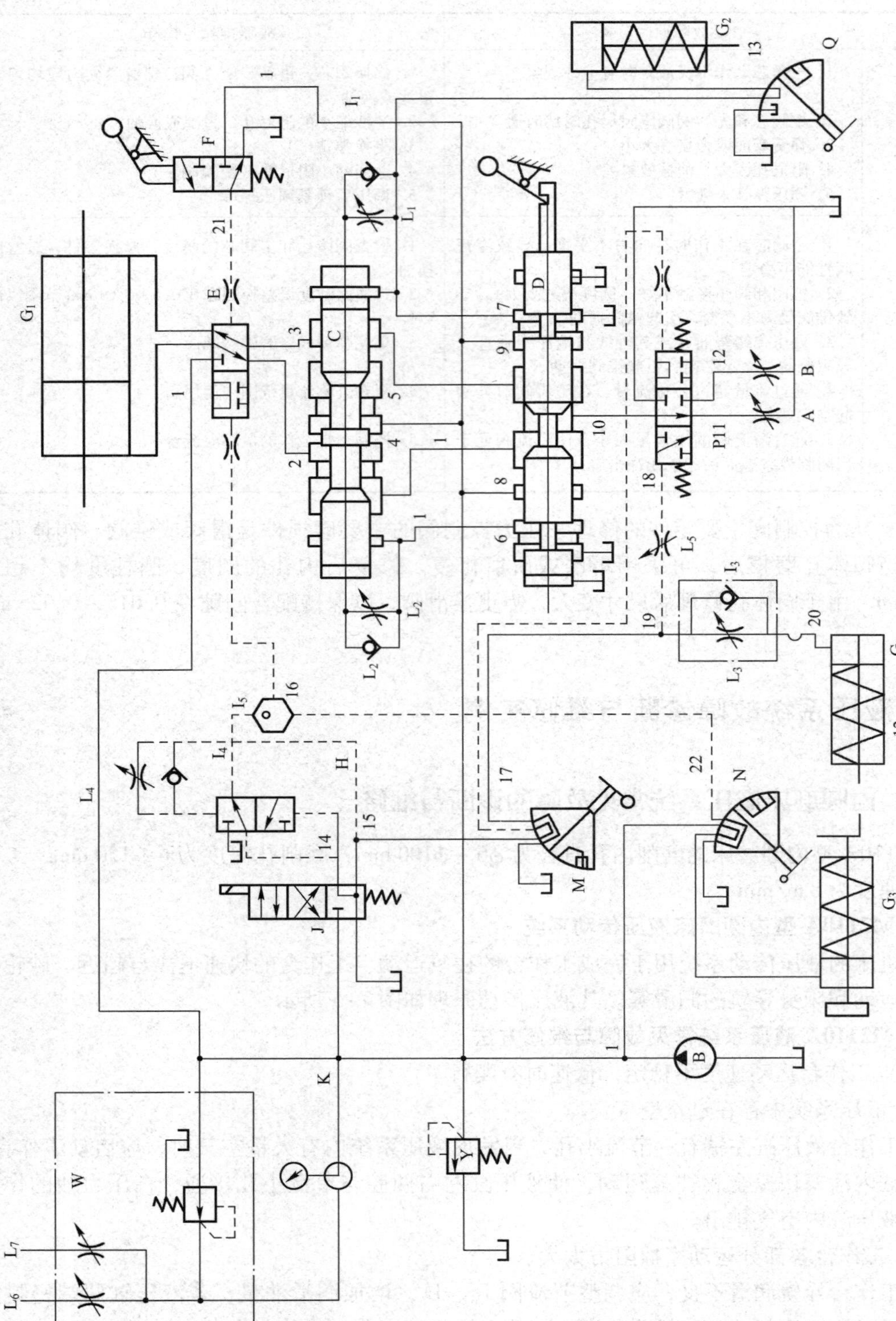

图7–5　M2110A型内圆磨床液压传动系统原理图

3）齿轮泵磨损，输出油量不足，滤油器堵塞，油箱储油不满，造成齿轮泵供油不均匀和发生压力波动。

修理齿轮泵，若齿轮磨损严重，则更换新齿轮或新的齿轮泵。清洗滤油器，并向油箱内加足液压油。

（2）工作台三种运动速度失控

1）工作台上、中停压板或修整砂轮压板位置没有调整好。

调整或修整砂轮压板，使之能将行程阀阀杆压下7 mm，而中停压板又能把行程阀阀杆再压下5 mm，调整后把螺母拧紧。

2）行程阀中弹簧失灵。

检查弹簧是否发生疲劳或折断，当不能修复时应更换。

3）回油分配阀两端弹簧不平衡，阀芯移动不灵活。

检查清洗回油分配阀，更换两端弹簧，要求弹簧力平衡，使回油分配阀居中间位置，并保持阀芯移动灵活。

4）行程阀自锁机构失灵。

检查行程阀自锁机构的锁片或弹簧是否损坏，仔细调整使其动作可靠。

5）工作台磨削速度节流阀或砂轮修整速度节流阀堵塞。

清洗并修复相关节流阀，使之畅通无阻、调节灵敏。

（3）工作台换向呆滞或发生冲击

1）操纵箱上换向阀两侧盖板内的单向阀弹簧过硬，使工作台换向呆滞。

应选用较软的弹簧，使钢球不能任意滚出即可。

2）操纵箱内先导阀控制尺寸太短，液压自动换向时产生呆滞现象，但手动换向时正常。

可将先导阀上的两个制动锥长度磨长0.20～0.30 mm，但制动锥角度不能变动，可使工作台换向灵敏。

3）换向阀两端的单向阀封油不良，引起换向冲击。

应研磨单向阀的阀座及更换钢球，使其密封良好。

4）工作台液压缸活塞杆两端的紧固螺母松动。

适当拧紧活塞杆两端的螺母，但不能过紧，否则会引起工作台变形，导致工作台产生爬行，甚至不能移动。

（4）砂轮架自动进给不均匀

1）进给液压缸与活塞配合不好，致使进给动作不灵活。

清洗液压缸，调整或修复活塞，使缸筒与活塞间隙在0.04～0.06 mm范围以内。

2）摩擦轮和滚子传动失灵。

调整摩擦轮拉紧弹簧，使动作协调。

3）砂轮架移动导轨与丝杠润滑不良。

疏通油路，使导轨与丝杠润滑正常。

（5）砂轮修复器有冲动现象

1）砂轮修复器单向阀L_3中钢球圆度差或弹簧失效。

修复砂轮修复器单向阀，更换钢球或弹簧。

2）砂轮修复器节流阀 L_3 小孔堵塞。

清洗砂轮修复器节流阀小孔，调整节流阀调节螺钉。

3）砂轮修复器液压缸弹簧失效，活塞运动不正常。

更换砂轮修复器液压缸弹簧，使活塞能灵活运动。

7.3.2 折弯机液压系统故障的诊断与维修

WB67Y－100/3200 型液压板料折弯机采用了主液压缸间接驱动上模板（滑块）的结构，如图 7-6 所示，主液压缸 4 活塞外伸端通过主摆杆和连杆、被动摆杆间接地传给上模板动力和运动，副液压缸 9 柱塞外伸端与上模板连接，上模板作用于工件上的力是主、副液压缸作用力之和。其特点是克服了传统方式采用一对直接作用的液压缸所产生的平衡问题；即使在承受偏载时，滑块仍能保持水平，不会倾斜，其液压传动原理如图 7-7 所示。

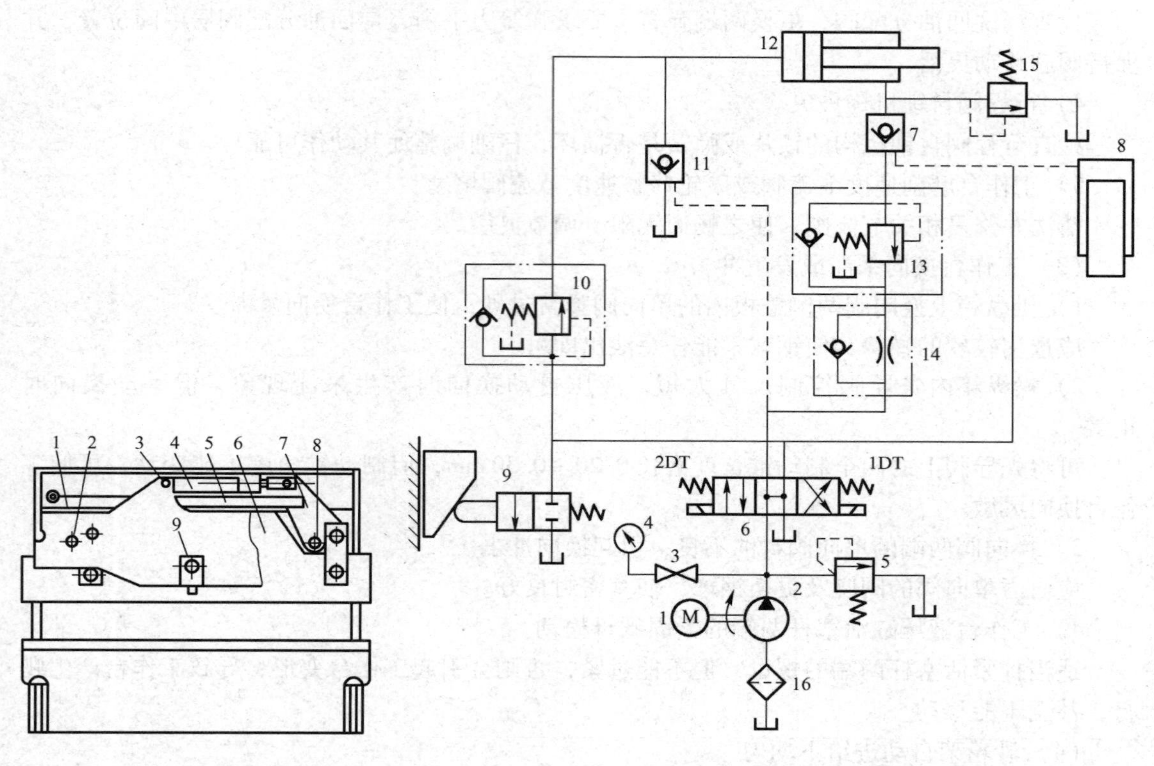

图 7-6　设备结构图　　　　图 7-7　折弯机液压原理图

1—被动摆杆　2、3、8—轴销　4—主液压缸　5—连杆
6—（上模板）滑块　7—主摆杆　9—副液压缸

WB67Y－100/3200 型折弯机液压系统常见故障如下：

（1）工作滑块没有工作行程，即液压原理图中主液压缸 12 活塞无右行动作

1）空载试验。

首先，启动液压泵，使三位四通换向阀 6 的 2DT 通电，主液压缸 12 活塞左行，滑块回程上行并制动，观察压力表 4 有显示压力值。

接着使换向阀 6 的 1DT 通电，并用 ϕ6 mm × 50 mm 的紫铜棒触及电磁铁 1DT 阀芯检查，

阀芯已吸合到位，此时主液压缸 12 的活塞无右行程动作且压力表 4 无显示值。再观察各连接处均无外泄。

分析上面试验，说明工作油液回油箱卸荷，液压泵 2 及溢流阀 5 工作正常，液压缸 12 右腔连接油路没有故障。故障可能出现在阀 9、阀 11、阀 10 或换向阀 6 的右位功能上。

2）拆下油管检查。

停机将行程伺服阀 9、液控单向阀 11 回油管接头拆下，启动液压泵，使 1DT 通电，检查阀 9、阀 11 有无回油泄漏。若无泄漏，说明这两个阀工作正常。

3）拆卸解体液压阀检查。

将单向顺序阀 10 和换向阀 6 解体检查。阀 10 良好。用炊烟法检查阀 6：用一根 ϕ8 mm × 100 mm 的塑料管，一端插入 P 口，另一端徐徐吹入烟雾，同时手动调节阀芯位置。检查发现阀 6 右位功能丧失，拆下阀芯，发现其右位阀腔口崩损，形成四通口互串卸荷。

更换阀 6，故障消除。

（2）滑块在任意位置不能停住，有下滑现象，即主液压缸 12 活塞无右行制动

1）空载试验。经空载试验，滑块工进和回程功能正常，但滑块回程停机后，仍有下滑现象。说明液压缸 12 右腔回油背压不足，故障出在背压油路的液控单向阀 7、溢流阀 15 上。

2）拆卸解体液压阀检查。将阀依次解体后，发现液控单向阀 7 回位弹簧折断多处，致使阀芯卡住；发现溢流阀 15 阀芯被杂质卡住。经研合阀芯、阀孔及清洗，更换弹簧并适当调整溢流阀背压后故障消除。

（3）压力表值达指定值，但不能折弯工件　从液压原理上分析，当换向阀 6 的电磁铁 1DT 通电后，油液由两路分别进入主液压缸 12 左腔和副液压缸 8 油腔。由于进入液压缸 8 的压力油无外泄，而且这条油路中间没有任何控制阀，说明故障不在这条油路上。同时压力表 4 显示值达到指定值，说明系统工作已建立，并且没有严重外泄。故障有可能出在主液压缸进、出油路控制系统上。

将溢流阀 15 压力调整为零进行试验，上模板仍不能折弯工件且无回程运动；当调整溢流阀 15 压力至一定值，上模板回程运动恢复，说明主液压缸 12 右腔油路控制系统不会造成这种故障。所以故障可能出现在主液压缸 12 左腔控制油路系统上，即单向顺序阀 10 故障所致。

启动液压缸并使换向阀 6 的 1DT 通电，将单向顺序阀 10 调整螺杆徐徐旋出一定位置，故障消除。说明故障是单向顺序阀 10 所调定压力值超过溢流阀 15 调定压力值所引起。

7.4　本章小结

本章主要介绍了液压传动系统的组成、故障原因、诊断方法及特征，分析了液压泵、液压阀、液压缸及液压马达的常见故障与维修，并以内圆磨床、折弯机液压系统为例分析了常见故障的诊断与维修。通过本章的学习，希望学生能够掌握液压系统的故障诊断及维修方法等。

7.5 思考与练习题

1. 典型液压传动系统的组成有哪些?

2. 常见的液压系统故障诊断方法有哪几种?

3. 简述液压系统故障简易诊断方法。

4. 查定液压系统故障部位的方法有哪些？其中逻辑流程图法是如何具体诊断故障发生部位的?

5. 设备大修理时，液压系统应检修哪些内容?

6. 齿轮泵的常见故障有哪些？其主要零件怎样修理?

7. 叶片泵的常见故障有哪些？其主要零件怎样修理?

8. 活塞杆工作时为什么会出现爬行现象？应如何排除?

9. 换向阀阀芯不动的原因有哪些？应如何排除?

10. 压力控制阀工作时为什么无压力输出？应如何排除?

第8章　机床电气设备的故障诊断与维修

【导学】

🕮 你知道常见的电气设备故障诊断实验技术有哪些吗？常用的电气设备如三相异步电动机、PLC 有哪些常见的故障呢？

测取设备在运行中或相对静止条件下的状态信息，通过对信号的处理和分析，并结合设备的历史状况，定量识别设备及其零部件的技术状态，并预知有关异常、故障和预测未来技术状态，从而确定必要的对策的技术，即设备故障诊断技术。

机床电气系统的安全运行直接关系到供电、用电的安全，一旦发生故障，不仅会影响到机床的正常运行，还会造成损坏设备、威胁人身安全等严重后果，故电气设备采用了相应的监测保护措施，以降低故障率。而故障发生后，只有迅速而准确地判断和排除故障，才能将故障的影响程度降到最小。

本章主要介绍机床电气设备故障诊断的内容、过程和方法；机床电气设备故障诊断常用的试验技术；以及三相异步电动机和 PLC 的故障诊断与维修。

【学习目标】

1. 了解机床电气设备故障诊断的内容、过程和方法。
2. 掌握机床电气设备故障诊断常用的试验技术。
3. 掌握三相异步电动机的常见故障与维修方法。
4. 掌握 PLC 的故障诊断流程及常见故障。

8.1　机床电气设备故障诊断基础

8.1.1　电气设备故障诊断的内容和过程

电气设备故障诊断的内容包括状态监测、分析诊断和故障预测 3 个方面。其具体实施过程可以归纳为以下四个步骤。

1. 信号采集

电气设备在运行过程中必然会有力、热、振动及能量等各种量的变化，由此会产生各种不同信息。根据不同的诊断需要，选择能表征设备工作状态的不同信号，如振动、压力及稳度等是十分必要的。这些信号一般是用不同的传感器来拾取的。

2. 信号处理

这是将采集到的信号进行分类、分析、处理和加工，获得能表征机器特征的参数，也称特征提取过程，如对振动信号从时域变换到频域进行频谱分析。

3. 状态识别

将经过信号处理后获得的电气设备特征参数与规定的允许参数或判别参数进行比较，对比以确定设备所处的状态，是否存在故障及故障的类型和性质等。为此应正确制定相应的判别准则和诊断策略。

4. 诊断决策

根据对电气设备状态的判断决定应采取的对策和措施，同时根据当前信号状态预测可能发展的趋势。上述诊断过程如图 8-1 所示。

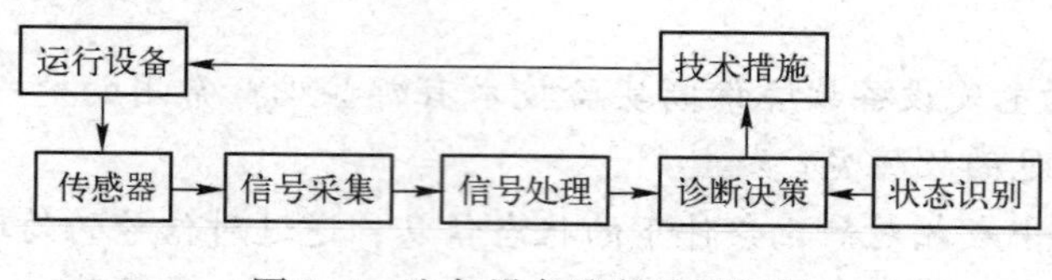

图 8-1　电气设备诊断过程框图

8.1.2　电气设备故障检测诊断的方法

电流分析法：监测负载电流幅值、波形并进行频谱分析，可诊断出电动机的转子绕组断条、气隙偏心、定子绕组故障、转子不平衡等缺陷；电流频谱分析是诊断和监测交流电动机故障的有效方法，它可以诊断交流电动机笼型绕组的断条、静态气隙偏心、动态气隙偏心及机械不平衡等故障。

振动诊断：对振动信号进行信号处理和分析。

绝缘诊断：利用各种电气试验和特殊诊断方法，对设备的绝缘结构、工作性能和是否存在缺陷做出判断，并对绝缘剩余寿命做出预测。

温度诊断：对设备各部分温度进行检测或红外测试。

噪声诊断：对诊断的对象同时采集振动信号和噪声信号。

8.2　机床电气设备故障诊断技术

8.2.1　电气设备的绝缘预防性试验

电气设备在制造、运输和检修过程中，由于材料质量、制造和维修工艺问题或发生意外碰撞等造成绝缘缺陷；而且在正常的运行过程中，除了承受额定电压的长期作用外，还要耐受各种过电压（如工频过电压、雷电过电压、操作过电压），使得绝缘材料在强电场作用下会发生击穿现象，丧失绝缘能力。同时，导体的发热、机械损伤、化学腐蚀作用以及受潮等，都有可能使绝缘性能劣化，造成电气设备故障。为了提高电气设备运行的可靠性，必须定期对设备绝缘进行预防性试验，检测其电气性能、物理性能和化学性能，对其绝缘状况做出评价。

电气设备的绝缘预防性试验是指按规定的试验条件、试验项目和试验周期进行试验，其目的是通过试验掌握设备的绝缘强度情况，及早发现电气设备内部隐蔽的缺陷，以便采取措施加以处理，以保证设备的正常运行，避免造成停电或设备损坏事故。

电气设备的绝缘预防性试验包括以下内容。

1. 绝缘电阻和吸收比测量

电气设备的绝缘电阻反映了设备的绝缘情况，当绝缘受潮、表面脏污或局部有缺陷时，绝缘电阻 R 会显著降低。通常用绝缘电阻表进行测量，对试品施加一定数值的直流电流，读取试品在 1 min 时的绝缘电阻值。

由于电气设备的绝缘电阻常常是由多种材料组成，即使是用同一种介质制成的绝缘电阻，也会在制造和运行中发生性能的变化，因此介质是不均匀的。不均匀介质在直流电压的作用下，其中流过的电流会逐渐下降，经过 1 min 左右后趋于稳定，而电流的这种变化会带来绝缘电阻值的变化。通常采用测量第 15 s 和第 60 s 时的绝缘电阻值 R_{15}、R_{60}，求出比值（即吸收比），它可以反映绝缘是否受潮或是否有绝缘缺陷，一般绝缘干燥时，吸收比≥1.3。

测量绝缘电阻值试验步骤如下。

（1）放电，试验前先断开试品的电源，拆除一切对外连线，将试品短接后放电 1 min。对于容量较大的试品（如变压器、电容器、电视等）应至少放电 2 min，以免触电。

放电工作应使用绝缘工具（如绝缘手套、棒、钳等）先将接地线的接地端接地，然后将另一端挂到试品上，不得用手直接接触放电的导体。

（2）清洁试品表面，用干净清洁柔软的布或棉纱擦拭试品的表面，以消除表面对试验结果的影响。

（3）校验绝缘电阻表，将绝缘电阻表水平放置，摇动手柄使发电机达到额定转速（120 r/min），这时指针应指“∞”；然后再导线短接绝缘电阻表线路（L）端和接地（E）端，并摇动手柄，指针应指“0”。这样才认为绝缘电阻表正常。

（4）正确接线，绝缘电阻表的 E 端接试品的接地端、外壳或法兰处，L 端接试品的被测部分（如绕组、铁心柱等），注意 E 端与 L 端的两引线不得缠绕在一起。如果试品表面潮湿或脏污，应装上屏蔽环，即用软裸线在试品表面缠绕几圈，再用绝缘体导线引接于绝缘电阻表的屏蔽（C）端。

（5）测量，以恒定转速转动手柄，绝缘电阻表指针逐渐上升，待 1 min 后读取其绝缘电阻值。如测量吸收比，则在绝缘电阻表达到额定转速时（即在试品上加上全部试验电压），分别读取 15 s 和 60 s 时的读数。

试验完毕时或重复进行试验时，必须将试品对地充分放电。

记录试品名称、规范、装设地点及气象条件等。

试验完毕后，所测得的绝缘电阻值应大于各种电气设备的绝缘电阻允许值。也可将测得的结果与有关数据进行比较，如同一设备的各相间的数据、出厂试验数据、耐压前后数据等，如发现异常，应立即查明原因或辅以其他测试结果进行综合分析判断。

2. 介质损耗的测量

电介质就是绝缘材料。在电场作用下，电介质中有一部分电能将不可逆地转变为其他形式的能量，通常转化为热能。如果介质损耗过大，绝缘材料的温度会升高，促使材料发生老化、变脆和分解；如果介质温度不断上升，甚至会使绝缘材料熔化、烧焦、丧失绝缘能力，导致热击穿的后果。因此电介质损耗的大小是衡量绝缘性能的一项重要指标。

电场中电介质内单位时间消耗的电能称为介质损耗。可以用功率因数角 φ 反映这一损失，但由于电介质损耗数量值不大，接近 90°，使用上很不方便，因此工程上常用 φ 的余角 δ 的正切 $\tan\delta$ 来反映电介质的品质，即

$$\tan\delta=\frac{1}{\omega CR}=\frac{1}{2\pi fCR} \qquad (8-1)$$

同时：

$$P=\omega CU^2\tan\delta=2\pi fCU^2\tan\delta \qquad (8-2)$$

由此可见，当电介质一定，外加电压及频率一定时，介质损耗 P 与 $\tan\delta$ 成正比。通过测量 $\tan\delta$ 的大小，可以判断绝缘的优劣情况。

对于绝缘良好的电气设备，$\tan\delta$ 值一般都很小；当绝缘材料受潮、劣化或含有杂质时，$\tan\delta$ 值将显著增大。

$\tan\delta$ 值测试可用高压西林电桥和2500 V介质损耗角试验器等设备，测量的方法一般采用平衡电桥法、不平衡电桥法和低功率功率表法。下面介绍平衡电桥法。

平衡电桥法又称西林电桥法，所用设备为高压西林电桥，它是一种平衡交流电桥，具有灵敏、准确等优点，应用较为普遍。其接线原理如图8-2所示，图中 C_x、R_x 是试品并联等效电容及电阻，C_n 是标准空气电容器，R_3 是可调无感电阻箱，C_4 是可调电容箱，R_4 是无感电阻，G是检流计。

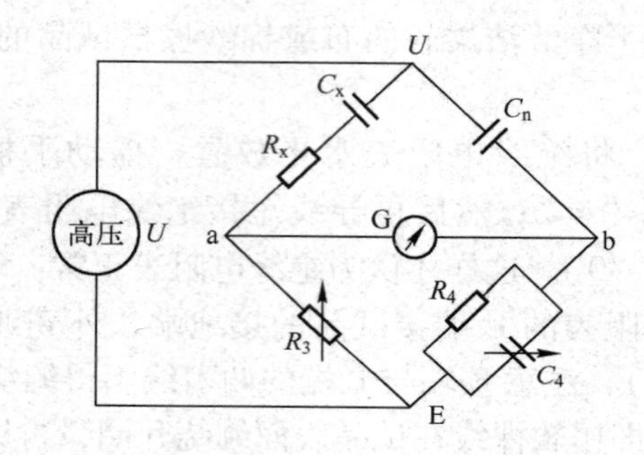

图8-2　西林电桥原理图

根据交流电桥平衡原理，当检流计G的指示数为0时，电桥平衡，各桥臂阻抗值应满足如下关系

$$Z_4Z_x=Z_nZ_3 \qquad (8-3)$$

其中

$$Z_4=\frac{1}{\frac{1}{R_4}+j\omega C_4};Z_x=\frac{1}{\frac{1}{R_x}+j\omega C_x};Z_3=R_3 \qquad (8-4)$$

代入式（8-3），得

$$\tan\delta=\omega R_xC_x=\omega R_4C_4 \qquad (8-5)$$

对于50 Hz的电源，$\omega=100\pi$，在仪表制造时，取 $R_4=\frac{10^4}{\pi}\Omega$，则有

$$\tan\delta=10^6C_4 \qquad (8-6)$$

式中，C_4 的单位为F。

当 C_4 的单位为μF时，则 $\tan\delta=C_4$。C_4 是可调电容箱，在电桥面板上直接以 $\tan\delta$（%）来表示，以便读数。

同时，可以求得

$$C_x=C_n\frac{R_4}{R_3} \qquad (8-7)$$

测量 C_x 也可帮助判断绝缘状况。如电容式管套，当其内部电容曾发生短路，或有水分浸入时，C_x 值会显著增大。

为了保证 $\tan\delta$ 测量结果的准确性，应尽量远离干扰源（如电场及磁场），或者加电场屏蔽。

测量结果可与被试设备历次测量结果相比较，也应与同类型设备测试结果相比较。若相差悬殊，$\tan\delta$ 值明显地升高，则说明绝缘可能有缺陷。

判断设备的绝缘情况，必须将各项试验结果结合起来，进行系统地、全面地分析、比较，并结合设备的历史情况，对被试设备的绝缘状态和缺陷性质做出科学的结论。如当用绝缘电阻表和西林电桥分别对变压器绝缘电阻进行测量时，若绝缘电阻和吸收比较低，$\tan\delta$ 值也不高，则往往表示绝缘电阻中局部有缺陷；如果 $\tan\delta$ 值很高，则往往说明绝缘电阻整体受潮。

3. 直流耐压和泄漏电流的测量

直流耐压试验是耐压试验的一种，其试验电压往往高于设备正常工作电压的几倍，既能考验绝缘耐压能力，又往往能揭露危险性较大的集中性缺陷。

进行直流耐压试验时，所有试验电压值通常应参考绝缘的电流耐压试验电压值，根据运行经验确定。如对电动机通常取 $2\sim2.5U_e$；对电力电缆额定电压在 10 kV 及以下时常取为 $5\sim6U_e$，额定电压升高时，倍数渐降。

直流耐压试验的时间一般超过 1 min。

直流耐压试验和泄漏电流试验的原理、接线及方法完全相同，差别在于直流耐压试验电压较高。在进行直流耐压试验时，一般都兼做泄漏电流的测量。

泄漏电流试验同绝缘电阻试验的原理是相同的。当直流电压加于被试设备时，即在不均匀介质中出现可变电流，此电流随时间增长而逐渐减小，当加压一定时间（1 min）后趋于稳定，这个电流即为泄漏电流。其大小与绝缘电阻成反比，而绝缘电阻表就是根据这个原理将泄漏电流换算为绝缘电阻画在刻度盘上。

泄漏电流试验同绝缘电阻试验相比具有以下特点：①试验电压比绝缘电阻表的额定电压高得多，容易使绝缘本身的弱点暴露出来；②用微安表监视泄漏电流的大小，方法灵活、灵敏，测量重复性也较好。

测量泄漏电流的接线多采用滤波整流电路，其接线图如图 8-3 所示。

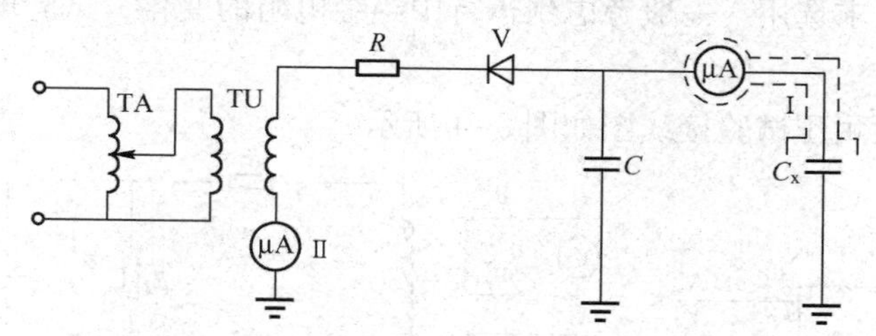

图 8-3　泄漏电流试验原理接线图

TA—自耦变压器　TU—升压变压器　V—高压硅堆

R—保护电阻　C—稳压电容器　C_x—被试品

图中微安表有两个不同的位置，微安表 I 处于高电位，微安表 II 处于低电位。微安表处于高电位的接法适用于试品的接地端不能对地隔离的情况，将微安表放在屏蔽架上，并通过屏蔽线与试品的屏蔽环相连，故测出的泄漏电流值准确，不受杂散电流的影响。但在试验中改变微安表的量程时，应用绝缘棒，操作不便；且微安表距人较远，读数时不易看清，有时需要望远镜，不太方便。微安表处于低电位的接法，可以克服处于高电位时的缺点，在现场试验时多采用，但此种接法无法消除试品绝缘表面的泄漏电流和高压导线对地的电晕电流对测量结果的影响。由于微安表是精密、贵重的仪器，因此在使用时必须十分爱护。

此试验所必需的直流电压是由自耦变压器及升压变压器产生的交流高压经整流装置整流而获得的。整流装置包括高压整流硅堆和稳压电容器，高压硅堆具有良好的单向导电性，可将交流变成直流；稳压电容器的作用是使整流电压波形平稳，减小电压脉动，其电容值愈大，加在试品上的直流电压就愈平稳，因此稳压电容应有足够大的数值，一般在现场常取的电容最小值为：当试验电压为 3 ~ 10 kV 时取 0.06 μF；当试验电压为 15 ~ 20 kV 时取 0.015 μF；当试验电压为 30 kV 时取 0.01 μF。

对于大型发电机、变压器及电力电缆等大容器试品，因其本身电容较大，故可省去稳压电容。

在试验过程中要注意以下几点：

（1）按接线图接好线后，应由专人认真检查，当确认无误时，方可通电及升压。在升压过程中，应密切监视试品、试验回路及有关表计，分阶段读取泄漏电流值。

（2）在试验过程时，若出现闪络、击穿等异常现象，应马上降压，断开电源后，查明原因。

（3）试验完毕，降压、断开电源后，均应将试品对地充分放电。

对某一设备进行泄漏电流试验后，对测量结果要进行认真、全面地分析，可以换算到同一温度下与历次试验结果相比较，与规定值相比较，也可以同一设备各相之间相互比较，以判断设备的绝缘情况。

4. 交流工频耐压试验

交流工频耐压试验与直流耐压试验一样，均在设备上施加比正常工作电压高得多的电压，它是考验设备绝缘水平，确定设备能否继续参加运行的可靠手段，是避免发生绝缘事故的有效措施。国家标准 GB/T 311.3—2007 规定了各种电压等级设备的试验电压值，在现场可根据试验规程的要求选用。一般考虑到运行中绝缘电阻的变化，试验电压值应取得比出厂试验电压低些。

常见的交流工频耐压试验接线图如图 8-4 所示。

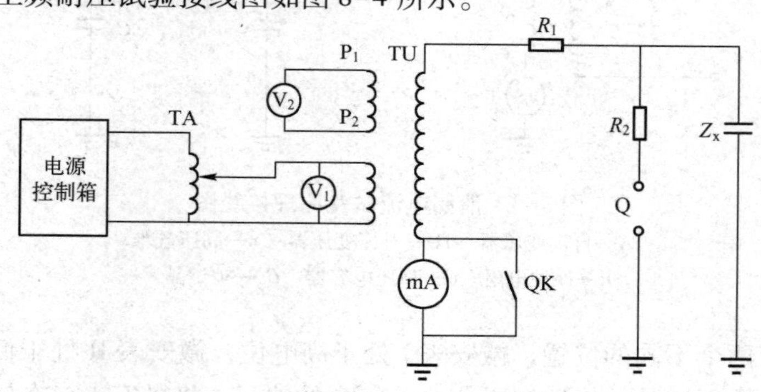

图 8-4　交流工频耐压试验原理接线图

交流高压电源是由交流调压器及高压试验变压器组成的。试验时应根据被试设备的电容量和试验时的最高电压来选择试验变压器。试验具体步骤如下。

(1) 电压，试验变压器的高压侧额定电压 U_e 应大于试品的试验电压 U_s，即 $U_e > U_s$；而低压侧额定电压应能与现场的电源电压及调压器相匹配。

(2) 电流，试验变压器的额定输出电流 I_e 应大于试品所需的电流 I_s，即 $I_e > I_s$，且 I_s 可按试品电容估算，即 $I_s = U_s \omega C_x$。

(3) 容量，根据试验变压器输出的试验电流、额定电流及额定电压，即可确定变压器的容量。

如对 10 kV 高压套管进行交流耐压试验，根据试验电压标准，试验电压为 46 kV，所以可以选用额定电压为 50 kV 的试验变压器。用西林电桥测得套管对地电容值为 0.04 F，则可计算试验变压器的容量为

$$P_e = U_e I_s = U_e U_s \omega C_x = 50 \times 10^3 \times 46 \times 10^3 \times 314 \times 0.04 \times 10^{-6}\ \text{kVA} = 2.9\ \text{kVA}$$

根据有关规定，可选取 YD/50 型高压试验变压器。

对于大电容的电气设备，如发电机、电容器、电力电缆等，当试验电压很高时，所需高压试验变压器的容量很大，给试验造成困难。故一般不进行交流工频耐压试验，而进行直流耐压试验，试验设备较为轻便。

常用的调压器有自耦变压器和移卷变压器。调压器的作用是将电压从零到最大值进行平滑地调节，保证电压波形不发生畸变，以满足试验所需的任意电压。

变压器高压侧出线端串联的限流电阻试验用于限制过电流和过电压。在试验过程中，若试品突然发生击穿或沿面击穿，回路中的电流瞬时剧增，产生的过电压会威胁变压器的绝缘，回路中串联限流电阻实际上起到一个保护作用。一般限流电阻选择在 0.1 Ω/V，试验中常用玻璃管装水做成水电阻，因为其热容量较大。水电阻最好采用碳酸钠加入水中配成，而不宜用食盐，因为食盐的化学成分是氯化钠，导电时会分解出一部分氯气，人体吸入以后，有一定程度的危害，而且设备也容易被腐蚀。

在试验过程中要注意以下几点。

(1) 试验前应将试品的绝缘表面擦拭干净。

(2) 要合理布置试验器具。接线高压部分对地应有足够的安全距离，非被试部分一律可靠接地。

(3) 试验时，调压器应置零位，然后迅速均匀地升高电压至额定试验电压，时间约为 10～15s。当耐压时间一到，应迅速将电压降至输出电压的 1/4 以下，再切断电源，不允许在试验电压下切断电源，否则可能产生使试品放电或击穿的操作过电压。

(4) 试验过程中，若发现电压表摆动，毫安表指示急剧增加。绝缘烧焦或有冒烟等异常现象，应立即降下电压，断开电源，挂接地线，查明原因。

(5) 试验前后，应用兆欧表测量试品的绝缘电阻和吸收比，检查试品的绝缘情况。前后两次测量结果不应有明显的差别。

试验过程中，若由于空气的湿度、设备表面脏污等影响引起试品表面滑闪放电或空气击穿，不应认为不合格，应经处理后再试验。

交流耐压试验结果的判断方法如下。

(1) 一般在交流耐压持续时间内，试品不发生击穿为合格，反之为不合格。试品是否

击穿，可按下述情况分析：①根据仪表的指示分析。一般情况下，若电流表指示突然上升，则表明试品已击穿；若采用高压侧直接测量时，若电压表指示突然下降，也说明试品已击穿。②根据试品状况进行分析。在试验过程中，试品出现冒烟、闪络、燃烧等不正常现象，或发出断续的放电声，可认为试品绝缘有问题或已击穿。

（2）交流耐压试验结果必须会同其他试验项目所得的结果进行综合分析判断。除上述试验方法外，还可以进行色谱分析、微水分析、局部放电测量等。

8.2.2 交流电动机和低压开关试验

1. 交流电动机试验

交流电动机分为同步电动机和异步电动机两类。由于异步电动机在工农业生产中应用广泛，故在这里主要介绍异步电动机在安装前和经过修理之后所要进行的有关试验项目。

（1）测量绝缘电阻和吸收比　测量电动机绝缘电阻时，应先拆开接线盒内连接片，使三相绕组 6 个端头分开，分别测量各相绕组对机壳和各相绕组之间的绝缘电阻。

测量时，应选择适当的绝缘电阻表。对于 500 V 以下的电动机，可采用 500 V 绝缘电阻表；500 ~ 3000 V 电动机可采用 1000 V 的绝缘电阻表；3000 V 以上电动机可采用 2500 V 的绝缘电阻表。测试时，应按绝缘电阻表的操作规定进行，否则会危及设备及人身安全。

电动机的冷、热状态不同，其绝缘电阻值随温度升高而降低。冷态（常温）下，额定电压 1000 V 以下的电动机，测得的绝缘电阻值一般应大于 1 MΩ，下限值不能低于 0.5 MΩ。电动机热态（接近工作温度）下，对于额定电压 380 V 的低压电动机，其热态绝缘电阻不应低于 0.4 MΩ 左右。而对于额定电压更高的电动机，容量不太大时，额定电压每增加 1 kV，则绝缘电阻下限值增加到 1 MΩ。

容量为 500 kW 以上的电动机应测量吸收比，一般吸收比大于 1.3 时，可以不经干燥就投入运行。

（2）泄漏电流及直流耐压试验　对于额定电压为 1000 V 以上，容量为 500 kW 以上的电动机，对定子绕组应进行直流耐压试验并测量泄漏电流。试验电压的标准为：大修或局部更换绕组时，3 倍额定电压；全部更换绕组时，2.5 倍额定电压。泄漏电流无统一标准，但各相间差别一般不大于 10%；20 μA 以下者，各相间应无显著差别。

（3）交流工频耐压试验　交流工频耐压试验内容主要是定子绕组相对地和绕组相间的耐压试验，其目的在于检查这些部位的绝缘强度。该试验应在绝缘电阻达到规定数值之后进行。

试验电压值是耐压试验的关键参数，试验电压的标准参数为：大修或局部更换绕组时，1.5 倍额定电压，但不低于 1000 V；全部更换绕组时，2 倍额定电压再加上 1000 V，但不低于 1500 V。

试验应在电动机静止状态下进行，接好线后将电压加在被试绕组与机壳之间，其余不参与试验的绕组与机壳连在一起，然后接地。

若试验中发现电压表指针大幅摆动，电动机绝缘冒烟或有异响，则应立即降压，断开电源，接地放电后进行检查。

（4）测量绕组直流电阻　直流电阻测量工具为精密的双臂电桥。测量绕组各相直流电阻时，应把各相绕组间连接线拆开，以得到实际阻值。若不便于拆开，则Y联结时从两出线间测得的是 2 倍相电阻；△联结时测得的是 2/3 倍相电阻。

运行中或刚停止运行的电动机，测量直流电阻时应静置一段时间，在绕组温度与环境温度大致相等时再测。一般 10 kW 以下的电动机，静置时间不应少于 5 h；10 ~100 kW 的电动机静置时间不应少于 8 h。

测量结果应满足：电动机三相的相电阻与其他三相平均值之比不超过 5%。

（5）电动机空转检查和空载电流的测定　以上试验合乎要求后，电动机空转，其空转检查时间随电动机容量增加而增加，最长不超过 2 h。

在电动机空转期间，应注意：定、转子是否相擦；电动机是否有过大噪声及声响；铁心是否过热；轴承温度是否稳定，检查结束时，滚动轴承温度不应超过 70℃。

在检查电动机空载状态的同时，应用电流表或钳型电流表测量电动机的三相空载电流。各种不同的电动机，空载电流的大小也不相同，空载电流占额定电流的百分比随电动机极数及容量而变化，其测得值应接近表 8-1 所列数值。

若测得的空载电流过大，说明电动机定子匝数偏少，功率因数偏低；若空载电流过小，说明定子匝数偏多，这将使定子电抗过大，电动机力矩特性变差。

表 8-1　异步电动机空载电流占额定电流的百分比（%）

极数 \ 功率/kW	0. 125	0. 5 以下	2 以下	10 以下	50 以下	100 以下
2	70 ~ 95	45 ~ 70	40 ~ 55	30 ~ 45	23 ~ 35	15 ~ 30
4	80 ~ 96	65 ~ 85	45 ~ 60	35 ~ 55	25 ~ 40	20 ~ 30
6	85 ~ 98	70 ~ 90	50 ~ 60	35 ~ 65	30 ~ 45	22 ~ 33
8	90 ~ 98	75 ~ 90	50 ~ 90	37 ~ 70	35 ~ 90	25 ~ 35

2. 低压开关试验

1 kV 以下的低压开关在交接及大修时均要进行绝缘电阻测量，使用 1000 V 绝缘电阻表进行测量。接触器和磁力启动器还要进行交流耐压试验，测试的部位是：主回路对地；主回路极与极之间；主回路进线与出线之间；控制与辅助回路对地之间。此外，还要检查触点接触的三相同期性，各相触点应同时接触，三相的不同期误差应小于 0. 5 mm，否则需要调整。

自动空气开关在交接和大修时，必须进行以下试验内容：①检查操作机构的最低动作电压，应满足合闸接触器不小于 30% 的额定电压；②测量合闸接触器和分、合闸电磁线圈的绝缘电阻和直流电阻，绝缘电阻值不小于 1 MΩ，直流电阻应符合制造厂家规定。

8. 2. 3　老化试验

所谓老化是指电气设备在运行过程中，其绝缘材料或绝缘结构因承受热、电和机械应力等因子的作用使性能逐渐变化，最后导致损坏。因此，可通过热老化、电老化及机械老化试验等，考验绝缘材料及绝缘结构的耐老化性能。保证电气设备长期安全、可靠地运行。

由于各种电气设备运行条件的不同，它们所承受的主要老化因子也不同。如低压电动机，它承受的场强不高，它的损坏主要由电动机中产生的热造成，因此应该对用于这种电动机中的绝缘材料进行热老化试验。又如高压电力电缆，其绝缘材料承受较高的电场强度，对这种材料必须进行电老化试验。此外，各种老化因子往往相互作用，为了使试验能反映设备的实际情况，应把各种老化因子组合起来，进行多因子老化试验。

1. 热老化试验

热老化是指以热为主要老化因子，而使绝缘材料和绝缘结构的性能发生不可逆的变化。通过热老化试验，可以用来研究、比较和确定绝缘材料和绝缘结构的长期工作温度或在一定工作温度下的寿命。

规定用耐热等级来表征电气设备绝缘材料、绝缘结构和产品的长期耐热性，见表8-2。属于某一耐热等级的电气产品，不仅在该等级的温度下短时间内不会有明显的性能改变，而且在该温度下长期运行时绝缘也不会发生不该有的性能变化，并能承受正常运行时的温度变化。

表8-2 绝缘材料的耐热等级

耐热等级	Y	A	E	B	F	H
极限温度/℃	90	105	120	130	155	180

（1）热老化试验原理及试验设备　有机绝缘材料在热的作用下发生各种化学变化，包括氧化、热裂解、热氧化裂解以及缩聚等。这些化学反应的速率决定了材料的热老化寿命。因此，可应用化学反应动力学导出材料寿命与温度的关系作为加速热老化的理论依据。绝缘材料的寿命与温度的关系为

$$\mathrm{lb}^{\tau} = a + b/T \tag{8-8}$$

式中 τ——绝缘材料的寿命；

a、b——常数；

T——热力学温度。

式（8-8）表明，寿命 τ 的对数与热力学温度T的倒数有线性关系。

老化试验是根据上述寿命与温度的关系进行的，显然，提高试验温度可加速材料的老化。因此，老化试验是在比使用温度高的情况下求取寿命与温度的关系曲线，然后求取工作温度下的寿命，或在规定寿命指标下求取耐热指标，即温度指数。

老化试验用的主要设备是老化恒温箱。经验证明，绝缘材料的暴露温度每升高10℃，热寿命则降低一半。因此，要求老化恒温箱温度上下波动小且分布均匀，箱内应备有鼓风装置，以防材料在空气中的氧化。同时为了减少材料承受温度的分散性，箱内应装有转盘，材料放在转盘上。为使温度上下波动在±(2~3)℃范围内，恒温箱的温度控制器应该灵敏可靠，一般装有防止温度超过允许范围的自动保护装置。

（2）热老化试验方法　热老化试验常把温度作为变量，用提高温度来缩短试验时间达到加速老化的目的。而其他因子（如机械应力、潮湿、电场以及周围媒质的作用）则维持在工作条件下的最高水平，在热暴露温度改变时也应维持不变。

热暴露温度的选择很重要，选择不当将导致错误的结论。如上所述，为了验证寿命的对数与热力学温度的倒数是否存在线性关系，至少选取3个热暴露温度。为了避免因试验温度过高导致老化机理的改变以及温度过低而导致时间过长，必须限制最高与最低试验温度。一般规定最高试验温度下的热老化寿命不小于100 h，最低试验温度下的寿命不小于5000 h；或最低试验温度不能超过工作温度20~40℃，两试验温度的间隔在20℃左右为宜。不同耐

热等级或温度指数的绝缘材料的热暴露温度，可以参考国际电工委员会提供的参数温度选择。

在老化过程中，经过一定时间间隔把绝缘材料或绝缘结构从恒温箱中取出，进行性能变化的测定，把整个老化过程分为若干周期。周期的组成视所选取的老化因子的不同而不同，如进行电动机模型线圈的热老化试验时，老化周期为：升温→热暴露→降温→机械振动→受潮→试验。又如进行绝缘材料的热老化试验时老化周期很简单，即为：升温→热暴露→降温→试验。为了使不同试验温度下热以外的其他因子的作用保持不变，其老化周期数应相等或接近相等。国际电工委员会建议老化周期为10，但对于不同的耐热等级，推荐了不同热暴露温度下的周期长度供参考。

2. 电老化试验

电老化是以电应力为主要老化因子而使绝缘材料或绝缘结构的性能发生不可逆的变化。这些老化效应形式有：局部放电效应、电痕效应、树枝效应和电解效应等，它们有时单独作用，有时是联合作用。

下面以局部放电效应为例介绍由局部放电所产生的电老化及其试验方法。

（1）电老化机理与影响电老化寿命的因素　局部放电对绝缘材料有很大危害，它引起绝缘材料性能下降，直至绝缘完全被损坏。绝缘材料在放电下损坏机理很复杂，局部放电对绝缘材料的破坏过程中，常常留下不可逆的破坏痕迹。因此在材料的电气力学性能方面也会有明显的变化，如：①放电产生的低分子极性物质或渗透到材料内部，使其体积电阻率下降，损耗因素上升；②材料失去弹性而发脆或开裂等；③放电起始电压、放电强度逐渐下降。

不同绝缘材料的电老化寿命也不同，其在放电作用下的老化速率除受到材料本身的结构影响以外，还受到频率、电场强度、温度、相对湿度和机械应力等因素的影响。

（2）电老化试验方法　由于各种绝缘材料的电老化机理复杂，各种材料的结构也不同，所以目前电老化试验只能作为一定条件下绝缘材料耐放电性的比较，或求取材料的相对寿命。

绝缘材料耐局部放电性试验是电老化试验中的一种。其主要方法是击穿法，即在材料上加一定电压，直到材料击穿，记下所经历的时间，即失效时间；然后根据不同电压（或场强）下获得的材料失效时间绘制寿命曲线，即场强—寿命关系线。

恒定场强下寿命与场强的关系见式（8－9），即电老化寿命定律。

$$t_E = K/E^n \tag{8-9}$$

式中　t_E——场强 E 下的寿命；

E——场强；

K，n——常数。

电老化寿命定律表明电老化寿命与场强不是线性关系，而是反幂关系。电老化试验就是以该寿命定律为基础，在强电场强度下，测量寿命与场强的关系曲线，求出寿命系数 n。

8.3　常用机床电气设备故障诊断维修实例

8.3.1　三相异步电动机的故障诊断与维修

1. 三相异步电动机的选择与使用

（1）三相异步电动机的选择　三相异步电动机的选择应该从实用、经济、安全等原则出发，根据生产的要求，正确选择其容量、种类和形式，以保证生产的顺利进行。

1）类型的选择。第一，一般功率小于100 kW 而且不要求调速的生产机械应使用笼型电动机，只有对需要大起动转矩或要求有一定调速范围的情况下，才使用绕线式电动机。第二，选择电动机的外形结构，主要是根据安装方式，选立式或卧式等；根据工作环境，选开启式、防护式、封闭式和防爆式等。

2）转速的选择。异步电动机的转速接近同步转速，而同步转速（磁场转速）是以磁极对数 p 来分档的，在两档之间的转速是没有的，即转速不是连续变化的，所以电动机转速选择的原则是使其尽可能接近生产机械的转速，以简化传动装置。

3）容量的选择。电动机容量（功率）大小的选择是由生产机械决定的，也就是说，由负载所需的功率决定的。如某台离心泵，根据它的流量、转速及水泵效率等，计算它的容量为39.2 kW，这样根据计算功率在产品目录中找一台转速与生产机械相同的40 kW 的电动机即可。

（2）三相异步电动机的正确使用　异步电动机有笼型和绕线式两种。笼型电动机结构简单、维修容易、价格低廉，但起动性能较差，一般空载或轻载起动的生产机械方可选用。绕线式电动机起动转矩大，起动电流小，但结构复杂，起动和维护较麻烦，只用于需要大起动转矩的场合。正确使用电动机是保证其正常运行的重要环节，正确使用应保证以下 3 个运行条件：

1）电源条件。电源电压、频率和相数应与电动机铭牌数据相等。电源电压为对称系统；电压额定值的偏差不超过 ±5%（频率为额定值时）；频率的偏差不得超过 ±1%（电压为额定值时）。

2）环境条件。电动机运行地点的环境温度不得超过 40℃，适用于室内通风干燥等环境。

3）负载条件。电动机的性能应与起动、制动、不同定额的负载以及变速或调速等负载条件相适应，使用时应保证负载不得超过电动机额定功率。

（3）注意事项　正常运行中的维护应注意以下几点。

1）电动机在正常运行时的温度不应超过允许的限度。运行时，值班人员应注意监视各部位的温升情况。

2）监视电动机的负载电流。电动机过载或发生故障时，都会引起定子电流剧增，使电动机过热。电气设备都应有电流表监视电动机负载电流，正常运行的电动机负载电流不应超过铭牌上规定的额定电流值。

3）监视电源电压、频率的变化和电压的不平衡度。电源电压和频率的过高或过低、三相电压的不平衡都会造成电流的不平衡，都可能引起电动机过热或其他不正常现象。电流不平衡度不应超过 10%。

4）注意电动机的气味、振动和噪声。绕组因温度过高就会发出绝缘焦味。有些故障，特别是机械故障，很快会反映为振动和噪声，因此在闻到焦味或发现不正常的振动或碰擦声、特大的嗡嗡声或其他杂音时，应立即停电检查。

5）经常检查轴承发热、漏油情况，定期更换润滑油，滚动轴承润滑脂不宜超过轴承室容积的 70%。

6）对绕线转子异步电动机，应检查电刷与集电环间的接触、电刷磨损以及火花情况，如火花严重必须及时清理集电环表面，并校正电刷弹簧压力。

7）注意保持电动机内部清洁，不允许有水滴、油污以及杂物等落入电动机内部。电动机的进风口必须保持畅通无阻。

8）电动机由制造厂装入坚固木箱后发运。在运输途中不得拆箱，否则电动机在运输时极易损坏。电动机在拆箱后，应清除尘污，并将露出的表面擦净，必须牢固地固定在箱底木梁上，木箱内部有防潮纸、油毛毡等衬垫。

9）三相异步电动机的允许温升限制是有规定的。一般型、TH 型、TA 型三相异步电动机温升限值见表 8-3。清除原来涂上的临时性涂料以及表面上的潮气及锈渍等，如用煤油或汽油将油渍擦净，当仅有锈渍时，则可用 00 号细纱布加油轻轻擦光。

表 8-3　一般型、TH 型、TA 型三相异步电动机温升限值

（单位：K）

电动机部位	产品类型	E 级		B 级		F 级		H 级	
		温度计数	电阻数	温度计数	电阻数	温度计数	电阻数	温度计数	电阻数
绕组	一般	65	75	70	80	85	100	105	125
	TH	65	75	70	80	85	100	105	125
	TA	55	65	60	70	70	85	85	105
铁心	一般	75	——	80	——	100	——	125	——
	TH	75	——	80	——	100	——	125	——
	TA	65	——	70	——	85	——	105	——
轴承	一般	55							
	TH	55							
	TA	45							

注：1. TH 型——湿热带型；TA——干湿带型。

2. 周围环境温度：一般型、TH 型为 +40℃，TA 型为 +50℃。

10）电动机运输到位后如不立即安装，也应拆箱清理并做以上检查，并应以防锈油或临时性涂封材料将裸露的金属表面重新涂封。

11）在检查及涂封后，可在清洁而干净的地方将电动机重新装箱封固。装箱地点的空气中不应有酸碱等腐蚀性气体存在，以免损坏绝缘及裸露的导电部分。仓库内温度应经常保持在 +3℃以上，空气应干燥，通风良好，每隔半年应开箱检查一次，主要是检查临时性涂封是否变质，以便及时改进保存状况。

12）运输时必须防止电动机翻转，以免损坏电动机。

2. 导致三相异步电动机温升过高的原因及处理

1）电动机长期过载。电动机过载时流过各绕组的电流超过了额定电流，会导致电动机过热。若不及时调整负载，会使绕组绝缘性能变差，最终造成绕组短路或接地，使电动机不能正常工作。

2）未按规定运行。电动机必须按规定运行，如“短时”和“断续”的电动机不能长期运行，因其绕组线径及额定电流均比长期运行的电动机小。

3）电枢绕组短路。可用短路侦察器检查，若短路点在绕组外部，可进行包扎绝缘；若短路点在绕组内部，原则上要拆除重绕。

4）主极绕组断路。可用检验灯检查绕组，若断路点在绕组外部，可重新接好并包扎绝缘；若断路点在绕组内部，则应拆除重绕。

5）电网电压太低或线路电压降太大（超过10%）。如电动机主回路某处有接触不良或电网电压太低等造成电动机电磁转矩大大下降，使得电动机过载。则应检查主回路消除接触不良现象或调整电网电压。

6）通风量不够。如鼓风机的风量、风速不足，电动机内部的热量就无法排出而导致过热，应更换适当的通风设备。

7）斜叶风扇的旋转方向不当与电动机不配合。此时应调整斜叶风扇，使其与电动机相配合。从理论上讲电动机均可正反转，但有些电动机的风扇有方向性，如反了，温升会超出许多。

8）电枢铁心绝缘损坏。此时应更换绝缘。

9）风道阻塞。此时应用毛刷将风道清理干净。

总之，必须针对各种具体情况，排除故障。

3. 三相异步电动机运行中的故障及主要原因

在运行中，应经常检查三相异步电动机，以便能及时发现各种故障而清除之，否则这些故障可能引起事故。下面叙述最常遇到的故障及其原因。

（1）机械故障

1）轴承的过热。可能是由于润滑脂不足或过多、转轴弯斜、转轴摩擦过大、润滑脂内有杂质及外来物品以及钢珠损坏等原因所引起。

2）电动机的振动。机组的轴线没有对准，电动机在底板上的位置不正，转轴弯曲或轴颈振动，联轴器配合不良，转子带盘及联轴器平衡不良，笼型转子导条或短路环断路，转子铁心振动，底板不均匀地下沉，底板刚度不够，底板的振动周期与电动机（机组）的振动周期相同或接近，带轮粗糙或带轮位置不正，转动机构工作不良及有碰撞现象等都可能引起电动机的振动。

3）转子偏心。可能是由于轴衬松掉、轴承移位、转子及定子铁心变形、转轴弯曲及转子平衡不良等引起。

（2）电气故障

1）起动时的故障。可能是由于接线错误、线路断路、工作电压不对、负载力矩过高或静力矩过大、起动设备有故障等所引起。

2）过热。可能是由于线路电压高于或低于额定值、过负载、冷却空气量不足、冷却空气温度过高、匝间短路或电动机不清洁等所引起。

3）绝缘损坏。可能是由于工作电压过高，酸性、碱性、氯气等腐蚀性气体的损坏，太脏，过热，机械碰伤，温度过高，在温度低于0℃下保存或水分侵入等所引起。

4）绝缘电阻低。可能是由于不清洁、湿度太大、温度变化过大以致表面凝结水滴、绝缘磨损或老化等所引起。

4. 三相异步电动机外壳带电的原因与排除

1）三相异步电动机绕组的引出线或电源线绝缘损坏，在接线盒处碰壳，使外壳带电。对比应对引出线或电源线的绝缘进行处理。

2）三相异步电动机绕组绝缘严重老化或受潮，使铁心或外壳带电。应对绝缘老化的电动机更换绕组；对电动机受潮的应进行干燥处理。

3）错将电源相线当作接地线接至外壳，使外壳直接带有相电压。对此应找出错接的相线，按正确接线改正即可。

4）线路中出现接线错误，如在中性点接地的三相四线制低压系统中，有个别设备接地而不接零。当这个接地而不接零的设备发生碰壳时，不但碰壳设备的外壳有对地电压，而且所有与零线相连接的其他设备外壳都会带电，并带有危险的相电压。对此应找出接地而不接零的设备，重新接零，并处理设备的碰壳故障。

5）接地电阻不合格或接地线断路。应测量接地电阻，并保证接地线必须良好，接地可靠。

6）接线板有污垢。应清理接线板。

7）接地不良或接地电阻太大。找出接地不良的原因，采取措施予以解决。

5. 三相异步电动机不能起动，且没有任何声响的原因与处理

1）电源没有电。对此应接通电源。

2）两相或三相的熔体熔断。对此应更换熔体。

3）电源线有两相或三相断线或接触不良。对此应在故障处重新刮净，接好。

4）开关或起动设备有两相或三相接触不良。对此应找出接触不良的地方并予以修复。

5）电动机绕组Y联结有两相或三相断线，△联结三相断线。对此应找出故障点并予以修复。

6. 三相异步电动机不能起动，但有嗡嗡声的原因与处理

1）定子、转子绕组断路或电源一相断线。对此应查明绕组断点或电源一相的断点并修复。

2）绕组引进线首尾端接错或绕组内部接反。对此应查明绕组极性，判断绕组首尾端是否正确；或查出绕组内部接错点并改正。

3）电源回路接点松动，接触电阻大。对此应紧固螺栓，用万能表检查各接头是否假接，如有故障应予以修复。

4）负载过大，或转子被卡住。对此应减载或查出并消除机械故障。

5）电源电压过低或电压降过大。对此应检查是否△联结错接成Y联结，是否电源线过细，若有应改正。若电压降过大，应予以改正。

6）电动机装配太紧或轴承内油脂过硬。对此应重新装配使之灵活，并更换合格的油脂。

7）轴承卡住。对此应修复轴承。

7. 三相异步电动机不能起动，或带负载时转速低于额定转速的原因与处理

1）熔断器熔断，有一相不通或电源电压过低。对此应检查电源电压及开关、熔断器的工作情况。

2）定子绕组中或外电路中有一相断开。对此应从电源逐点检查，发现断线及时接通。

3）绕线式电动机转子绕组电路不通或接触不良。对此应检查并消除断点。

4）笼型转子笼条断裂。对此应修复断条。

5）△联结的电动机引线接成Y联结。对此应改正接线。

6）负载过大或传动机械卡住。对此应减小负载或更换电动机，检查传动机械，消除故障。

7）定子绕组有短路或接地。对此应消除短路或接地处。

8. 三相异步电动机过热或冒烟的原因与处理

1）电源电压过高、过低。对此应调节电源电压，换粗导线。

2）检修时烧伤铁心。对此应检修铁心，排除故障。

3）定子与转子相擦。对此应调节气隙或车转子。

4）电动机过载或起动频繁。对此应减载或按规定次数起动。

5）断相运行。对此应检查熔断器、开关和电动机绕组，并排除故障。

6）笼型转子开焊或断条。对此应检查转子开焊处，进行补焊或更换铜条；对于铸铝转子要更换转子或更用铜条。

7）绕组相间、匝间短路或绕组内部接错，或绕组接地。对此应查出定子绕组故障或接地处，并予以修复。

8）通风不畅或环境温度过高。对此应修理或更换风扇，清除风道或通风口，隔离热源或改善运行环境。

9. 三相异步电动机有不正常的振动和声响的原因与处理

1）转子、风扇不平衡。对此应校正转子动平衡，检查风扇。

2）轴承间隙过大、轴弯曲。对此应检修或更换轴承、校直轴。

3）气隙不均匀。对此应调整气隙使之均匀。

4）铁心变形或松动。对此应校正铁心，重叠或紧固铁心。

5）联轴器或带轮安装不合格。对此应重新校正，必要时检查、修换联轴器或带轮。

6）笼型转子开焊或断条。对此应进行补焊或更换笼条。

7）定子绕组故障。对此应查出故障，并进行处理。

8）机壳或基础强度不够，地脚螺柱松动。对此应加固、紧固地脚螺柱。

9）定、转子相擦。对此应检查硅钢片，有凸出的要挫去，损坏要更换。

10）风扇碰风罩，风道堵塞。对此应检查风扇及风罩是否正确配合，清理通风口。

11）重绕时，每相匝数不等。对此应重新绕制，使各相匝数相等。

12）缺相运转。对此应修复线路、绕组的断线和接触器不良的地方或更换熔丝。

10. 三相异步电动机电流不平衡的原因与处理

1）三相电源电压不平衡。对此应检查三相电源电压。

2）定子绕组瞬间短路。对此应检查定子绕组，消除短路。

3）重换定子绕组后，部分线圈匝数有错误。严重时，测出有错误的线圈并更换。

4）重换定子绕组后，接线方式有错误。对此应校正接线。

11. 三相异步电动机空载电流偏大的原因与处理

1）电源电压过高使铁心饱和，剩磁增大，空载电流增大。对此应检查电源电压并进行处理。

2）电动机本身气隙较大或轴承磨损，使气隙不匀。对此应拆开电动机，用内外卡尺测量定子内径、转子外径，调整间隙或更换相应规格的轴承。

3）电动机定子绕组匝数少于应有的匝数。对此应重绕定子绕组，增加匝数。

4）电动机定子绕组应该是Y联结，误接成△联结。对此应检查定子接线，并与铭牌对照，改正接线。

5）修理时车削转子使气隙增大，空载电流明显增大。对此应更换车削转子。

6）修理时使定子、转子铁心槽口扩大，空载电流增大。对此应更换定子、转子。

7）修理时改用其他槽楔，可能使空载电流增大。对此可改用原规格的槽楔。

8）修理时，采用烧铁心拆除线圈的办法，使定子、转子铁心片间绝缘能力降低，并使铁磁材料性能恶化，从而使铁心功率损耗增大，空载电流明显增大。对此应更换铁心。

9）机械部分调整不当，机械阻力增大，使空载电流增大。对此可调整机械部分。

12. 三相异步电动机绝缘电阻降低的原因与处理

1）电动机内受潮。对此应进行烘干处理。

2）绕组上灰尘、污渍太多。对此应清除灰尘、污渍，并进行浸漆处理。

3）引出线和接线盒接头的绝缘损坏。对此应重新包扎引出线绝缘。

4）电动机过热后绝缘老化。对于小容量电动机可重新浸漆处理。

13. 三相异步电动机起动时熔体熔断的原因与处理

1）定子绕组一相反接。对此应判断三相绕组首尾端，重新接线。

2）定子绕组有短路或接地故障。对此应检查并修复短路绕组和接地处。

3）负载机械卡住。对此应清除卡住部分。

4）起动设备操作不当。对此应纠正操作方法。

5）传动带太紧。对此应适当调整传动带松紧。

6）轴承损坏。对此应更换轴承。

7）熔体规格太小。对此应合理选用熔体。

8）缺相起动。对此应检查并更换熔体。

14. 三相异步电动机轴承过热的原因与处理

1）轴承损坏。对此应更换轴承。

2）润滑油脂过多或过少；或油质不好，有杂质。对此应检查油量，油量应为轴承容积的1/3～2/3为宜；或更换合格的润滑油。

3）轴承与轴颈或端盖配合过紧或过松。对于过紧的情况应车磨轴颈或端盖内孔；对于过松的情况可用粘合剂或低温镀铁处理。

4）轴承盖内孔偏心，与轴相擦。对此应修理轴承盖，使之与轴的间隙合适均匀。

5）端盖或轴承盖未装平。对此应重新装配。

6）电动机与负载间的联轴器未校正，或传动带过紧。对此应重新校正联轴器，调整传动带张力。

7）轴承间隙过大或过小。对此应更换新轴承。

8）轴弯曲。对此应校直转轴或更换转子。

15. 三相异步电动机试运行前的检查项目

1）土建工程全部结束，现场清扫整理完毕。

2）电动机本体安装检查结束。

3）冷却、调速、润滑等附属系统安装完毕，验收合格，分步试运行情况良好。

4）电动机的保护、控制、测量、信号和励磁等回路的调试完毕且动作正常。

5）电刷与换向器或集电环的接触应良好。

6）电动机转子应转动灵活，无碰卡现象。

7）电动机引出线应相位正确，固定牢固，连接紧密。

8）电动机外壳油漆完整，保护接地良好。

9）照明、通信、消防装置应齐全。

16. 三相异步电动机的试运行及验收

1）电动机试运行一般应在空载运行的情况下进行，空载时间为2h，并做好电动机空载运行时的电流、电压记录。

2）接通电源后电动机试运行，如发现电动机不能起动或起动时转速很低或声音不正常等现象，应立即切断电源检查原因。

3）起动多台电动机时，按容量从大到小逐台起动，不能同时起动。

4）电动机试运行中应进行检查。检查有无异常响声或气味，有无过热或其他异常。

5）交流电动机带负荷起动次数应尽量减少，如产品无规定时，可按在冷态时可连续起动两次；在热态时，可起动一次。

8.3.2 PLC的故障诊断与维修

可编程序控制器（PLC）技术已广泛应用于各控制领域，尤其是在工业生产过程控制中，它具有其他控制器无可比拟的优点，如可靠性高、抗干扰能力强，即使在恶劣的生产环境里，仍然可以十分正常地工作。作为PLC本身，它的故障发生率非常低，但对以PLC为核心的PLC控制系统而言，组成系统的其他外部元器件（如传感器和执行器）、外部输入信号和软件本身，都很可能发生故障，从而使整个系统发生故障，有时还会烧坏PLC，使整个系统瘫痪，造成极大的经济损失，甚至危及人的生命安全。所以技术人员必须熟悉PLC技术，并能够熟练地诊断和排除PLC在运行中的故障。PLC的故障诊断是一个十分重要的问题，是保证PLC控制系统正常、可靠运行的关键。在实际工作过程中，应充分考虑到各种对PLC的不利因素，定期进行检查和日常维护，以保证PLC控制系统安全、可靠地运行。

1. 启动前的检查

在PLC控制系统设计完成以后，系统加电之前，建议对硬件元件和连接进行最后的检查。启动前的检查应遵循以下步骤。

1）检查所有处理器和I/O模块，以确保它们均安装在正确的槽中，且安装牢固。

2）检查输入电源，以确保其正确连接到供电（如变压器）线路上，且系统电源布线合理，并连到每个I/O机架上。

3）确保连接处理器和每个I/O机架的每根I/O通信电缆都是正确的，检查I/O机架地址分配情况。

4）确保控制器模块的所有输入、输出导线连接正确，且安全地连接在对应的端子上。

2. 预防性维护

良好的定期维护措施可大大减少系统的故障率。PLC的主要构成元器件是以半导体器件为主体，考虑到环境的影响，随着使用时间的增长，元器件总要老化，因此定期检修与做好日常维护是非常必要的。主要包括以下内容。

1）定期清洗或更换安装于机罩内的过滤器，这样可确保为机罩内提供洁净的空气环流。

对过滤器的维修不应推迟到定期机器维修的时候，而应该根据所在地区灰尘量作定期检查。

2）定期除尘。由于 PLC 控制系统长期运行，线路板和控制模块会渐渐吸附灰尘，影响散热，易引发电气故障。定期除尘时要把控制系统供电电源关闭，可使用净化压缩空气和吸尘器配合使用。定期除尘可以保持电路板清洁，防止短路故障，提高元器件的使用寿命，对 PLC 控制系统是一种很好的防护措施。另外出现故障也便于查找故障点。

3）定期检查 I/O 模块的连接，确保所有的插座、端子板和模块连接良好，且模块安放牢靠。当 PLC 控制系统所处的环境经常受到使端子连接松动的振动时，应当常做此项检查。

4）不能让产生强噪声的设备靠近 PLC 控制系统。

3. 日常维护

（1）锂电池的更换　在 PLC 中存放用户程序的随机存储器（RAM）、计数器和具有保持功能的辅助继电器等均用锂电池保护，锂电池的寿命大约为 5 年，当锂电池的电压逐渐降低达到一定程度时，PLC 基本单元上电池电压降低指示灯亮。提示用户注意，由锂电池支持的程序还可保留一周左右，必须及时更换电池。

如某些三菱 PLC 的 CPU 模块上有一“BATT · V”的红色 LED 指示灯，当这个 LED 灯亮时，表明 PLC 内的锂电池寿命已经快结束了（最多还能维持一周左右），此时请尽快更换新的锂电池，以免 PLC 内的程序（当使用 RAM 时）自动消失。

更换锂电池的步骤如下：

1）在更换电池前，首先备份 PLC 的用户程序。

2）在拆装前，应先让 PLC 通电 15 s 以上（这样可使作为存储器备用电源的电容器充电，在锂电池断开后，该电容可对 PLC 做短暂供电，以保护 RAM 中的信息不丢失）。

3）断开 PLC 的交流电源。

4）打开基本单元的电池盖板。

5）取下旧电池，装上新电池。

6）盖上电池盖板。

提示：更换电池时间要尽量短，一般不允许超过 3 min。如果时间过长，RAM 中的程序将消失。

（2）I/O 模块的更换　若需替换一个模块，用户应确认被安装的模块是同类型的。有些 I/O 系统允许带电更换模块，而有些则需切断电源。若替换后可解决问题，但在一相对较短时间后又发生故障，那么用户应检查能产生电压的感性负载，也许需要从外部抑制其电流尖峰。如果熔体在更换后又被烧断，则有可能是模块的输出电流超限，或输出设备有短路故障。

4. PLC 的故障诊断

PLC 有很强的自诊断能力，当 PLC 自身出现故障或外围设备出现故障时，都可用 PLC 上具有诊断指示功能的发光二极管的亮、灭来查找。

（1）总体诊断　根据总体检查流程图找出故障点的大方向，逐渐细化，以找出具体故障，如图 8-5 所示。

（2）电源故障诊断　电源灯不亮，需对供电系统进行检查，检查流程图如图 8-6 所示。

如果电源灯不亮，首先检查是否有电，如果有电，则下一步就检查电源电压是否合适。不合适就调整电压，若电源电压合适，则下一步就是检查熔体是否烧坏。如果烧坏就更换熔丝，如果没有烧坏，下一步就是检查接线是否有误。若接线无误。则应更换电源部件。

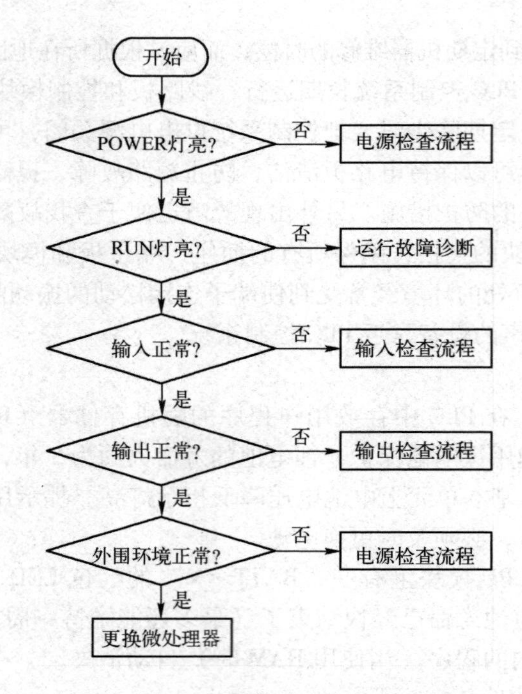

图 8-5　总体检查流程图

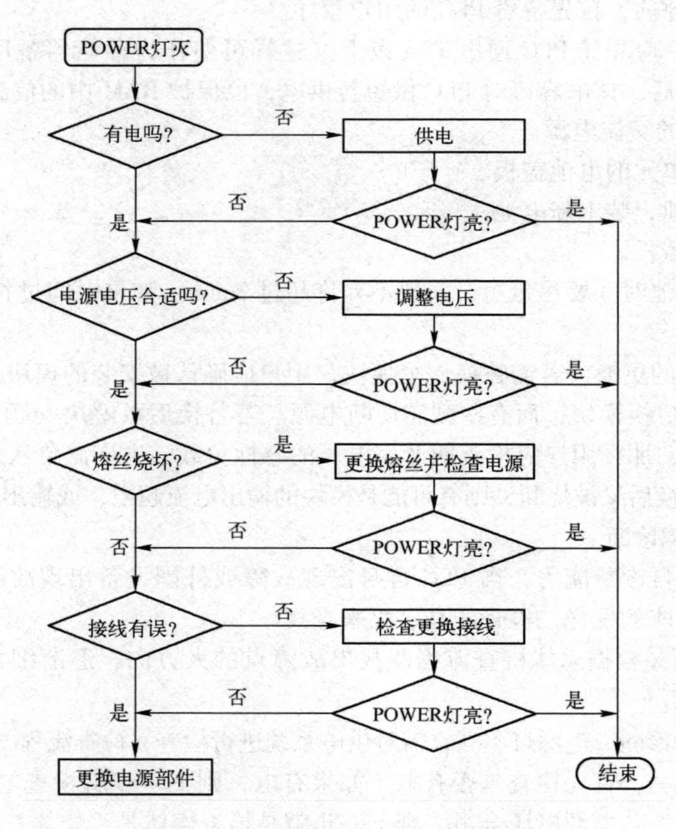

图 8-6　电源故障检查流程图

（3）运行故障诊断　电源正常，运行指示灯不亮，说明系统已因某种异常而终止了正常运行，检查流程图如图 8-7 所示。

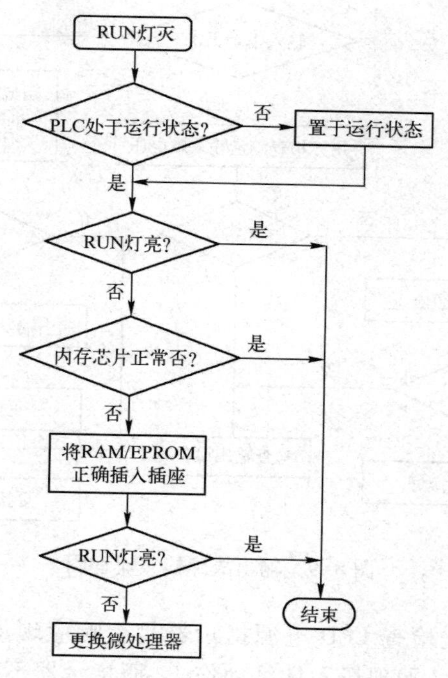

图 8-7　运行故障检查流程图

（4）输入输出故障诊断　输入输出是 PLC 与外部设备进行信息交流的通道，其是否正常工作，除了和输入输出单元有关外，还与连接配线、接线端子、熔断器等元件状态有关。检查流程图如图 8-8、图 8-9 所示。

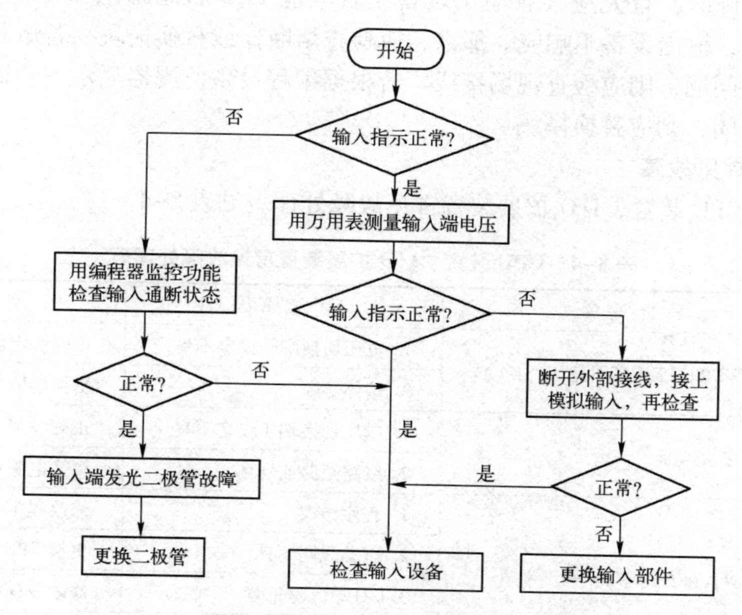

图 8-8　输入故障检查流程图

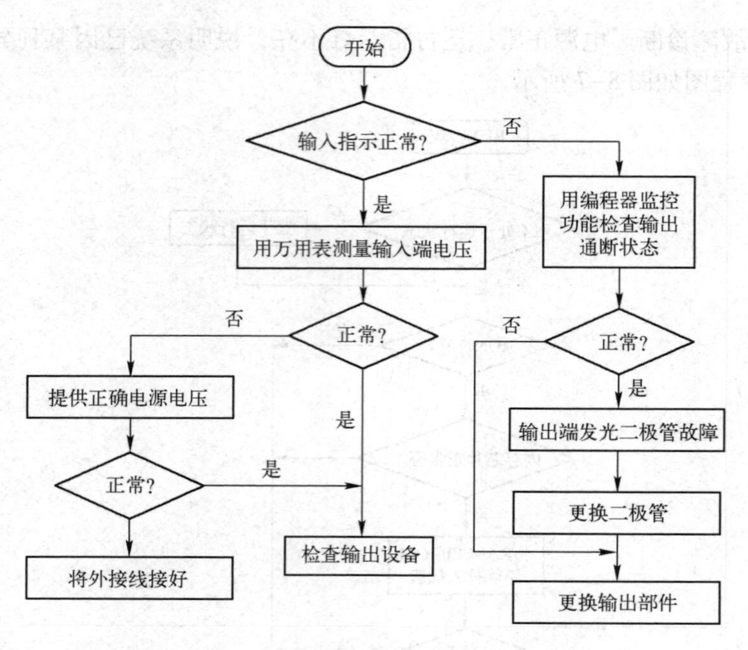

图 8-9　输出故障检查流程图

出现输入故障时，首先检查 LED 电源指示器是否响应现场元件（如按钮、行程开关等)。如果输入器件被激励（即现场元件已动作)，而指示器不亮，则下一步就应检查输入端子的端电压是否达到正确的电压值。若电压值正确，则可替换输入模块。若一个 LED 逻辑指示器变暗，而且根据编程器件监视器、处理器未识别输入，则输入模块可能存在故障。如果替换的模块并未解决问题且连接正确，则可能是 I/O 机架或通信电缆出了问题。

出现输出故障时，首先应察看输出设备是否响应 LED 状态指示器。若输出触点通电，模块指示器变亮，输出设备不响应。那么，应检查熔断器或替换模块。若熔断器完好，替换的模块未能解决问题，则应检查现场接线。若根据编程设备监视器显示一个输出器被命令接通，但指示器关闭，则应替换模块。

5. PLC 的常见故障

1）PLC 的 CPU 装置、I/O 扩展装置常见故障处理表见表 8-4。

表 8-4　CPU 装置、I/O 扩展装置常见故障处理表

序　号	异常现象	可能原因	处理方法
1	［POWER］LED 灯不亮	1. 电压切换端子设定不良	正确设定切换装置
		2. 熔体熔断	更换熔体
2	熔体多次熔断	1. 电压切换端子设定不良	正确设定
		2. 线路短路或烧坏	更换电源单元
3	［RUN］LED 灯不亮	1. 程序错误	修改程序
		2. 电源线路不良	更换 CPU 单元
		3. I/O 单元号重复	修改 I/O 单元号
		4. 远程 I/O 电源关，无终端	接通电源

(续)

序　　号	异常现象	可能原因	处理方法
4	[运转中输出]端没闭合([POWER]灯亮)	电源回路不良	更换CPU单元
5	某编号以后的继电器不运作	I/O总线不良	更换基板单元
6	特定的继电器编号的输出(入)不接通	I/O总线不良	更换基板单元
7	特定单元的所有继电器不接通	I/O总线不良	更换基板单元

2)PLC输入单元的故障处理见表8-5。

表8-5　PLC输入单元的故障处理表

序　　号	异常现象	可能原因	处理方法
1	输入全部不接通(动作指示灯也灭)	1. 未加外部输入电源	供电
		2. 外部输入电源低	加额定电源电压
		3. 端子螺钉松动	拧紧
		4. 端子板联接器接触不良	把端子板充分插入、锁紧;更换端子板联接器
2	输入全部断开(动作指示灯也灭)	输入回路不良	更换单元
3	输入全部不关断	输入回路不良	更换单元
4	特定继电器编号的输入不接通	1. 输入器件不良	更换输入器件
		2. 输入配线断线	检查输入配线
		3. 端子螺钉松弛	拧紧
		4. 端子板联接器接触不良	把端子板充分插入、锁紧;更换端子板联接器
		5. 外部输入接触时间短	调换输入器件
		6. 输入回路不良	更换单元
		7. 程序的OUT指令中用了输入继电器编号	修改程序
5	特定继电器的输入不关断	1. 输入回路不良	更换单元
		2. 程序的OUT指令中用了输入继电器编号	修改程序
6	输入不规则的ON/OFF动作	1. 外部输入电压低	使外部输入电压在额定值范围
		2. 噪声引起的误动作	采取抗噪声设施:安装绝缘变压器,安装尖峰抑制器,用屏蔽线配线等
		3. 端子螺钉松动	拧紧
		4. 端子板联接器接触不良	把端子板充分插入、锁紧;更换端子板联接器
7	异常动作的继电器编号为8点单位	1. COM端螺钉松动	拧紧
		2. 端子板联接器接触不良	把端子板充分插入、锁紧;更换端子板联接器
		3. CPU不良	更换CPU单元
8	输入动作指示灯不亮(动作正常)	LED坏	更换单元

3）PLC 输出单元的故障处理见表 8-6。

表 8-6　PLC 输出单元故障处理表

编　号	异常现象	可能原因	处理方法
1	输出全部不接通	1. 未加负载电源	加电源
		2. 负载电源电压低	使电源电压为额定值
		3. 端子螺钉松动	拧紧
		4. 端子板联接器接触不良	把端子板充分插入、锁紧；更换端子板联接器
		5. 熔体熔断	更换熔体
		6. I/O 总线接触不良	更换单元
		7. 输出回路不良	更换单元
2	输出全部不关断	输出回路不良	更换单元
3	特定继电器编号的输出不接通（动作指示灯灭）	1. 输出接通时间短	更换单元
		2. 程序中特定的继电器编号重复	修改程序
		3. 输出回路不良	更换单元
4	特定继电器编号的输出不接通（动作指示灯亮）	1. 输出器件不良	更换输出器件
		2. 输出配线断线	检查输出线
		3. 端子螺钉松动	拧紧
		4. 端子连接接触不良	把端子充分插入、拧紧
		5. 继电器输出不良	更换继电器
		6. 输出回路不良	更换单元
5	特定继电器编号的输出不关断（动作指示灯灭）	1. 输出继电器不良	更换继电器
		2. 由于漏电流或残余电压而不能关断	更换负载或加假负载电阻
6	特定继电器编号的输出不关断（动作指示灯亮）	1. 程序中 OUT 指令的继电器编号重复	修改程序
		2. 输出回路不良	更换单元
7	输出出现不规则的 ON/OFF 现象	1. 电源电压低	调整电压
		2. 程序中 OUT 指令的继电器编号重复	修改程序
		3. 噪声引起的误动作	采取抗噪声措施：装抑制器，装绝缘变压器，用屏蔽线配线等
		4. 端子螺钉松动	拧紧
		5. 端子连接接触不良	把端子充分插入、拧紧
8	异常动作的继电器编号为 8 点单位	1. COM 端子螺钉松动	拧紧
		2. 端子连接接触不良	把端子充分插入、拧紧
		3. 熔体熔断	更换熔体
		4. CPU 不良	更换 CPU 单元
9	输出正常指示灯不亮	LED 坏	更换单元

8.4　本章小结

本章主要介绍了机床电气设备故障诊断的内容和过程、方法；机床电气设备故障诊断常用的试验技术；三相异步电动机和 PLC 的故障诊断与维修。首先，介绍了电气设备故障诊断的过程，阐述了电气设备故障诊断常用的试验方法。然后，具体分析了三相异步电动机的故障诊断方法，并着重介绍了常见的三相异步电动机的故障产生原因及处理方法，最后介绍了 PLC 设备的故障诊断方法，并分类具体分析了 PLC 的故障诊断。

8.5 思考与练习题

1. 简述电气设备故障诊断的过程。
2. 常见的电气设备故障检测诊断的方法有哪些？
3. 电气设备的绝缘预防性试验内容是什么？
4. 泄漏电流试验过程中需要注意什么？
5. 交流工频耐压试验具体步骤是什么？
6. 简述热老化试验原理及试验设备。
7. 导致三相异步电动机温升过高的原因有哪些？
8. 三相异步电动机绝缘电阻降低的原因与处理方法有哪些？
9. PLC 启动前的检查内容是什么？
10. PLC 中 CPU 装置、I/O 扩展装置常见故障有哪些？

附录　实验指导书

实验1　普通车床主轴与导轨平行度测量

1. 实验内容

1）熟悉普通车床主轴中心线与导轨平行度测量的原理、方法和步骤。

2）掌握相关实验仪器的使用，以及实验数据的处理。

2. 实验工具、材料和设备

CA6140车床、标准芯棒、百分表、磁性表座等。

3. 操作方法和步骤

普通车床主轴与导轨平行度测量原理如附图1所示，测量方法是移动大拖板用百分表分别在芯棒上母线a和侧母线b上测量垂直及水平平行度，然后将主轴依次旋转90°，再同样沿两方向各测量一次，四次测量结果的平均值，就是垂直及水平平行度误差。

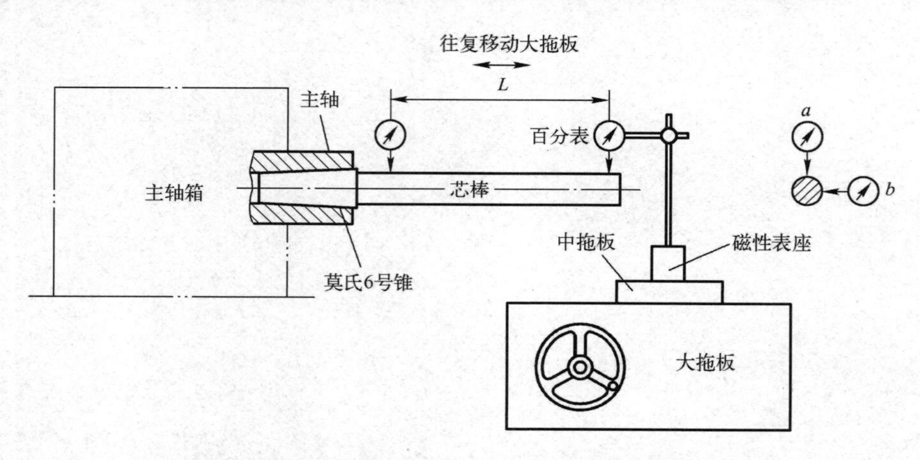

附图1　车床主轴与导轨平行度测量原理图

（1）在上母线测量平行度，具体步骤如下：

1）清理主轴锥孔表面，采用莫氏6号锥；

2）主轴圆周上分四等分，并转到位置1；

3）在主轴锥孔中安装标准芯棒；

4）安装百分表，注意百分表安装应牢固；

5）纵向移动大拖板，将百分表移至位置1，记录该位置为零值，注意百分表应与接触面保持垂直；

6）横向移动中拖板，找寻芯棒外圆面圆弧最高点；

7）从左往右缓慢移动大拖板，百分表移动行程大约 300 mm（每次测量百分表的行程相对一致）；

8）记录百分表所测得的数据。

（2）在 b 侧母线测量平行度，具体步骤如下：

1）将百分表转到水平方向，放在位置 1 记录数值，测量水平平行度；

2）旋转 90°，记录所测位置。

（3）将主轴依次旋转 90°，再同样沿两方向各测量一次。

（4）最后，将四次测量数值，填入附表 1，整理数据，得出误差值。

附表 1　车床导轨对主轴中心线的平行度

测量范围	序号		公差/mm			实际误差
			Ⅰ级	Ⅱ级	Ⅲ级	
			L = 300 mm			
测量用具：用百分表和标准芯棒。 测量方法：移动溜板分别在上母线 a 和侧母线 b 上测量垂直及水平平行度，然后将主轴依次旋转 90°，再同样沿两方向各测量一次，四次测量结果的平均值，就是垂直及水平平行度误差。	1	a	0.03	0.045	0.06	
		b	0.015	0.023	0.03	
	2	a	0.03	0.045	0.06	
		b	0.015	0.023	0.03	
	3	a	0.03	0.045	0.06	
		b	0.015	0.023	0.03	
	4	a	0.03	0.045	0.06	
		b	0.015	0.023	0.03	

实验 2　数控车床四方位刀架刀号丢失故障维护

1. 实验内容

1）根据故障代码、故障现象分析故障原因。

2）掌握相关检测仪器的使用。

3）掌握刀架机械及电气原理。

2. 实验工具、材料和设备

SIEMENS 802D 系统、CK6141 车床、万用表、内六角扳手一套、霍尔元件、信号线若干等。

3. 故障代码及故障分析

故障代码：执行换刀指令时，刀架转动 10 s，自动停止，屏幕上出现 700025 报警。查询故障诊断信息，显示故障信息为刀架检测信号丢失。

故障原因：①信号线故障，导致系统收不到刀位信号；②系统识别故障，系统程序出错无法判别刀号检测信号；③霍尔元件损坏故障，刀位信号弱或无信号发出；

4. 检测操作方法和步骤

根据故障原因逐一进行检测和排除，方法如下：

（1）信号线故障检测　打开刀架顶盖，在带电情况下用万用表检测信号传输线是否有断线或线路不通故障，若信号线故障则更换信号线。（本实验中经检测线路信号正常，线路无故障，线路故障原因排除。）

（2）系统识别故障　MDA 单段输入方式下，执行换刀命令，观察是否所有刀号均不能识别，若均不能识别则可导入系统程序进行程序覆盖，修复出错系统程序。（本实验中系统能识别刀号，因此系统故障原因排除。）

（3）霍尔元件更换　在前两种故障排除的前提下，我们做更换霍尔元件的操作，更换霍尔元件，观察刀架换刀是否恢复正常能否消除 700025 报警。

1）机床断电。

2）拧下三个螺钉，拆下磁性定位环。

3）松开霍尔元件压紧螺母。

4）拆下六根信号线，取出霍尔元件。

5）取出定位齿轮，换上新的霍尔元件。

6）安装到回转轴上，旋紧压紧螺母。

7）装好磁性定位环。

8）参照铭牌按顺序“红”＋、“绿”－、“黄”1、“白”2、“橙”3、“蓝”4 接好信号线。

9）开机、运行换刀指令检查换刀是否正常。

本实验中，更换霍尔元件后，换刀操作恢复正常，故障代码消除，故障排除。

实验 3　铣床进给运动故障维修

1. 实验内容

掌握 X62W 型万能铣床控制原理和运动形式，熟悉各元件位置，掌握检修方法，排除故障步骤，检修注意事项。

2. 实验工具、材料和设备

X62W 型万能铣床、万用表、电动工具、行程开关等。

3. 操作方法和步骤

X62W 型铣床电气原理图如附图 2 所示，是由主电路、控制电路和照明电路三部分组成。

铣床电气控制电路与机械系统的配合十分密切，其电气控制电路的正常工作往往与机械系统的正常工作是分不开的，这就是铣床电气控制电路的特点。正确判断是电气还是机械故障和熟悉机电部分配合情况，是迅速排除电气故障的关键。

故障现象：工作台能作横向进给、垂直进给，不能作纵向进给运动。

故障原因分析：先检查横向或垂直进给是否正常，如果正常，说明进给电动机 M2、主电路、接触器 KM3、KM4 及纵向进给相关的公共支路都正常，此时应重点检查行程开关 SQ6、SQ4 及 SQ3，因为只要三对常闭触点中有一对不能闭合、有一根线头脱落就会使纵向不能进给。

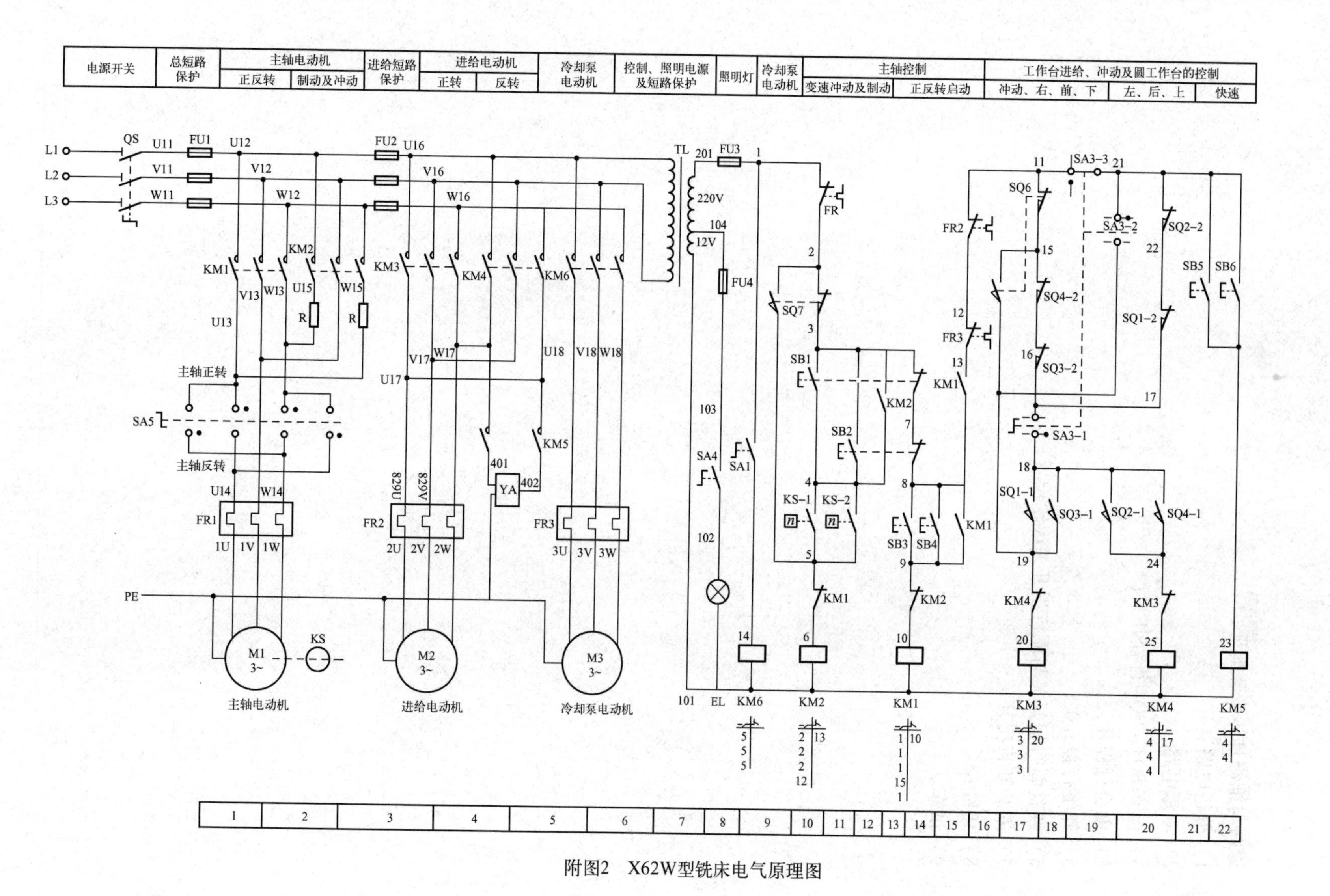

附图2 X62W型铣床电气原理图

诊断与维修具体步骤如下：

1）分析电路；

2）测量电路；

3）检查 SQ3、SQ4 行程开关；

4）更换行程开关；

5）卸下行程开关；

6）调整新行程开关与原行程开关滚轮位置；

7）安装新行程开关；

8）接线；

9）试车。